新世纪普通高等教育
新世纪 计算机类课程规划教材

微课版

计算机系统实践
Computer System Practice

主　编　李大奎　杨南海

副主编　严　茹　刘金鹏

大连理工大学出版社

图书在版编目（CIP）数据

计算机系统实践 / 李大奎，杨南海主编. -- 大连 ：
大连理工大学出版社，2022.8（2023.9重印）
新世纪普通高等教育计算机类课程规划教材
ISBN 978-7-5685-3910-4

Ⅰ．①计… Ⅱ．①李… ②杨… Ⅲ．①计算机体系结
构－高等学校－教材 Ⅳ．①TP303

中国版本图书馆 CIP 数据核字（2022）第 144892 号

大连理工大学出版社出版
地址：大连市软件园路 80 号　邮政编码：116023
发行：0411-84708842　邮购：0411-84708943　传真：0411-84701466
E-mail：dutp@dutp.cn　URL：https://www.dutp.cn
北京虎彩文化传播有限公司印刷　大连理工大学出版社发行

幅面尺寸：185mm×260mm　　印张：19　　字数：486 千字
2022 年 8 月第 1 版　　　　2023 年 9 月第 2 次印刷

责任编辑：孙兴乐　　　　　　　　　　责任校对：贾如南
封面设计：对岸书影

ISBN 978-7-5685-3910-4　　　　　定　价：97.90 元

前言

　　"计算机系统实践"是一门实践性很强的课程,《计算机系统实践》由大连理工大学相关专业的教师在多年计算机系统实践课程教学实践和计算机硬件实训经验的基础上编写而成。本教材注重理论与实践相结合,将理论融合在实践操作中,通过实践操作验证理论知识,从而提高学生分析问题与解决问题的能力。

　　本教材共分为 16 章,由浅入深地介绍了计算机的工作原理、计算机系统的硬件和软件组成以及使用计算机系统的基本方法和技能。

　　第 1 章～第 3 章:计算机系统基础知识、微机硬件系统的组成、组装微型计算机。通过以上章节的学习,学生能够了解主流硬件产品采用的新技术,能够根据实际需求选购各种组件,并通过组装一台基本配置的计算机来加强实践训练,培养动手能力。

　　第 4 章～第 6 章:笔记本计算机的拆装与维护、BIOS 设置、常见硬件故障与日常维护。通过以上章节的学习,学生能够提高应用理论知识解决实际问题的能力。

　　第 7 章～第 10 章:硬盘分区与格式化、系统安装盘的制作、Windows 操作系统的安装、系统环境配置。通过以上章节的学习,学生能够掌握自主搭建软件环境的方法,使系统环境处于最佳工作状态。

　　第 11 章～第 14 章:Windows 注册表与计算机病毒、系统性能测试与优化、系统备份与还原、系统安全。通过以上章节的学习,学生能够掌握全面布置并优化计算机系统的方法,使计算机系统长久、稳定、安全地运行。

　　第 15 章～第 16 章:Linux 操作系统、Linux Shell 程序设计。通过以上章节的学习,学生能够掌握 Linux 操作系统的基本使用方法、掌握 Shell 程序编写的基本方法,从而为后续课程的学习奠定基础。

　　本教材随文提供视频微课供学生即时扫描二维码进行观看,实现了教材的数字化、信息化、立体化,增强了学生学习的自主性与自由性,将课堂教学与课下学习紧密结合,力图为广大读者提供更为全面并且多样化的教材配套服务。

　　本教材可作为普通高校计算机专业及相近专业的教材,也可作为

新世纪

社会相关人员的学习参考书。

本教材由大连理工大学李大奎、杨南海任主编，由大连理工大学严茹、刘金鹏任副主编。李大奎负责全书的策划和审稿工作。

在编写本教材的过程中，编者参考、引用和改编了国内外出版物中的相关资料以及网络资源，在此表示深深的谢意！相关著作权人看到本教材后，请与出版社联系，出版社将按照相关法律的规定支付稿酬。

限于水平，书中仍有疏漏和不妥之处，敬请各位专家和读者批评指正，以使教材日臻完善。

编　者

2022 年 8 月

所有意见和建议请发往：dutpbk@163.com

欢迎访问高教数字化服务平台：https://www.dutp.cn/hep/

联系电话：0411-84708445　84708462

目录

Contents

第 1 章 计算机系统基础知识

1.1 计算机的功能、特点及分类 / 1

1.2 计算机系统的组成、工作原理及性能指标 / 2

1.3 实战训练 / 5

第 2 章 微机硬件系统的组成

2.1 微机硬件系统的基本配置及功能 / 6

2.2 主 板 / 9

2.3 中央处理器 / 22

2.4 内 存 / 26

2.5 基本外部设备 / 29

2.6 实战训练 / 35

第 3 章 组装微型计算机

3.1 组装微型计算机的基本流程 / 36

3.2 组装主机箱 / 36

3.3 连接外部设备 / 49

3.4 通电测试硬件系统 / 50

3.5 实战训练 / 51

第 4 章 笔记本计算机的拆装与维护

4.1 笔记本计算机硬件系统的组成 / 52

4.2 笔记本计算机硬件拆卸举例 / 56

4.3 笔记本计算机的日常维护 / 62

4.4 实战训练 / 63

第 5 章 BIOS 设置

5.1 BIOS 简介 / 64

5.2 BIOS 的分类 / 65

5.3 BIOS 设置程序的基本使用方法 / 68

5.4 BIOS 的优化配置 / 73

5.5 实战训练 / 75

第 6 章 常见硬件故障与日常维护

6.1 检测硬件故障的常用方法 / 76

6.2 常见硬件故障的解决方法 / 78

6.3 计算机日常维护的方法 / 80

6.4 实战训练 / 81

第 7 章 硬盘分区与格式化

7.1 硬盘分区的基础知识 / 82

7.2 使用系统安装盘进行分区与格式化 / 86

7.3 使用工具软件进行分区与管理 / 92

7.4 实战训练 / 109

第 8 章 系统安装盘的制作

8.1 USB 系统安装盘的制作 / 110

8.2 实战训练 / 115

第 9 章 Windows 操作系统的安装

9.1 安装 Windows 11 操作系统 / 116

9.2 安装双操作系统 / 122

9.3 实战训练 / 128

第 10 章 系统环境配置

10.1 设备驱动程序简介 / 129

10.2 网络环境设置 / 138

10.3 实战训练 / 145

第 11 章　Windows 注册表与计算机病毒

11.1　Windows 注册表简介 / 146

11.2　注册表备份与还原 / 150

11.3　计算机病毒防护 / 152

11.4　实战训练 / 153

第 12 章　系统性能测试与优化

12.1　使用软件进行测试 / 154

12.2　使用操作系统进行优化 / 159

12.3　实战训练 / 171

第 13 章　系统备份与还原

13.1　Windows 操作系统映像备份
与恢复 / 172

13.2　DISM 备份与还原 / 179

13.3　使用工具软件备份与还原
系统 / 181

13.4　Ghost 备份工具 / 183

13.5　实战训练 / 190

第 14 章　系统安全

14.1　管理员账户安全 / 191

14.2　文件或文件夹加密 / 198

14.3　硬盘加密 / 206

14.4　实战训练 / 212

第 15 章　Linux 操作系统

15.1　Linux 操作系统的特点 / 213

15.2　在虚拟机上安装 Linux 操作
系统 / 214

15.3　在虚拟机上安装 Ubuntu 操作
系统 / 216

15.4　在虚拟机上安装 Deepin Linux
操作系统 / 224

15.5　Linux 常用命令 / 229

15.6　软件包的安装与卸载 / 254

15.7　Linux 服务器环境的配置方法 / 258

15.8　实战训练 / 264

第 16 章　Linux Shell 程序设计

16.1　Shell 概述 / 265

16.2　Linux 文本编辑器 / 266

16.3　Shell 脚本编程 / 270

16.4　Linux 常用开发工具 / 296

16.5　实战训练 / 297

参考文献

第1章

计算机系统基础知识

本章主要介绍计算机的功能、计算机系统的组成与工作原理等基础知识,为进一步学习计算机的硬件知识和完成后续的"计算机组装实习"打下良好基础。

1.1 计算机的功能、特点及分类

1.1.1 计算机的功能与特点

世界上第一台电子数字计算机是 1946 年在美国诞生的。

什么是计算机(Computer)? 起初,计算机仅仅是一种高速、精确地进行数值计算的工具。随着计算机技术的发展,计算机的功能不断加强,用途也越来越广泛。目前,计算机成为一种能按照事先存储的程序,自动、高速地进行数值计算和信息处理的智能电子设备。

计算机与其他计算工具有什么不同? 计算机具有计算、记忆和逻辑推理三大功能,其主要特点如下:

1. 运算速度快

目前,一般计算机都能够达到每秒进行百万次运算。我国 2016 年推出的"神威·太湖之光"超级计算机的浮点运算处理速度可以达到每秒 93 千万亿次,是目前世界上运算速度最快的计算机。

2. 计算精度高

计算机内部采用二进制进行运算,可以有 8 位、16 位、32 位和 64 位有效数字。计算机一次可以处理的二进制数位数越多,计算精度越高,表示处理多种数据的能力越强。

3. 有记忆和逻辑判断能力

计算机对存储设备中记忆的信息不仅能进行计算,还能进行逻辑判断,并且可以根据判断的结果决定下一步执行的命令。

4. 运行过程自动化

人们在用计算机完成某项任务之前,需要编写程序并将其和参加运算的数据一起存储到计算机中。发出运行命令后,计算机自动按照程序规定的步骤执行,不需要人工干预。

1.1.2 计算机的分类

按照计算机的规模和处理能力,可以将其分为五种类型,它们有各自的特点,在不同领域发挥着巨大作用。

1. 超级计算机(Super Computer)

超级计算机有极强的运算处理能力,存储容量大,每秒可达 1 亿次以上浮点运算,主存容量高达几万亿字节,主要用于尖端的科学研究和现代化军事领域。目前,世界上只有少数国家可以研制超千万亿次的高性能超级计算机,中国是其中之一,中国处于领先地位。例如,我国研制的"神威·太湖之光"超级计算机峰值计算速度达每秒 12.54 亿亿次,最大运行功耗为15.3 兆瓦。

2. 大型计算机(Mainframe Computer)

大型计算机的通用性能好、综合处理能力强、处理速度快、能连接的外部设备也多,通常称它为"企业级"计算机。大型计算机不仅可以完成科学计算和数据处理等工作,还可以作为超级网络服务器和大型计算机中心的主机等。

3. 小型计算机(Mini Computer)

小型计算机规模较小、结构简单。虽然它的运算速度和主存储器容量低于大型计算机,但是有很好的性能价格比。

4. 微型计算机(Micro Computer)

微型计算机也称个人计算机(Personal Computer,简称 PC 机),主要特征是运算器和控制器被制作在一片集成电路芯片上,称为中央处理器(Central Processing Unit,简称 CPU)。它不仅体积小、价格低,而且功能强、可靠性高、易于操作。

随着微电子技术的不断发展,超大规模集成电路的水平日益提高,大约每隔 18 个月芯片中集成的器件数目便会增加一倍,性能也将提升一倍。目前,微型计算机的主要性能可以和几年前的小型计算机媲美,应用范围可谓"无处不在,无处不用",发展趋势是微型化、网络化和智能化。

近年来,针对专门的应用需求而设计的高性能、低成本的嵌入式处理器问世,它可以完全嵌入受控设备内部,实现智能化控制。嵌入式技术已经广泛应用到工业控制、军事技术、物联网以及电子消费等各个领域,在我们的生活中,小到 MP3/MP4 播放器、智能手机和可视电话,大到家用电器、车载电子设备和网络设备等产品,都装有嵌入式系统(Embedded System)。

5. 工作站(Work Station)

工作站是性能介于个人计算机和小型计算机之间的一种高档微型计算机,配备高分辨率的大屏幕显示器、大容量存储器和专用的图形处理软件。其突出特点是具有优越的图形、图像处理功能。为满足图形和图像的输入输出,还需要配备数字化仪和绘图仪等外部设备。

1.2 计算机系统的组成、工作原理及性能指标

1.2.1 计算机系统的组成

一个完整的计算机系统由硬件系统(Hardware System)和软件系统(Software System)两部分组成,如图 1-1 所示。硬件系统在软件系统的控制下完成指定的功能,二者相互依存,缺一不可。

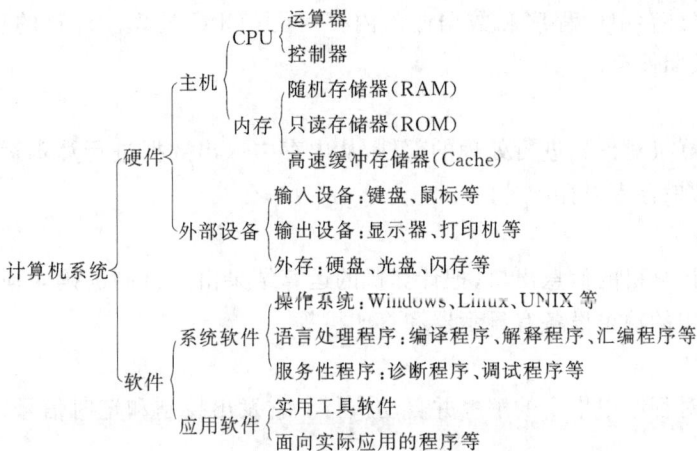

图 1-1　计算机系统的组成

1. 硬件系统的组成及功能

硬件系统是组成一台计算机的物理设备的总称,包括电子器件和电、机、光装置。

虽然不同类型计算机的硬件组成互不相同,但是从逻辑结构上看,硬件系统都是由运算器、控制器、存储器、输入设备和输出设备五部分组成,通过数据总线、控制总线和地址总线连接在一起,如图 1-2 所示。

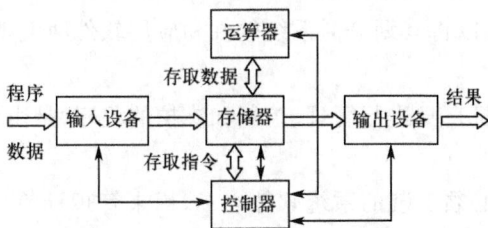

说明:⟹ 表示数据的流向;⟶ 表示控制命令的流向;地址线忽略

图 1-2　计算机硬件系统的逻辑结构

硬件系统各部件的作用如下:

(1)输入设备

输入设备是计算机获取信息的入口,把程序和相关的数据转换成计算机能识别的二进制编码输入计算机中。常用的输入设备有键盘和鼠标等。

(2)存储器

存储器是计算机的记忆部件,存储程序、数据以及运算结果。

①内部存储器

内部存储器简称为内存。内存由集成电路芯片组成,存放当前正在执行的程序和数据,直接与运算器和控制器传送数据。内存的特点是容量小、速度快。下面介绍以下两种类型的内存:

随机存储器(RAM)——可以随时向 RAM 中写入信息或读出信息。但是关闭计算机电源后 RAM 中的信息就会丢失。

只读存储器(ROM)——只能读出 ROM 中的信息,不能向 ROM 中写入信息。ROM 中的信息是由生产厂家写入的,关闭计算机电源后信息不会丢失。

②外部存储器

外部存储器简称为外存。外存主要有硬盘和光盘,用于存放暂时不执行的程序和数据。

需要执行时,先将外存中的程序和数据调入内存,再由 CPU 处理。外存的特点是容量大、速度慢、信息可以长期保存。

（3）运算器

运算器是计算机对信息进行处理的部件,从内存中取出数据进行算术运算和逻辑运算等操作,再把运算结果存入内存中。

（4）输出设备

输出设备是计算机的信息出口,把计算机的运算结果由二进制编码转换成人们要求的形式表示出来。常用的输出设备有显示器和打印机等。

（5）控制器

控制器完成对程序中指令的解释并自动执行。它发出控制和定时信号,控制计算机各部件协调工作。

（6）总线

总线是计算机各部件之间或设备之间传送信息的一组公共信号线。按照信号线性质可分为数据总线、地址总线和控制总线三类。

2. 软件系统的组成及功能

软件系统包括计算机运行的各种程序、数据及其有关资料。程序是用计算机能够识别的语言编写的,内容为计算机要完成的任务和步骤。

根据软件的用途,可以将其划分为系统软件和应用软件两大类。

（1）系统软件

系统软件是对计算机自身进行管理、控制和维护的程序,是由计算机生产厂商或专业公司提供的。

操作系统是计算机必须安装的系统软件之一,用来管理计算机的软件、硬件资源,安排计算机的工作流程,为用户提供使用计算机的接口环境。目前,微型计算机常用的操作系统有 Windows、Linux 和 UNIX 等。

（2）应用软件

应用软件是为解决实际应用需求而编写的程序,是在系统软件下二次开发的。例如,用于字处理、制表等通用性的实用工具软件,用于解决企业管理、银行账目等特定问题的用户程序等。

1.2.2 计算机系统的工作原理

1. 计算机工作的基本原理

科学家冯·诺依曼于 1946 年提出"存储程序原理",为电子数字计算机的发展奠定了理论基础,基本内容是:

（1）计算机硬件由运算器、控制器、存储器、输入设备和输出设备五部分组成。

（2）计算机采用二进制码表示数据和指令。

（3）将程序和数据预先存放在内存中,程序由若干条指令组成,指令按执行顺序存放。计算机运行时,自动取出指令并执行。

"存储程序原理"的核心是,计算机具备两个基本能力,一是能够存储程序,二是能够自动执行程序。

2. 计算机运行的过程

计算机运行的过程就是按照"存储程序原理"以硬件为基础执行程序的过程。首先将编写好的程序和需要处理的数据通过输入设备输入内存中,发出运行命令后,CPU 自动地从内存中逐条取指令送至控制器进行分析,并发出操作命令,各部件完成相应的操作,直至遇到程序结束指令,程序结束执行。

1.2.3 计算机系统的性能指标

1. 字长

字长是 CPU 可以直接处理的二进制数的最大位数。二进制数的基本单位是位(bit,简写为 b)。字长由运算器和数据总线的位数决定。字长越长,数据精度越高,数据处理速度越快。目前,微型计算机的字长以 32 位为主,高档计算机已达到 64 位。

2. 内存容量

内存容量是内存可以存储的二进制数的最大字节数。8 个二进制位为 1 个字节(Byte,简写为 B)。换算关系是 1024 B＝1 KB,1024 KB＝1 MB,1024 MB＝1 GB,1024 GB＝1 TB……内存容量越大,存储的信息越多,计算机处理数据的速度也会越快。目前,微型计算机的内存容量已配置到 1 GB 以上。

3. 主频

主频是指 CPU 内部工作的时钟频率,以 Hz 为单位。CPU 按照时钟脉冲的节拍工作,因此,时钟脉冲的频率是决定 CPU 运算速度的重要因素之一。目前,主流 CPU 的主频可高达 3 GHz 以上。

4. 运算速度

运算速度可以用每秒所能执行的指令条数来表示,以 MIPS(Millions of Instruction Per Second,每秒百万条指令)为单位。由于不同的指令所用的时间不同,常用各种指令的平均运算速度,运算快慢由多项性能综合决定。目前,微型计算机的运算速度可达 3000 MIPS 以上。

1.3 实战训练

1. 冯·诺依曼计算机的主要特征是什么?

2. 以流程图的形式写出计算机执行程序的过程。

3. 针对你经常使用的微机,写出主要性能指标及其安装的操作系统、配置的外部设备。

4. 在你使用的电子产品中,有哪些是装有嵌入式系统的?

5. 目前你使用微机主要做哪些事情?

6. 上网查阅有关计算机技术在你所学专业中的应用案例。

## 第2章

微机硬件系统的组成

本章主要介绍微机硬件系统的组成结构和硬件系统中各种组件的基本工作原理、外部性能及其主要技术参数，为完成微机组装打下基础。让学生了解目前硬件主流产品采用的新技术，使其能够按照实际需求选购各种组件。

2.1 微机硬件系统的基本配置及功能

微机的硬件系统由主机和外设两大部分组成。微机必须配置的外部设备是显示器、键盘、鼠标和硬盘。根据使用的需要，还可以配置其他外部设备，如光盘驱动器、打印机、耳机、音箱、话筒和摄像头等。

2.1.1 外部硬件

从外观看，微机硬件最基本的配置包括主机箱、显示器、键盘和鼠标等部件，如图 2-1 所示。

图 2-1　微机外部硬件

2.1.2 主机箱前面板的部件

主机箱前面板的部件如图 2-2 所示。各个部件的作用如下：

1.电源按钮和指示灯

按下此按钮，可接通 220 V 的电源，启动操作系统，微机开始工作，等待用户执行各种操作。同时电源指示灯亮，表示电源正常供电。

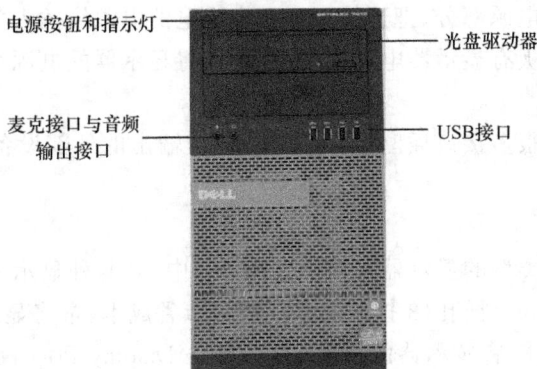

图 2-2 主机箱前面板的部件

2. 光盘驱动器

可以在此驱动器中放入光盘。当读写光盘数据时,此驱动器外面的指示灯亮,表示该光盘正在运转。

3. USB 接口

USB 接口的中文含义是"通用串行接口",可以接键盘、鼠标、打印机、U 盘、移动硬盘、扫描仪和数码相机等外部设备。主机箱后面板还有数个 USB 接口,作用是相同的,参看图 2-3。

4. 麦克(Mic)接口与音频输出(Audio Out)接口

这两种接口分别用来连接麦克和耳机(或音箱)。主机箱后面板也有这两种接口,作用是相同的,参看图 2-3(b)。

📎**注意:** 有的主机箱前面板有 Reset 按钮,也称为"复位"按钮。按下此按钮,可以在不关闭电源的情况下重新启动微机,有的品牌机已经将 Reset 按钮取消。

类似的操作是按键盘的"Ctrl+Alt+Del"组合键重新启动微机,与按 Reset 按钮重新启动的区别是,在启动微机过程中不进行自检。

2.1.3 主机箱后面板的接口

主机箱后面板由电源和输入/输出接口两大部分组成,如图 2-3 所示。

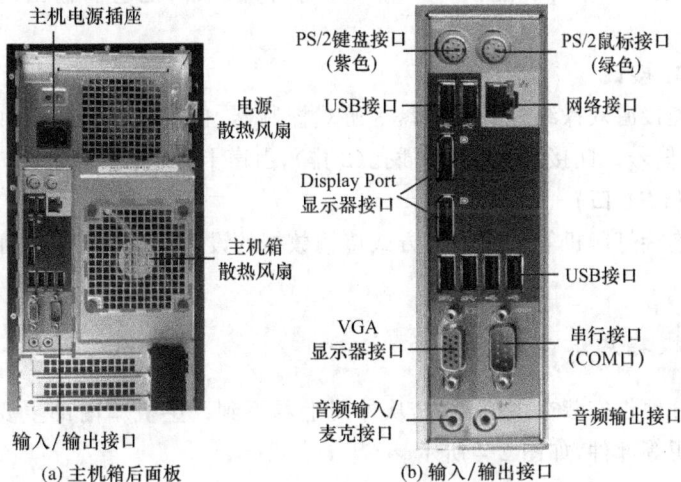

(a) 主机箱后面板　　　(b) 输入/输出接口

图 2-3 主机箱后面板

在主机箱后面板的电源部分,把连接 220 V 交流电的电源线插入主机箱电源插座,向主机供电。如果主机箱后面板有显示器电源插座,也可以将显示器的电源线插入,便于和主机同步供电。

主机箱后面板还有很多接口插座,用于连接输入/输出的外部设备。各个输入/输出接口的用途如下:

1. 显示器接口

显卡能够提供不同类型的显示器接口。在图 2-3 中,有两种显示器接口,一种是 VGA 模拟信号显示接口,它有 15 个插孔(3 排),有些厂商为节省成本,常将显示器信号线的插头省略 2 个或 5 个针脚,但是不影响显示器的使用;另一种是 Display Port 高清数字显示接口,它有 20 个插孔,还可以连接高清液晶电视等数字化家电,支持多种高质量的数字视频/音频节目。

2. PS/2 接口

此种接口有两个,分别连接 PS/2 标准的键盘和鼠标。每个接口有 6 个插孔和 1 个定位用的方孔,由主板提供。紫色的为键盘接口,绿色的为鼠标接口,不能接反。

3. 网络接口

此接口是 RJ-45 标准的网络接口,由网卡提供。网线用无屏蔽双绞线接 RJ-45 接头(俗称"水晶头"),插入此接口来连接网络。

4. 串行接口(COM 口)

此接口符合 RS-232C 通信标准,可以连接调制解调器(Modem)、路由器(Router)和掌上电脑(PDA)等采用串行方式传输数据的设备。该接口有 9 个针脚(2 排),由主板提供。

5. USB 接口

此接口与主机箱前面板上的 USB 接口一样,也是"通用串行接口",用途相同。

6. 音频输入/输出接口

此接口一般有三个,均由声卡提供。PC 99 规格用红、绿、蓝三种颜色分别表示麦克接口、音频输出接口和音频输入接口。

(1)麦克接口——可以连接麦克(话筒),把外部音频信号输入计算机中。

(2)音频输出接口——可以连接耳机和音箱等外置放大器,把音频信号播放出去。

(3)音频输入接口——可以连接 MP3/MP4 等外部设备,把它们输出的音频信号输入计算机。

7. 游戏/MIDI 接口

此接口可以连接游戏操纵杆和方向盘等游戏控制器,也可以连接键盘或电子琴等电子乐器,直接传输音乐信号。此接口有 15 个插孔(2 排),由声卡提供。

8. 并行接口(LPT 口)

此接口可以连接打印机等采用并行方式传输数据的设备。它有 25 个插孔(2 排),由主板提供。

2.1.4 主机箱内部的硬件

微机有一部分硬件安装在主机箱内,从外观上看不到。主机箱内部主要有主板、硬盘、光盘驱动器以及电源等部件,如图 2-4 所示。

电源
光盘驱动器
主板
硬盘

图 2-4　主机箱内部的硬件

2.2　主　板

主板(Main Board)也称系统板(System Board),是硬件系统中的重要部件。主板以一块大印刷线路板为载体,安装 CPU、内存、总线扩展槽和外部设备接口等主要组件,构成它们之间的物理通路,把它们连接起来形成一个整体,并控制它们协调工作。主板、CPU 和内存是构成主机的必不可少的三大组件,其中,主板性能是决定微机系统性能的重要因素。

2.2.1　主板的结构

1. 印刷线路板

主板是主机箱中最大的一块印刷线路板(Printed Circuit Board,简称 PCB),基板由数层树脂材料黏合在一起,由表面覆盖的铜箔提供电路连接,采用电子印刷技术制作。目前主板多数是 6～8 层的印刷线路板。表面层是信号层,其中上表层安装了各种组件,印有标示元器件位置的字符,下表层是各个组件的焊接面,系统总线分布在上、下表层。中间层主要布有电源线、地线以及屏蔽层,外观上是看不到的。

2. 主板上的组件

主板为 CPU、内存条和各种功能卡提供安装的插座和插槽,为外存和各种输入输出设备提供接口,还有固焊的控制芯片组、CMOS 和 BIOS 芯片等。有些主板还集成了显卡、声卡、网卡和调制解调器(Modem)等,提高了集成度。如图 2-5 所示为 ATX 主板(msi ZH77A-G41)。

注意:主板只提供 CPU 插座和内存插槽,由用户根据需要选择相匹配的 CPU 芯片和内存条来安装。

3. 主板的板型结构

对于不同板型结构的主板,尺寸、组件的排列位置和电源的规格都有所不同,功能也有所差异。目前,主板主要有 ATX 和 BTX 两种板型结构及其衍生板型。

(1)ATX 主板结构

ATX(Advanced Technology Extended)结构的主板主要特点是将键盘、鼠标、集成声卡及网卡、串行和并行等接口都设计在主板上,并提供标准输入输出接口插座,从主机箱后面板连接外部设备。由于输入输出接口信号直接从主板引出,取消了连接电缆,使主板可以集成更多

图 2-5 ATX 主板（msi ZH77A-G41）

的组件，消除电磁干扰，提高硬件系统的稳定性。图 2-5 所示主板就是 ATX 结构，型号为 msi ZH77A-G41，主板尺寸为 30.5 cm×21.6 cm，芯片组为 Intel H77，CPU 插座为 LGA 1155，支持 Intel Core i3/i5/i7 系列 CPU，集成声卡和网卡。

ATX 结构的主板必须使用 ATX 结构的电源，才能保证软件关机、键盘开机和网络唤醒等特殊功能的实现。ATX 电源给主板供电是通过 20 芯或 24 芯双列白色电源插座，包括±5 V、±12 V 和＋3.3 V 直流电源。

（2）Micro ATX 主板结构

为了降低硬件的成本和减少电源消耗，设计出一种 Micro ATX 结构的主板，它是简化了 ATX 结构的衍生板型，主板减小宽度，使结构更为紧凑，俗称"小板"，主要特点是主板上减少了部分总线扩展槽。如图 2-6 所示主板就是 Micro ATX 主板结构，型号为 msi A55M-S41，主板尺寸为 23.5 cm×17.0 cm，芯片组为 AMD A55，CPU 插座为 FM1（引脚数 905），支持 AMD Llano A8/A6/A4 系列 APU（CPU 内置显示芯片），集成声卡和网卡，8 针 CPU 电源插座和 24 针主板电源插座。其内存插槽、总线扩展槽、SATA 接口及 USB 接口都相应减少了。

图 2-6 Micro ATX 主板（msi A55M-S41）

图 2-5、图 2-6 所示主板的主要参数比较见表 2-1，可以看出"标准板"与"小板"的主要区别。

表 2-1　　　　　　　　　ATX 主板与 Micro ATX 主板的主要参数比较

主板板型及型号		ATX msi ZH77A-G41	Micro ATX msi A55M-S41
芯片组		Intel H77	AMD A55
CPU 插座		LGA 1155	FM1
主板尺寸(cm)		30.5×21.6	23.5×17.0
内存插槽 DDR 3		4	2
PCI		3	1
PCI-E×1		2	1
PCI-E×16	2.0	1	1
	3.0	1	
SATA	2.0	4	4
	3.0	2	
USB(后面板＋前置)	2.0	4＋4	4＋2
	3.0	2＋2	

还有一种 Flex ATX 结构的主板，也是 ATX 结构的衍生板型，比 Micro ATX 主板在宽度上更窄。

（3）BTX 主板结构

BTX(Balanced Technology Extended)主板在保证性能的前提下做到最小的体积。突出特点是针对当前 CPU 频率不断提升而带来的散热问题，对主板的线路布局、散热器和气流通道进行了优化设计，使主机的散热效率更高、噪声更小。随着新技术的不断应用，BTX 主板将逐步取消传统的串行接口、并行接口以及 PS/2 等接口。

根据板型宽度的不同，BTX 主板结构还有 Micro BTX、Pico BTX 以及针对服务器的 Extended BTX 等衍生板型。

2.2.2　CPU 插座

CPU 插座是在主板上安放 CPU 芯片的位置。由于不同型号的主板支持的 CPU 型号不同，所以提供的 CPU 插座标准也不同。

按照引脚形式分类，目前的 CPU 插座主要有 Socket(针脚式)和 Socket T(触点式)两种类型。

1. Socket(针脚式)CPU 插座——它是方形的、有数百个针孔的 ZIF(Zero Insert Force，零插拔力)插座，插座旁的拉杆用来固定 CPU 芯片，如图 2-7 所示，例如，Socket 478 是 Socket 类型的针脚式插座，有 478 个针孔，对应的 CPU 芯片应该有相同数量的针脚。

2. Socket T(触点式)CPU 插座——它由数百个 25 mm 的半球形镀金触点组成，通过扣架固定 CPU 芯片，是目前主流的 CPU 插座，如图 2-8 所示。例如，LGA 1155 插座是 Socket T 类型的触点式插座，有 1155 个 25 mm 的半球形镀金触点，对应的 CPU 芯片应该有相同数量的镀金触点。图 2-5 和图 2-6 所示主板，其中的 CPU 插座是触点式的。

图 2-7　Socket(针脚式)CPU 插座

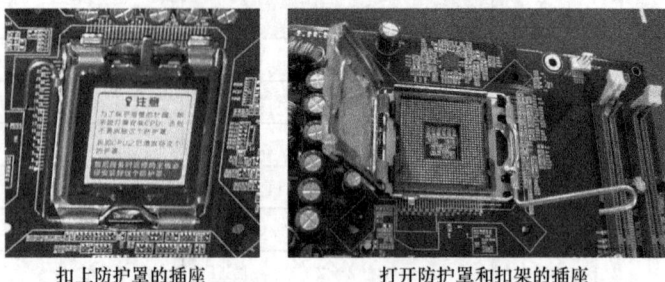

扣上防护罩的插座　　　　　　　　打开防护罩和扣架的插座

图 2-8　Socket T(触点式)CPU 插座

按照 CPU 芯片生产厂家分类,CPU 插座主要有 Intel 和 AMD 两个系列。目前,主流的触点式 CPU 插座有 Intel 系列的 LGA 775、LGA 1155、LGA 1366 及 LGA 2011 等和 AMD 系列的 AM4、AM3、FM1 及 FM2 等。

(1)LGA 775

LGA 775 插座由于其内部的触点非常柔软、纤薄,如图 2-9 所示,若用户安装不当,CPU 芯片容易损坏,如相邻的针脚变形或变形后的针脚搭在一起导致短路,而短路有时会引起设备烧毁的严重后果。此外,过多地拆卸 CPU 芯片也会导致针脚失去弹性,而造成硬件方面的彻底损坏,这是其目前的最大缺点。LGA 775 插座是 Intel 平台前几年的主流 CPU 插座,从它开始,Intel 一直使用这种 CPU 插座,只不过针脚数有所不同。

图 2-9　LGA 775 插座

(2)LGA 1155

LGA 1155 插座结构与 LGA 775 插座结构类似,如图 2-10 所示。使用 LGA 1155 插座的微架构中端四核处理器,四核四线程型号归为 Core i5 系统,八线程型号则归为 Core i7 系统。

图 2-10　LGA 1155 插座

(3)LGA 1366

采用 LGA 1366 插座的处理器代号为 Bloomfield,采用经改良的 Nehalem 核心,内建 8～12 MB L2 Cache,并将会支持超线程技术,采用全新的传输协议,插座内的针脚稍有倾斜,如图 2-11 所示。LGA 1366 插座中的触点排列细密,损坏的可能性高。因此,所有 X58 主板在出厂时插座都加盖了保护盖防止误伤触点。保护盖上粘贴了警示语"只在安装 CPU 时去除保护盖"。

图 2-11　LGA 1366 插座

(4)LGA 2011

LGA 2011,又称 Socket R,LGA 2011 插座将取代 LGA 1366 插座,成为 Intel 新产品,如图 2-12 所示。LGA 2011 插座有 2011 个触点,包含以下特性:

图 2-12　LGA 2011 插座

①处理器最高可达八核。

②支持四通道 DDR4 内存。

③支持 PCI-E 3.0 规范。

④芯片组使用单芯片设计,支持两个 SATA 3 Gbps 和多达十个 SATA /SAS 6 Gbps 接口。

(5)Socket FM1

Socket FM1 是 AMD 公司 2011 年 6 月所发布研发代号为 Llano 的新处理器所用的桌上型计算机 CPU 插座,针脚有 905 个,如图 2-13 所示。台式机处理器为 AMD Athlon II X4 631,采用 Socket FMI 插座,主频为 2.6 GHz。

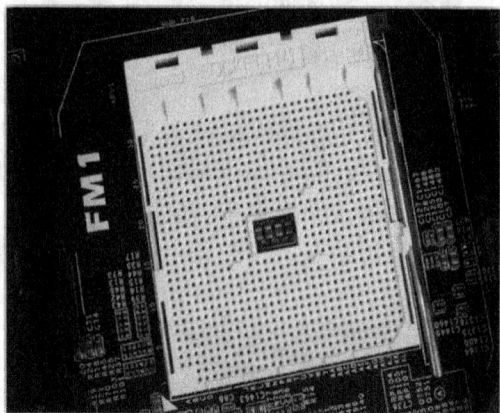

图 2-13　Socket FM1 插座

(6)Socket FM2

Socket FM2 是 AMD Trinity APU 桌面平台的 CPU 插座。对于 A75、A55 芯片组,AMD 表示可能与 Trinity APU 相容,但是需要使用 Socket FM2 插座,Socket FM2 与 Socket FM1 相比,针脚数减少到 904 个,针脚的排列也有所改变,如图 2-14 所示。

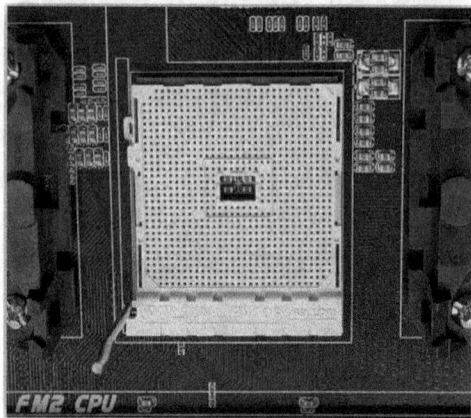

图 2-14　Socket FM2 插座

(7)Socket AM3

Socket AM3 是一个 CPU 插座标准。AMD 基于 Zen 架构的桌面级处理器大多采用了新的 Socket AM3 插座,如图 2-15 所示。它的物理引脚有 938 针,这表明 Socket AM3 插座与"Socket AM2＋"插座或 Socket AM2 插座在物理上是兼容的,因为后两者的物理引脚数均为 940 针。事实上,Socket AM3 处理器能够直接在"Socket AM2＋"主板上工作,不过 940 针的"Socket AM2＋"处理器不能在 938 针的 Socket AM3 主板上使用。

（8）Socket AM4

Socket AM4（下文简称 AM4）是 AMD 于 2016 发布的基于 Zen 架构的桌面级的新一代 CPU 插座。未来 AMD 的新品 CPU 将全部统一 AM4 接口，如图 2-16 所示。2016 年 OEM 市场发布的 Bristol Ridge 和基于 Zen 架构的 Summit Ridge 处理器均为 AM4 插座。

AMD 为 AM4 新接口准备了 300 系/A320/B350/X370 四大芯片组，其中 300 系主打 SOC 平台，A320 对位低端，B350 对位主流，X370 对位发烧级市场。

图 2-15　Socket AM3 插座　　　　　图 2-16　Socket AM4 插座

2.2.3　内存插槽

主板上有若干个内存插槽，只要插入相应的内存条（RAM），就可以构成一定容量的内存储器。不同型号的主板提供的内存插槽标准也不同。

目前，主板采用的内存插槽引脚形式都是 DIMM（Dual Inline Memory Module，双边接触直插式）内存插槽，即插槽内的两面都有金属引脚线，对应的内存条两面也都有金属引脚（俗称"金手指"），用于与内存插槽连接。

目前，DIMM 内存插槽主要有四种类型，如图 2-17 所示，分别适用于四种类型的内存条。

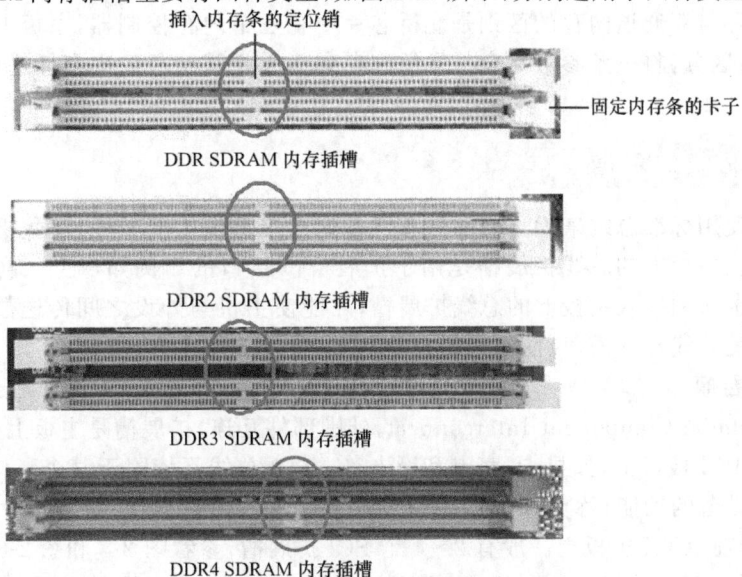

插入内存条的定位销

固定内存条的卡子

DDR SDRAM 内存插槽

DDR2 SDRAM 内存插槽

DDR3 SDRAM 内存插槽

DDR4 SDRAM 内存插槽

图 2-17　四种 DDR SDRAM 类型

1. DDR SDRAM（Double Data Rate Synchronous Dynamic RAM）

DDR SDRAM 内存插槽有 184 个引脚线，引脚上只有一个定位销，两侧各有两个定位销。适用的内存条是 DDR。

2. DDR2 SDRAM

DDR2 SDRAM 内存插槽有 240 个引脚线，引脚上只有一个定位销，两侧各有两个定位销。它是 DDR 的升级版，适用的内存条是第 2 代 DDR（简称 DDR2）。

3. DDR3 SDRAM

DDR3 SDRAM 内存插槽与 DDR2 内存插槽类似，也有 240 个引脚线，但是定位销的位置不同。它是 DDR2 的升级版，数据传输速率相比 DDR2 提高了 2 倍（是内存时钟频率的 8 倍），适用的内存条是第 3 代 DDR（简称 DDR3）。

4. DDR4 SDRAM

DDR4 SDRAM 内存插槽的最大特点在于底部不再是直的，而是呈弯曲状。内存插槽引脚线达 284 个，并且内存插槽中间的定位销位置更靠近中央，数据传输速率相比 DDR3 又提高了 2 倍（是内存时钟频率的 16 倍），适用的内存条是第 4 代 DDR（简称 DDR4）。

5. 双通道或三通道内存

由于 CPU 的运行速度越来越快，内存速度无法满足 CPU 的需要，因此出现了双通道内存技术，就是由北桥芯片中两个内存控制器分别控制两个内存条独立工作、并行传输数据，使内存数据传输速率成倍提高。实现双通道内存技术的方法是，主板上有 4 个内存插槽，用两种颜色区分，如图 2-18 所示。内存条必须成对使用，将两条参数完全一样的 DDR2（或 DDR3）内存条插入相同颜色的内存插槽中。参看图 2-5 和图 2-6 所示主板，其中的内存插槽就是支持双通道的 DDR3 内存插槽。

图 2-18　双通道内存插槽

三通道内存与双通道内存的区别是北桥芯片中有三个内存控制器，主板上有 6 个内存插槽，用两种颜色区分，将三条参数完全一样的内存条插入相同颜色的内存插槽中，使内存数据传输速率提高 2 倍。

2.2.4　总线扩展槽

微机系统使用标准总线来为不同部件和设备的连接提供标准界面，使微机系统具有可扩充性和兼容性。主板上的总线扩展槽是用于扩展 I/O 接口的。例如，显卡、网卡和声卡等外部设备的接口卡必须插入主板上的总线扩展槽，才能使主机与外设之间传送数据。主板上有多个不同类型的总线扩展槽，目前常见的有 PCI、AGP 和 PCI-E 等。

1. PCI 扩展槽

PCI（Peripheral Component Interconnect，外围部件互连）扩展槽是主板上必备的扩展槽，用来插入各种 PCI 接口卡，如显卡、声卡和网卡等。PCI 总线不依附于某个具体的 CPU，它有自动识别外部设备的功能，称为即插即用（Plug and Play，简称 PnP）特性。PCI 总线支持 10 个外部设备，目前 ATX 主板上一般有 2～4 个 PCI 扩展槽，参看图 2-5 和图 2-6。

PCI 2.0 或 PCI 2.1 标准的扩展槽引脚线为 188 个，支持 64 位数据总线，总线工作频率为

66 MHz,最大数据传输速率为 533 MB/s。PCI 2.2 加入了电源管理以及热插拔的功能,电源管理功能可以使微机在休眠状态下接收外部信息而被唤醒。

2. AGP 扩展槽

AGP(Accelerated Graphics Port,加速图形接口)扩展槽是专门用来插接高速图像卡(俗称"显卡")的插槽,可以显示高质量的 3D 图形,如图 2-19 所示。

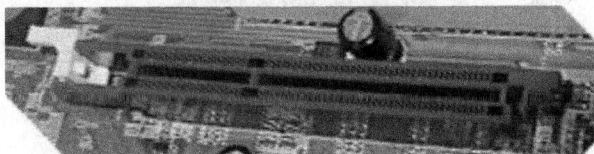

图 2-19　AGP 8X 扩展槽

AGP 接口标准有 AGP 1X、2X、4X、8X,时钟频率是 66.6 MHz,数据总线是 32 位。AGP 1X 的数据传输速率是 $(66.6 \text{ MHz} \times 1 \times 32)/8 \approx 266 \text{ MB/s}$,以此为基础进行扩展,AGP 8X 的数据传输速率达到 $(66.6 \text{ MHz} \times 8 \times 32)/8 \approx 2.1 \text{ GB/s}$。

3. PCI-E 扩展槽

由于 CPU 的性能发展很快,需要各部件的数据传输速度越来越快,使用传统的 PCI 总线和 AGP 接口已经不能满足需要。目前出现了全新的 PCI-Express(简称 PCI-E)扩展槽,如图 2-20 所示。

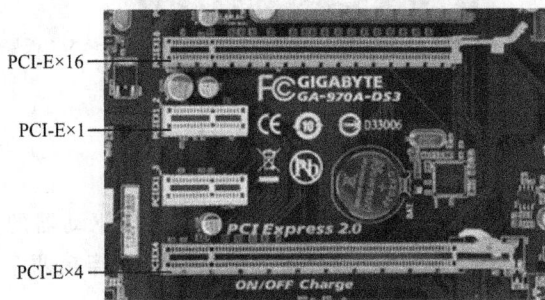

图 2-20　PCI-E 扩展槽

PCI-E 总线是串行的双通道传输方式,目前有 PCI-E×1、×4、×8、×12、×16、×32 标准。PCI-E×1 由每个方向 2 条信号线组成(称为一条 Lane),两个方向共 4 条信号线(称为两条 Lane)。一条 Lane 的单向数据传输速率为 2.5 Gb/s,其效率是 80%,因此实际为 2.0 Gb/s,以此为基础进行扩展,PCI-E×16 由每个方向 16 条 Lane 组成,单向数据传输速率能够达到 2.0 Gb/s×16=32 Gb/s,远高于 PCI 总线和 AGP 8X 接口的数据传输速率。图 2-5 和图 2-6 所示主板上就有 PCI-E×1 和 PCI-E×16 扩展槽,图 2-20 所示主板上有一个 PCI-E×16 扩展槽。

目前,应用 PCI-E 总线最多的是插接高性能的 3D 图形加速卡,取代 AGP 标准的显卡。

2.2.5　外部设备接口

外部设备接口用于主机和外部设备之间的连接,主要有硬盘接口、软盘接口及主机箱后面的各种 I/O 接口。

1. 硬盘接口

(1)EIDE 接口

一般主板上有两个 40 针的插座,以"IDE1"和"IDE2"标注,是连接硬盘和光盘驱动器的接口,称为 EIDE(Enhanced Integrated Drive Electronics,增强型 IDE)接口,也称为并行 ATA

(Advanced Technology Attachment)接口,如图 2-21 所示为 EIDE 和 FDD 接口(软盘接口)。每个 EIDE 接口可以在同一条数据线电缆上连接两个硬盘或光盘驱动器,一个是主(Master)设备,另一个是从(Slave)设备,因此一块主板最多可以连接 4 个硬盘或光盘驱动器。

图 2-21　EIDE 和 FDD 接口

（2）SATA 接口

目前新型主板上有数个 7 针的 L 型插座,以"SATA1"～"SATAn"标注,被称为串行 SATA(Serial Advanced Technology Attachment,SATA)的硬盘接口,如图 2-22 所示。每个 SATA 接口只能连接一个硬盘。SATA 接口的特点是数据传输速率高于 EIDE 接口,SATA 2.0 和 SATA 3.0 标准的数据传输速率分别可以达到 300 MB/s 和 600 MB/s。目前主流硬盘普遍采用 SATA 接口,图 2-5 所示主板上就有 SATA 2.0 和 SATA 3.0 标准的 SATA 接口,图 2-6 所示主板上只有 SATA 2.0 标准的 SATA 接口。

图 2-22　SATA 接口

2. 软盘接口

主板上有一个 34 针的插座,以"FDD"标注,是连接软盘驱动器的接口,使主机能读写软盘,参看图 2-21。一个 FDD 接口可以在同一条数据线电缆上连接两个软盘驱动器,一个是主设备,另一个是从设备。

目前,大部分新型主板已经取消了 FDD 接口。

3. 输入/输出接口

主板在主机箱后面板提供了各种输入/输出接口(简称 I/O 接口),如图 2-23 所示,可以连接键盘、鼠标、显示器、打印机、U 盘、耳机和话筒等设备。

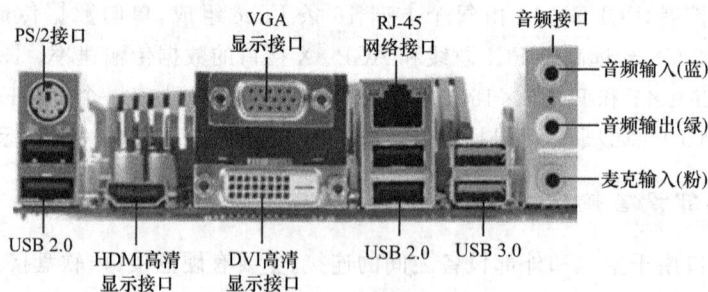

图 2-23　I/O 接口

（1）并行通信接口

并行通信接口对外部设备采用并行方式传送数据,即用多条信号线同时传送一个二进制数的所有位数。并行数据传送方式的优点是数据传输速率高,缺点是由于成本高而难以远距离传送数据。如果外部设备与主机距离较近,选用并行通信接口比较适合。

主板提供的并行接口(通常称 LPT 口)符合 EPP/ECP(高速增强型/扩展型并行接口)标准,有 25 条信号线。

(2)串行通信接口

串行通信接口对外部设备采用串行方式传送数据,即将数据分解成单个的二进制数代码位,用一条信号线每次传送一位二进制数,按规定的格式逐位依次传送。串行数据传送方式的优点是远距离传送数据时成本较低,缺点是数据传输速率低。如果外部设备与主机距离较远,选用串行通信接口比较适合。要注意的是,在串行接口与主机之间仍采用并行方式传送数据。

目前主板上的串行通信接口是 RS-232C,共有 25 条信号线,对其中 20 条信号线的功能做了定义。但是常用的信号线只有 9 条,主板提供的 9 针串行接口(通常称 COM 口)就符合这种标准。RS-232C 串行接口适合在一对收、发设备之间(通常称"点对点")传输数据,数据传输速率有 50 b/s、75 b/s、100 b/s、150 b/s、300 b/s、600 b/s、1200 b/s、2400 b/s、4800 b/s、9600 b/s 和 19200 b/s 等。两个串行接口直接连接时,距离应在 15 m 以内,否则需要借助 Modem 和电话线进行扩展。

(3)USB 通用串行总线

USB(Universal Serial Bus)是一种新型的通用串行总线。主板提供 4~8 个 USB 接口,通常放置在主机箱的后面板,为了方便使用,主机箱的前面板也有 USB 接口插座,参看图 2-2 和图 2-3。外部设备通过四芯电缆(2 根信号线、1 根电源线和 1 根地线)插入 USB 接口插座。USB 总线主要有以下特点:

①统一标准——USB 是通用接口,无须为外部设备准备不同的接口和协议。

②即插即用(PnP)——当 USB 外部设备连接到一台正在运行的微机时,操作系统能够自动检测外部设备,加载合适的驱动程序。

③允许热拔插——可以在任何时刻连接和断开 USB 外部设备,不关闭主机电源也不会损坏主机和外部设备。

④速度快——USB 接口比标准串行接口的数据传输速率高得多。目前 USB 总线常用 USB 2.0 和 USB 3.0 两个标准,电缆和插座的规格完全相同。USB 2.0 的数据传输速率可达 480 Mb/s,USB 3.0 的数据传输速率达到 5 Gb/s。

⑤扩展能力强——主板上一个 USB 接口可以连接 127 个 USB 设备,最多允许用 5 个 USB 集线器级联来扩展 USB 接口数量。每个 USB 设备之间的电缆长度可达 5 m,最长连接距离不能超过 30 m。

(4)IEEE 1394 串行总线

IEEE 1394 是一种高性能的串行接口标准,能够连接各种外部设备和家用电器,如 DVD、MP4 及手机等。IEEE 1394 串行总线接口如图 2-24 所示,共有 6 条信号线,其中有 2 条电源线,可以向被连接的设备提供电源,另外有两对双绞线用来传输数据。

图 2-24　IEEE 1394 串行总线接口

IEEE 1394 串行总线采用级联方式连接外部设备,一个端口可以连接 63 个设备,采用树状结构时可达 16 层,设备之间允许的电缆长度不超过 4.5 m,从主机到最末端外部设备的总长可达 72 m。IEEE 1394 串行接口标准有两种数据传输模式,Backplane 模式的数据传输速率有 12.5 Mb/s、25 Mb/s 和 50 Mb/s 等,Cable 模式的数据传输速率有 100 Mb/s、200 Mb/s 和 400 Mb/s 等。

4.电源插座

目前主板上主要有两种电源插座。

一种是 20 芯双列长方形插座,就是为主板提供±5V、±12V 和±3.3V 直流电源的电源插座,如图 2-25 所示。在 CPU 插座的旁边还有一个 4 芯白色方形插座,由于 CPU 的功耗比较大而给它单独提供+12V 电源。主要使用在面向 AGP 8X 或入门级 PCI-E 的主板上。

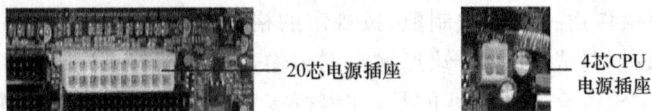

图 2-25   20 芯电源插座和 4 芯 CPU 电源插座

还有一种是 24 芯双列长方形插座,提高了电流输出能力,主要的改进之处是电源改为双路+12V 输出,其中一路通过该 24 芯插座为主板和 PCI-E 显卡供电,另一路通过 8 芯专用插座为 CPU 供电,如图 2-26 所示。

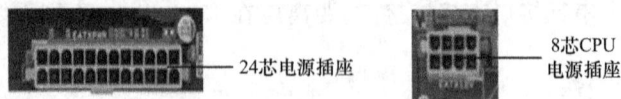

图 2-26   24 芯电源插座和 8 芯 CPU 电源插座

2.2.6   CMOS 和 BIOS 芯片

1. CMOS RAM

CMOS RAM 是固焊在主板上的一片可读写的存储芯片,由纽扣式的电池供电,关机后信息不会丢失。CMOS RAM 中保存了微机运行所必需的硬件配置信息,如磁盘驱动器、存储器和显示器等部件的参数。在微机加电引导时会读取 CMOS RAM 中的信息,初始化各个部件的状态。CMOS 还提供了系统时钟(RTC),包括日期和时间。

目前 CMOS RAM 和 RTC 已经集成在南桥芯片中,在主板上看不到这个芯片,只能看到给它供电的纽扣式电池,参看图 2-5、图 2-6 所示主板。

2. BIOS

BIOS(Basic Input/Output System)即基本输入/输出系统,是一组程序,存放在主板上的一片只读存储芯片中,参看图 2-5 和图 2-6 所示主板。目前大多数主板采用 Flash ROM,可以用软件刷新 BIOS 的方法进行升级。它有以下主要功能:

(1)加电自检(Power-On Self Test,简写为 POST)

微机加电后,自动进入 BIOS 中的加电自检程序,测试微机能否正常工作。如果发现问题,会显示提示信息或给出鸣笛警告。

(2)系统信息设置(Setup)

在微机加电后,可以按照提示,按键盘的指定键(如 Del 键)进入 Setup 程序,修改 CMOS 中的参数。

(3)系统初始化

按照 CMOS 中设置的启动顺序,搜索软盘、硬盘和光盘中的操作系统,通过 BIOS 中的自检程序,将操作系统中的初始引导程序装入内存,从而启动操作系统。

BIOS 和 CMOS RAM 的关系是通过 BIOS 中的 Setup 程序来设置 CMOS RAM 中的参数。

🐾**注意:**当错误设置了 CMOS RAM 中的参数或忘记了 BIOS 口令时,可以通过纽扣式电池旁边的跳线或取下纽扣式电池来放电,恢复出厂设置。

2.2.7　芯片组

芯片组(Chipset)是固焊在主板上的一组超大规模集成电路芯片,是主板上的核心部件,主要功能是支持与协调 CPU 和周边组件的运行,基本决定了主板的性能和周边组件的选型,但是不能像 CPU 和内存那样简单升级。不同的芯片组支持不同类型的 CPU 和内存,只有当CPU 和内存等组件的性能与芯片组相匹配时,硬件系统才能发挥最大效能。目前芯片组有两片和单片两种结构。

1. 两片结构

按照在主板上位置的不同,通常把芯片组中两个较大的芯片分别称为"北桥芯片"(或MCH)和"南桥芯片"(或 ICH),如图 2-27 所示。靠近 CPU 插座的"北桥芯片"(也称为"主桥")负责对 CPU、内存储器、AGP 和 PCI-E 总线(显卡)之间的信号进行传输和管理,速度较快,芯片上面覆盖散热片。靠近 PCI 插槽的"南桥芯片"负责提供 I/O 接口、PCI 总线、USB 总线、EIDE 和 SATA 硬盘接口等与输入/输出有关的功能,速度较慢。主板和芯片组的名称是根据北桥芯片的名称命名的。

芯片组
(北桥 Intel X58)

芯片组
(南桥 ICH10R)

图 2-27　两片结构芯片组的主板(msi X58 Pro-E)

近年来,有的芯片组使用了"整合技术",将其他部件(如显卡、声卡、网卡、调制解调器和CMOS RAM 等)整合到芯片组中,从而缩小微机的体积,提升微机的兼容性,但是会占用较多的 CPU 资源,所以整合芯片组只能面向中低端用户。

2. 单片结构

近年推出的 Intel Core i 系列 CPU 内部不但集成了内存控制器,还集成了 PCI-E 控制器等北桥芯片的大部分功能,因而取消了北桥芯片,芯片组只用一片芯片,不再有南桥与北桥之分。单芯片的功能类似南桥,称为 PCH,采用 DMI 总线与 CPU 通信。图 2-5 和图 2-6 所示主板的芯片组就是单片结构。

图 2-5 主板上是目前较高端的单片结构芯片组 Intel H77,集成了声卡和网卡功能,支持 Intel Core i7/Core i5/Core i3/Celeron/Pentium 等 CPU,支持双通道 DDR3 1600/1333/1066 MHz 内存等。图 2-6 主板上是单片结构芯片组,也集成了声卡和网卡的功能,支持 AMD Llano A8/A6/A4 系列 APU(CPU 内置显示芯片),支持双通道 DDR3 1866/1600/1333/1066 MHz 内存等。

目前,Intel 和 AMD 公司生产的芯片组应用的比较多,其中比较典型的 Intel 5 系列和 Intel 7 系列芯片组参数见表 2-2。

表 2-2　　　　　　　　　　典型的 Intel 系列芯片组参数

芯片组名称	Intel 5 系列		Intel 7 系列	
	X58	H57	H77	Z77
南桥芯片	ICH10(R)	No	No	No
CPU 型号	Core i7	Core i3/i5/i7	Core i3/i5/i7	Core i3/i5/i7
CPU 接口	LGA 1366	LGA 1156	LGA 1156	LGA 1156
内存模式	三通道 (CPU 内支持)	双通道 (CPU 内支持)	双通道 (CPU 内支持)	双通道 (CPU 内支持)
内存类型	DDR3 1066/1333	DDR3 1066/1333	DDR3 1600/1066/1333	DDR3 1600/1066/1333
支持 CPU 集成显卡	No	Yes	Yes	Yes
PCI-E	2×16X+4×1X or 4×8X+4×1X (Gen 2.0×2)	1×16X (Gen 2.0)	1×16X (Gen 3.0)	1×16X or 2×8X or 1×8X+2×4X (Gen 3.0)
显卡交火类型 (支持多显卡)	16+16	No	No	8+8 or 8+4+4
SATA 接口 (2.0/3.0)	6 (6/0)	6	6 (4/2)	6 (4/2)
USB 总线 (2.0/3.0)	12 (12/0)	14	14 (10/4)	14 (10/4)

2.3　中央处理器

中央处理器(CPU)按照程序完成各种运算和控制,是微机硬件系统中的核心部件,其性能直接决定了微机系统的总体性能。

2.3.1　CPU 的外观与构成

1. CPU 的外观

从安装在主板上的 CPU 外观来看,CPU 由芯片、插座、散热风扇及专用电源等组件组成,如图 2-28 所示。

图 2-28　从主板上看到的 CPU

2. CPU 芯片的构成

CPU 是一个大规模集成电路芯片,内部集成了数千万个晶体管,外部有数百个引脚。目前 CPU 芯片由内核、基板、填充物、封装及接口五部分组成,如图 2-29 所示。

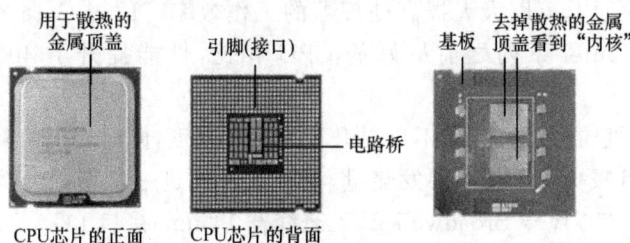

图 2-29　CPU 芯片的结构

（1）内核

CPU 芯片中间的方形部分就是 CPU 的内核,它由数千万个在显微镜下才能看见的晶体管蚀刻在单晶硅片上而成。

内核通常被称为核心,是 CPU 核心处理器的简称。CPU 所有的运算和控制功能都由内核执行,它是 CPU 芯片最重要的组成部分,直接影响 CPU 的性能。

CPU 的内核与其外观无关,即使相同的内核也可以采用不同的接口,而不同的内核也可以采用相同的接口。同一档次的 CPU,按照内核制造工艺的不同,可以分为多种版本。CPU 的内核用统一代号命名。例如:

Intel Core 2 Duo(双核)系列的核心有 Conroe(工艺线宽 65 nm(纳米),接口 LGA 775)和 Wolfdale(工艺线宽 45 nm,接口 LGA 775)等。

Intel Core i7 系列的核心有 Sandy Bridge(四核,工艺线宽 32 nm,接口 LGA 1155)和 Ivy Bridge(六核,工艺线宽 22 nm,接口 LGA 1155)、Hasswell-E(八核,工艺线宽 22 nm,接口 LGA 2011-V3)等。

（2）基板

基板就是承载 CPU 内核的电路板。在基板上面还有电容、电阻以及决定 CPU 时钟频率的电路桥。基板有很好的电气性能和散热性能。

（3）填充物

在 CPU 内核和基板之间还有填充物,用来缓解散热风扇的压力,固定内核硅片和电路基板。

（4）封装

封装就是给 CPU 芯片穿上"保护外衣",以便与空气隔绝、防尘以及散热等,还有助于 CPU 芯片与主板上的 CPU 插座很好地连接。

（5）接口

CPU 芯片是通过接口与主板连接的。目前 CPU 芯片的接口有针脚式和触点式。例如，Socket 478 是针脚式，参看图 2-7；LGA 775、LGA 1155、LGA 1366 和 LGA 2011 等是触点式，参看图 2-9 和图 2-12 所示 CPU 插座。

2.3.2　多核 CPU

随着 CPU 主频的不断增长和工艺线宽的不断缩小，CPU 散热、电流泄漏和热噪声等问题变得越来越棘手，单纯的提升主频已经遇到瓶颈，因此多核处理器应运而生。

双核处理器是在同一芯片上集成两个独立的处理器核心，两个物理核心是相对独立的，每个核心都可以拥有独立的一级和二级缓存、寄存器以及运算单元。参看图 2-22。每个时钟周期内可执行的指令数将增加一倍，可以使两个独立进程互不干扰，进行多任务处理，加上软件有效地支持多处理器使用，可以大大提高处理器的工作效率。Intel Core 2 Duo（通常称酷睿2）系列双核 CPU 与 Intel 系列之前最好的 CPU 相比，性能提升了 40%，而功耗降低了 40% 多。

目前，十核处理器已在市面流通，不仅提升了晶体管密度，同时还大幅降低了漏电率，使功耗有了一定的下降，且减少了处理器的发热量，使稳定性能进一步增强。例如 Intel CORE i7 就有十核 CPU 系列，核心代号 Broadwell-E，工艺线宽 14 nm，接口 LGA 2011-V3。

2.3.3　CPU 的主要性能指标

1. 字长

字长是 CPU 一次能够处理的二进制位数。目前有 8 位、16 位、32 位、64 位字长的 CPU。

2. 主频

主频是 CPU 内核工作的时钟频率，单位为 Hz。主频越快，CPU 运算速度越快。例如，Pentium 4 2.7 GHz CPU 就是指主频为 2.7 GHz，通常标记在 CPU 芯片上。

3. 外频与倍频系数

外频是由主板提供的系统总线的工作频率，是 CPU 与主板之间同步运行的速度，单位为 Hz。

由于主频不断提高，而主板和内存等部件受工艺限制难以提高工作频率，为了使 CPU 的速度能够与主板和内存的速度保持一致，在北桥芯片中出现了分频技术，即把主频降低后再提供给主板上的其他部件。倍频系数表示主频与外频的倍数，即主频＝外频×倍频系数。

目前倍频系数基本被生产厂家锁定，不能自行调节。可以用超频技术人为地适当提高外频或倍频系数，使 CPU 的实际运行频率得到提高。目前可以通过对 BIOS 进行设置或使用专用软件等方法实现超频。

4. 前端总线（Front Side Bus，FSB）频率

前端总线频率是 CPU 与北桥芯片交换数据的速度，单位为 Hz。如果前端总线频率较低，就会限制 CPU 性能的发挥。

5. 数据最大带宽

数据带宽是指数据传输速率，即每秒钟传输的数据的字节数，单位为 MB/s。数据带宽取决于同时传输的数据位数和传输频率。

最大带宽（MB/s）＝前端总线频率（MHz）×数据宽度（bit）÷8

说明:数据宽度是指能够同时传输的数据的位数(二进制),单位为 bit。

例如,当前端总线频率(FSB)为 800 MHz,数据总线为 64 bit 时,CPU 每秒可接受的数据传输量(数据最大带宽)＝800 MHz×64 bit÷8＝6400 MB/s

6. 缓存

CPU 处理的数据是从内存中获取的。硬盘和光盘等外存中的数据需要先调入内存,才能由 CPU 处理。但是 CPU 的运算速度大大快于内存的存取速度,所以需要等待内存的数据传输,使得 CPU 的运算速度大大降低。为了解决内存与 CPU 的数据传输速率差距,在 CPU 与内存之间插入一个容量不大速度却很快的高速缓存,也称为 Cache。当 CPU 需要访问内存时,如果 Cache 中有 CPU 所需要的信息,CPU 将直接从 Cache 中读取,如图 2-30 所示。

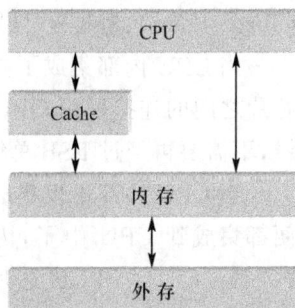

图 2-30　高速缓存的作用

Cache 可以分为如下三级:

(1)一级缓存

一级缓存也称 L1 Cache,集成在 CPU 内部,存取速度很快,与主频相同。由于 L1 Cache 是由静态 RAM 组成,成本较高,CPU 芯片的面积也有限,所以 L1 Cache 容量不能太大,目前一般为 16 KB～64 KB,高端 CPU 可以达到 128 KB～256 KB。L1 Cache 可以分为指令缓存和数据缓存。

(2)二级缓存

二级缓存也称 L2 Cache,用于弥补一级缓存容量的不足。L2 Cache 分为内部和外部两种,集成在 CPU 内部的 L2 Cache 的存取速度与主频相同。集成在 CPU 外部的 L2 Cache 的存取速度只有主频的二分之一左右。L2 Cache 容量一般为 128 KB～512 KB,高端 CPU 可以达到 1 MB～12 MB。

(3)三级缓存

三级缓存也称 L3 Cache,分为内部和外部两种。L3 缓存不仅可以进一步降低访问内存的等待时间,同时提升了 CPU 进行大量数据计算时的性能。L3 Cache 容量可以达到 4 MB～12 MB。

7. 制造工艺

制造工艺是指 CPU 内部集成电路中导线的宽度或导线之间的距离,以 μm(微米)为单位。这个数值越小,表明制造工艺越先进,在相同尺寸芯片上集成的元器件越多,CPU 的主频也能做得越高。目前 CPU 的制造工艺都能达到 0.13 μm,高端 CPU 可以达到 65 nm、45 nm、32 nm 和 22 nm 等。

8. 工作电压

工作电压是指 CPU 正常工作时所需要的电压。降低 CPU 的工作电压能解决耗电多和温度高的问题,从而提高 CPU 的稳定性。目前主流 CPU 的工作电压已经由早期的 5 V 降低到 1.25 V 左右。

2.3.4　主流 CPU 简介

目前,Intel 公司生产的新一代 CPU 是 Intel Core i 系列,其中高端的是 Core i7 系列,中端的是 Core i5 系列,低端的是 Core i3 系列。

Intel Core i 系列 CPU 采用全新架构,在上一代 Intel Core 系列的基础上,性能有了许多改进,例如,采用 64 bit 多核心;内部集成了双通道或三通道 DDR3 或 DDR4 内存控制器;内部包含三级 Cache。有的 Core i 系列 CPU 还集成了显卡功能和 PCI-E 控制器;支持睿频加速(Turbo Boost)、超线程(HT)、虚拟化(VT-x)和增强型动态节能(Enhanced Speed Step)等技术。

当 CPU 内部集成了内存控制器后,CPU 可通过内存控制器直接访问内存,CPU 与北桥芯片之间的连接采用 QPI 总线(Quick Path Interconnect,快速通道互联),这是高速的串行总线,不需要再经过 FSB 总线。

当 CPU 内部不仅集成内存控制器,还集成了 PCI-E 控制器后,CPU 北桥芯片的主要功能便都集成到 CPU 中了,因此取消北桥芯片,芯片组只有一片类似南桥功能的芯片(称为PCH)。CPU 与 PCH 芯片之间的连接采用 DMI 总线(Direct Media Interface,直接媒体接口),这是点到点的连接方式,具有 PCI-E 总线的优点。

目前比较典型的 Intel Core i7、Core i5 系列 CPU 芯片的主要参数见表 2-3。

表 2-3　　　　　　　　　　典型的 Intel Core i 系列 CPU 芯片主要参数

CPU 型号	Intel Core i7			Intel Core i5		
	980X	6950X	3770K(3 代)	760	2550K(2 代)	3570K(3 代)
核心数量	6	10	4	4	4	4
核心代号	Gulftown	Sandy Bridge-E	Ivy Bridge	Lynnfield	Sandy Bridge	Ivy Bridge
CPU 接口	LGA 1366	LGA 2011-v3	LGA 1155	LGA 1155	LGA 1155	LGA 1155
主频	3.33 GHz	3.5 GHz	3.5 GHz	2.8 GHz	3.4 GHz	3.4 GHz
总线类型及速度	QPI 6.4 GT/s	DMI2 8 GT/s	DMI 5 GT/s	DMI 2.5 GT/s	DMI 5 GT/s	DMI 5 GT/s
工艺线宽	32 nm	14 nm	22 nm	45 nm	32 nm	22 nm
最大散热设计功耗(TDP)	130 W	140 W	77 W	90 W	95 W	77 W
高速缓存	12 MB	25 MB	8 MB	8 MB	6 MB	6 MB
内存类型	DDR3 1066	DDR4 2400/2311	DDR3 1600/1333	DDR3 1333/1066	DDR3 1333/1066	DDR3 1600/1333
内存通道	3	4	2	2	2	2
集成显卡	No	No	Yes 650 MHz	No	No	Yes 650 MHz
扩展选项		PCI-E 2.0	PCI-E 3.0	PCI-E 2.0	PCI-E 2.0	PCI-E 3.0

注意:通过网址 http://ark.intel.com/zh-cn/,能够查询 Intel 系列的 CPU、芯片组和主板的详细参数。

2.4 内 存

内存也是主机中必不可少的组件,它直接与 CPU 传送数据,存放当前正在执行的程序和数据。内存的性能是影响微机总体性能的关键因素之一。

内存由集成电路芯片组成,存取速度快,存储容量较小,可读写,关机之后保存的信息会丢失。

2.4.1　内存条的外观与构成

内存条就是焊接有可读写的存储芯片、电容和电阻等元器件的一条印刷线路板,使用时插入主板上的内存插槽中,如图2-31所示。

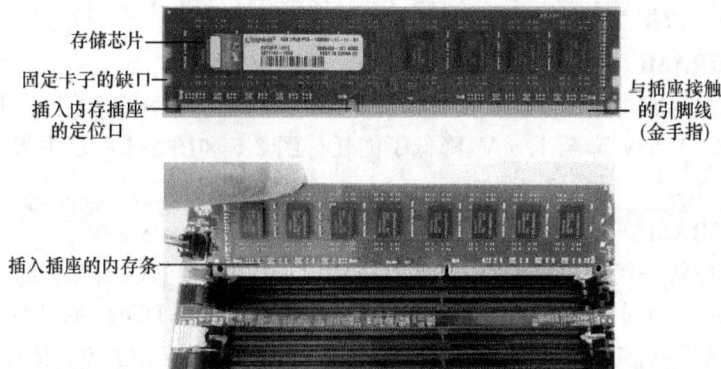

图2-31　主板上的内存条

存储芯片由若干基本存储电路(RAM)组合而成,一个基本的存储电路存储一位二进制信息。内存条的性能参数由存储芯片决定。

SPD是EEPROM芯片,有8个引脚,容量为256 B,保存了该内存条的各种参数,供主板上的BIOS读取。

2.4.2　内存条的类型

目前流行的内存条有以下四种类型,内存条的外观如图2-32所示,引脚形式都是DIMM(双边接触直插式),对应的内存插槽参看图2-17。

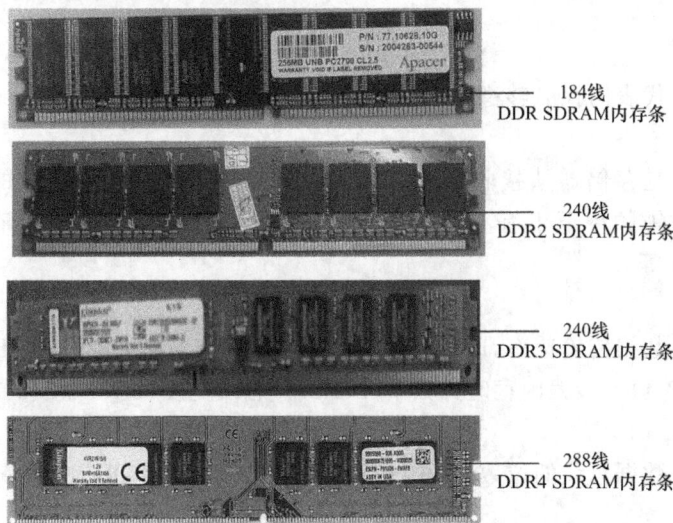

图2-32　四种类型内存条的外观

1. DDR SDRAM

DDR一次从RAM中预读取2 bit数据,通过内部2路传输线传输到I/O缓冲区,I/O端口在时钟的上升沿和下降沿都进行数据读写,I/O端口向外部传送数据的频率是内存时钟频率的 2 倍。数据总线 64 位,工作电压 2.5 V。

2. DDR2 SDRAM

DDR2 的预读取能力是 4 bit,是 DDR 的 2 倍,即一次从 RAM 中预读取 4 bit 数据,通过内部 4 路传输线传输到 I/O 缓冲区,I/O 端口以 4 倍的数据传输速率向外部传送数据。数据传输频率是内存时钟频率的 4 倍,也就是在同一内存时钟频率下,DDR2 比 DDR 的数据传输速度提高了一倍。数据总线 64 位,工作电压 1.8 V。

3. DDR3 SDRAM

DDR3 的预读取能力是 8 bit,数据传输频率是内存时钟频率的 8 倍,比 DDR2 又提高了 2 倍。工作电压从 1.8 V 降至 1.5 V,降低了能耗。图 2-5 和图 2-6 所示主板上的内存插槽中就是 DDR3 内存条。

4. DDR4 SDRAM

DDR4 内存是新一代的内存规格。DDR4 相比 DDR3 最大的区别有三点:16 bit 预读取机制(DDR3 为 8 bit),同样内核频率下理论速度是 DDR3 的两倍;DDR4 的针脚数增加到 280 多个,更可靠的传输规范;工作电压降为 1.2 V。与 DDR3 相比,DDR4 的具体改进如下:

(1)内存条外观变化明显,金手指变成弯曲状。

(2)内存频率提升明显,可达 4266 MHz。

(3)内存容量提升明显,可达 128 GB。

(4)功耗降低明显,电压达到 1.2 V 甚至更低。

2.4.3 内存的主要性能指标

1. 存储容量

存储容量就是存储二进制信息的数量,单位为字节(Byte),按"存储单元个数×每单元位数"计算。存储容量越大,微机硬件系统的性能越好。目前主流微机配置的内存大多数在 2 GB 以上。

2. 时钟频率

内存时钟频率代表内存能够稳定运行的最高频率,单位为 MHz。

3. 存取时间

存取时间指的是存储器从接收到读/写命令到完成读/写操作所需要的时间,单位为 ns(纳秒)。在同一时钟频率下也有不同的存取时间。目前大多数内存条的存取时间为 6 ns、7 ns、8 ns 或 10 ns 等。

4. 内存带宽

内存带宽也称数据传输速率,即每秒钟传输的数据的字节数,单位为 MB/s。

内存带宽(MB/s)=最大内存时钟频率(MHz)×总线宽度(bit)×n÷8

其中:

总线宽度——数据总线的位数,单位为 bit。DDR、DDR2 和 DDR3 都采用 64 位并行数据总线。

n——时钟脉冲上下沿的传输数据的倍数。对 DDR SDRAM,每个时钟周期内传输 2 次数据,$n=2$;对 DDR2 SDRAM,每个时钟周期内传输 4 次数据,$n=4$;对 DDR3 SDRAM,每个时钟周期内传输 8 次数据,$n=8$。

通常使用时钟频率或内存带宽为内存条命名。例如:

当时钟频率为 200 MHz 时，由于 DDR 内存条是双倍数据速率，等效 $200\times2=400$ MHz，因此命名为 DDR 400。内存带宽＝$200\times64\times2\div8=3200$ MB/s，因此 DDR 400 也采用 PC-3200 命名。

当时钟频率为 200 MHz 时，由于 DDR2 内存条是 4 倍数据速率，等效 $200\times4=800$ MHz，因此命名为 DDR2 800。内存带宽＝$200\times64\times4\div8=6400$ MB/s，因此 DDR2 800 也采用 PC2-6400 命名。

当时钟频率为 200 MHz 时，由于 DDR3 内存条是 8 倍数据速率，等效 $200\times8=1600$ MHz，因此命名为 DDR3 1600。内存带宽＝$200\times64\times8\div8=12800$ MB/s，因此 DDR3 1600 也采用 PC3-12800 命名。采用双通道 DDR3 时，两条 DDR3 1600 并行工作，内存带宽相当于 2×12800 MB/s＝25 GB/s，使内存速度更快。

2.5　基本外部设备

微型计算机系统最基本的外部设备包括键盘、鼠标、显示器和硬盘。

2.5.1　显卡与显示器

显卡(图形加速卡)是显示器与主机传输数据的控制电路与接口。显示器显示微机运行时的各种状态和运行结果，是必需的外部设备。

1.显卡

显卡的作用是将计算机处理的二进制数信息转换为人们能够识别的模拟信号，并将其通过显示器显示出来。

主机箱与电源

(1)显卡的结构

显卡是一块独立的电路板，插入主板的 AGP 或 PCI-E 总线扩展槽中。显卡主要由图形处理芯片、数模(D/A)转换器、显示内存、显卡 BIOS 芯片、总线接口和输出接口等部分组成，如图 2-35 所示。有些主板将显卡的功能集成在北桥芯片中，有的 CPU 内置了显示芯片。

①图形处理芯片(Graphic Processing Unit,简称 GPU)是显卡的核心芯片，控制和管理显卡上的各个部件，目前还把将数字图像数据转换成模拟显示信号的 DAC 芯片功能整合到 GPU 中。GPU 主要完成图形处理和 3D 特效的功能，减轻了 CPU 的负担，加快了 3D 图像的处理速度。GPU 芯片需要安装散热片和风扇来散热。GPU 是决定显卡性能的关键器件。

②显示内存(Video RAM,简称 V RAM)简称为显存，用于存储将要显示的图像数据。目前显存的类型主要为 GDDR3 和 GDDR5。显存的大小决定了显示器分辨率的高低及能够显示的颜色数。

③显卡 BIOS(也称 VGA BIOS)的作用与主板 BIOS 相似，是控制显卡各个部件的程序，现在多数存放在 Flash ROM 芯片中。这个芯片中还存放显卡型号和显存容量等信息，微机启动时首先将这些信息显示在屏幕上。文本显示模式下的字符点阵代码也存放在该芯片中。

图 2-35(b)所示显卡的型号是 msi R7750,GPU 是 AMD 系列的 Radeon HD 7750,核心频率为 900 MHz,显存类型为 GDDR5,显存容量为 1024 MB,最高分辨率为 2560×1600。

(2)显卡的接口

有的显卡有多连接口，用于支持两块以上的显卡进行连接并行工作，以提高显示性能。

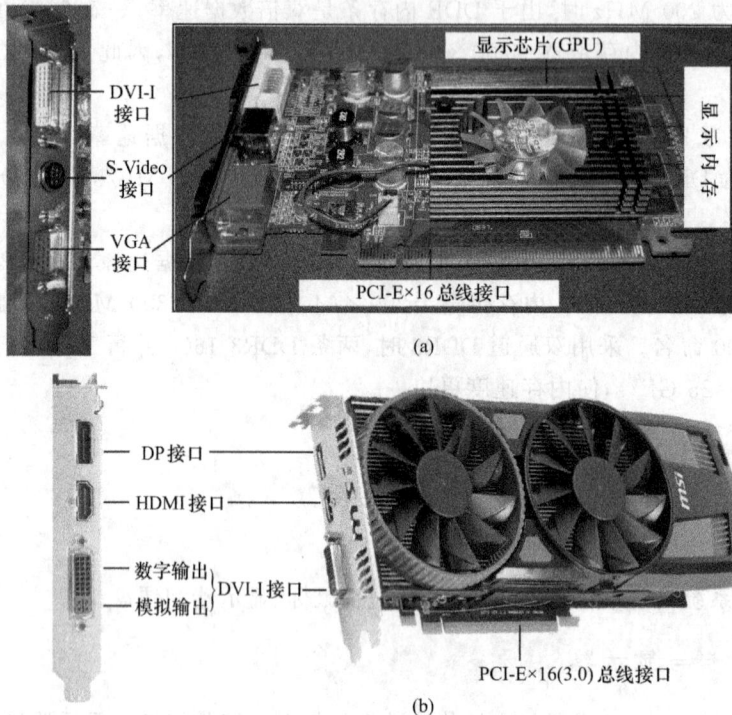

图 2-35　显卡及其接口

　　总线接口是显卡与主板连接的接口，现在普遍使用的是 AGP 或 PCI-E 总线。

　　输出接口是显卡与显示器连接的接口，目前有以下五种规格，参看图 2-35。

　　①VGA(Video Graphics Array，视频图形阵列)接口——也称 D-SUB 接口，是显卡输出模拟信号的接口。这是 3 排、15 个针孔的 D 型插座，多数显卡都具备此种显示器接口，参看图 2-3，用于连接 CRT 显示器和有模拟输入接口的液晶(LCD)显示器。

　　②DVI(Digital Visual Interface，数字视频接口)——是显卡输出数字信号的接口，显示效果比 VGA 接口显著提高，这是 3 排、24 个针孔的长方形插座，用于连接有数字输入接口的液晶显示器。目前 DVI 接口有两种形式，一种是 DVI-D，只传送数字信号；另一种是 DVI-I，不仅传送数字信号，还可以兼容传送模拟信号。

　　③S-Video(Separate Video，二分量视频)接口——与电视机的 S 接口完全相同，有呈半圆分布的 5 个插孔，用于连接电视机。

　　④HDMI(High Definition Multimedia Interface，高清晰度多媒体接口)——适合影像传输的专用数字信号接口，允许用一条电缆同步传输无压缩的音频与视频信号。提供的最高数据带宽为 5 Gbps，支持的分辨率可达 1960×1080。HDMI 接口是高性能显卡具备的输出接口，这是 19 针的插座，可以连接液晶显示器，还可以连接高清液晶电视和家庭影院等数字化家电。

　　⑤DP(Display Port，显示接口)——也是一种高清晰度数字显示接口，与 HDMI 接口一样允许音频与视频信号共用一条电缆传输，但是比 HDMI 接口提供的数据带宽(10.8 Gbps)高，支持更高的分辨率(可达 2560×1600 和 2048×1536 等)和刷新频率。这种接口提供一条功能强大的辅助通道，数据带宽为 1 Mbps，最高延迟仅为 500 μs，可以直接作为音频和视频等带宽数据的传输通道，也可以用于无延迟的游戏控制，能够最大程度整合周边设备。DP 接口也是

高性能显卡具备的输出接口,这是 20 针的插座,同样可以连接高清液晶电视和家庭影院等数字化家电,支持多种高质量的数字视频/音频节目。

(3)显卡的主要技术参数

①刷新频率——图像每秒钟在屏幕上更新的次数,单位是 Hz。刷新频率越高,图像显示越稳定,眼睛越不容易疲劳。建议使用 75 Hz 以上的刷新频率。

②最大分辨率——屏幕上显示的像素点的最大数量,用"水平方向点数×垂直方向点数"表示。分辨率越高,图像显示的清晰度越高。目前常用的分辨率有 1024×768 和 1280×1024 等。

③色深——在一定分辨率下每个像素点的颜色所用的位数,单位是 bit,决定了每个像素点能够显示的颜色数。色深的位数越高,能够显示的颜色数越多,显示的图像质量越好。16 位、24 位和 32 位是常用的色深,当色深是 16 位时,每个像素可以显示 2^{16}=65536 种颜色。

显存容量、分辨率及色深的关系是:显存容量＝分辨率×色深。例如,当分辨率为 1024×768、色深为 16 位时,需要的显存容量＝(1024×768×16)/(8×1024×1024)＝1.5 MB≈2 MB。

2. 显示器

目前,微机常用的显示器是液晶显示器(Liquid Crystal Display,简称 LCD),阴极射线管显示器(Cathode Ray Tube,简称 CRT)已逐渐淡出市场。

(1)LCD 显示器

LCD 以液晶面板为基本组成,还有驱动板、背光板和电源板等电路的超薄平板显示器。其特点是电磁场辐射少、体积小(薄)、耗电少,可视面积大,在较低刷新频率下显示的图像也不会闪烁,但是显示分辨率较低,响应速度慢。LCD 的输入接口有 VGA 模拟接口和 DVI、HDMI 等数字接口,可以连接到主机箱背面的不同插座,参看图 2-29(b)。

(2)CRT 显示器

CRT 主要由阴极射线管、视频放大电路和同步扫描电路组成。其特点是显示分辨率高、颜色逼真、实时性好,但是体积大、耗电多,适用于图形设计工作者。CRT 的输入接口是 VGA 模拟接口,可以连接到主机箱背面的 VGA 插座,参看图 2-3 和图 2-35(a)。

(3)显示器的主要技术参数

除了刷新频率和最大分辨率之外,显示器还有如下主要参数:

①屏幕尺寸——屏幕的对角线长度,单位是英寸。目前常见的 LCD 屏幕尺寸有 17 英寸、19 英寸、21 英寸和 23 英寸等,此外还有 26 英寸以上的大屏幕。

②点距——屏幕上两个相邻的相同颜色磷光点之间的对角线距离,单位是 mm(毫米)。磷光点有红、黄、蓝三种颜色,呈品字形排列。点距越小,单位区域内显示的像素越多,显示的图像越清晰逼真。目前显示器的点距有 0.22 mm～0.28 mm 等。

2.5.2 打印机

打印机将计算机的处理结果(如字符、表格和图形等)打印在纸张等介质上,是常用的输出设备。

1. 按打印原理分类

按照打印原理,打印机可分为击打式和非击打式,主要有以下三种类型。

(1)针式打印机

针式打印机也称行列式打印机,属于击打式。工作方式是使打印头的打印针击打色带,在打印纸上印出由点阵组成的字符或图形,打印头有 9 针、16 针和 24 针等规格。特点是耗材费用低,能够在多层复写的纸张上打印,还能使用连续的折叠纸张,常用于打印各种票据和报表等,目前被设计成各种专业打印机。缺点是打印噪声较大、精度低、速度慢。

(2)喷墨打印机

喷墨打印机属于非击打式。工作方式是用加热的方法,使墨水通过很细的喷头喷在纸上产生字符或图形,有黑白和彩色两种。特点是字迹清晰、速度较快、打印机价格低。缺点是墨盒耗材成本高。适合打印量不大、速度要求不高的家庭和小型办公室等场所。

(3)激光打印机

激光打印机属于非击打式。核心部件是可以感光的硒鼓,工作原理类似于复印机,使用激光技术和电子照相技术实现打印。特点是打印精度高、速度快、噪声小。目前激光打印机价格逐渐下降,已经普及到各种办公场所和家庭。

2.按打印机与主机的接口分类

打印机与主机连接的外部接口主要有以下两种类型。

(1)并行接口打印机

有 IEEE 1284 并行接口的打印机可以连接到主机的并行接口(LPT 接口)。

(2)USB 接口打印机

有 USB 接口的打印机可以连接到主机的任意一个 USB 接口。喷墨打印机和激光打印机都是采用 USB 接口。有些针式打印机除了有并行接口之外,也提供了 USB 接口。

3.打印机的主要技术参数

(1)打印分辨率——打印时横向和纵向每英寸能够打印的点数,单位是 dpi。打印分辨率越高,打印质量越好。针对打印分辨率而言,针式打印机较低,喷墨打印机比针式打印机高两倍左右,激光打印机最高。

(2)打印速度——针式打印机的打印速度用每秒打印的英文字符和汉字数表示,单位是 cps;喷墨打印机和激光打印机的打印速度用每分钟打印的页数表示,有黑白打印速度和彩色打印速度,单位是 ppm。目前喷墨打印机和激光打印机的打印速度在几 ppm 至几十 ppm 之间。

(3)打印缓冲存储器——为了满足打印大型文件的需要,存储将要打印的数据。缓冲存储器的容量将影响打印速度,容量越大,打印速度越快。目前针式打印机和喷墨打印机的配置为 16 KB~128 KB,激光打印机的配置为 2 MB~128 MB。

2.5.3 硬 盘

硬盘是微机系统中必不可少的一种大容量外部存储设备,用于存储操作系统、应用程序和大量数据。硬盘的存储容量大,可靠性高,信息可以长期保存,关机后保存的信息不会丢失。

1.硬盘的组成结构

硬盘是由头盘组件、印刷线路板和数据接口等组件组成的一体化结构,如图 2-36 所示。

(1)头盘组件——主要包括若干叠装在一起的存储信息的盘片,由坚硬的铝合金或特种玻璃做基底,表面涂很薄的磁记录层,通过磁层的磁化方向存储信息 1 或 0;每一盘片有上、下两个读写磁头;磁头驱动机构和盘片转动机构。头盘组件采用全封闭结构,从外观看不到,以保持高度洁净。

(2)印刷线路板——主要包括相关控制电路和数据缓冲存储器等。

(3)数据接口——硬盘与主板连接的接口,现在常用的有两种接口标准。

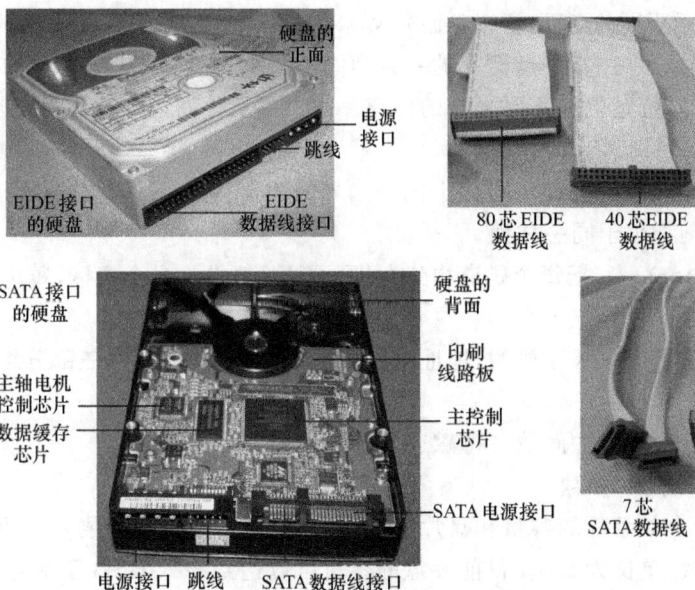

图 2-36　EIDE 和 SATA 接口标准的硬盘

①EIDE 接口(属于并行接口),通过数据线电缆连接到主板的 40 针 EIDE 插座。数据线电缆由 40 芯排线改为 80 芯排线,插头仍为 40 芯,排线宽度不变,密度增加一倍,奇数号线沿用 40 线信号的定义,偶数号线全部接地以减少干扰,参看图 2-36。

②SATA 接口(属于串行接口),通过数据线电缆连接到主板的 7 针 SATA 插座。数据线电缆为 7 芯,参看图 2-36。

硬盘连接到主板插座之前要参照硬盘正面的说明,用跳线设置硬盘的主/从工作方式,即硬盘为连接的唯一设备或者两个设备中的主设备、从设备,参看图 2-36。

(4)电源接口——与主机箱的电源输出线连接,为硬盘提供电源,参看图 2-36。EIDE 硬盘的电源接口为 4 针 D 型插座。SATA 硬盘的电源为 15 针,如果 ATX 电源没有输出这种电源插头,需要采用 SATA 电源转接线将 4 针 D 型插头转接为 15 针插头。

2. 硬盘信息的存储格式

硬盘由多个盘片组成,硬盘分区后,会被划分为面、磁道和扇区等逻辑结构,如图 2-37 所示。

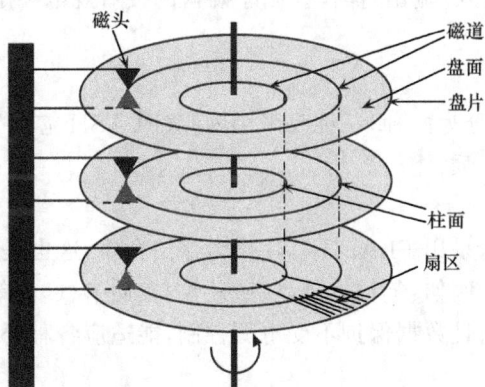

图 2-37　硬盘的逻辑结构

(1)盘面(Side)——盘片的上、下两面都能记录信息,每一个盘面上都有一个对应的读/写磁头,用磁头号来表示不同的盘面,所以盘面号又称磁头号,由上到下从0开始编号。

(2)磁道(Track)——每个盘面上的一系列同心圆称为磁道,连续写入的数据排列在一个磁道上,磁头在不同位置就有不同半径的磁道。磁道是从外向内依次编号,最外层的同心圆称为0磁道。

(3)柱面(Cylinder)——每个盘面上同一编号的磁道构成一组叠摞的磁道,叫柱面。所有的磁头在某一时刻都位于同一柱面。

(4)扇区(Sector)——把每个磁道均分为若干等份,每份为一个扇区,每个扇区512 B,扇区的编号从1开始。

信息是在磁道上按扇区存放的,地址由磁头号、磁道号和扇区号三部分组成。硬盘容量的计算公式为:

硬盘容量＝磁头数×柱面数×每磁道扇区数×每扇区字节数

3. 硬盘的主要技术参数

(1)容量——由单盘片的容量和盘片数量决定,硬盘容量＝磁头数×柱面数×每磁道扇区数×每扇区字节数,单位为GB。目前硬盘的容量可以达到80 GB～4 TB。

(2)转速——盘片每分钟转过的圈数,单位为r/min(转/秒),由转动盘片的主轴速度决定。目前硬盘的转速可以达到5400 r/min,绝大多数是7200 r/min,高端硬盘可达到10000 r/min。

(3)外部数据传输速率——硬盘缓存与主机内存之间的数据传输速率,单位为MB/s。目前采用Ultra ATA/133接口标准的硬盘达到了133 MB/s,采用SATA 1.0接口标准的硬盘达到了150 MB/s,采用SATA 2.0接口标准的硬盘达到了300 MB/s。

(4)缓存容量——硬盘驱动器装有高速缓存芯片,以解决硬盘内部数据传输速率低于外部数据传输速率的差距。目前硬盘的缓存一般为16 MB以上,缓存容量越大,硬盘的读写速度越快。

4. 固态硬盘

固态硬盘(Solid State Drives,SSD)简称固盘,是用电子存储芯片阵列制成的硬盘,由控制单元和存储单元(FLASH芯片或DRAM芯片)组成。

存储单元负责存储数据,控制单元负责读取、写入数据。由于固态硬盘没有普通硬盘的机械结构,而且固态硬盘也不存在机械硬盘的寻道问题,因而系统能够在低于1 ms的时间内对任意存储单元完成I/O(输入/输出)操作。固态硬盘的接口规范和定义、功能及使用方法与普通硬盘完全相同。

(1)分类方式

固态硬盘的存储介质分为两种,一种是采用闪存(FLASH芯片)作为存储介质,另外一种是采用DRAM作为存储介质。

①FLASH

基于闪存的固态硬盘,采用FLASH芯片作为存储介质,这也是通常所说的SSD。它的外观可以被制作成多种形式,例如:笔记本硬盘、微硬盘、存储卡、U盘等。这种SSD固态硬盘最大的优点就是可以移动,而且数据保护不受电源控制,能适应各种环境。

②DRAM

基于DRAM的固态硬盘,采用DRAM作为存储介质,应用范围较窄。应用方式分为SSD硬盘和SSD硬盘阵列两种。它是一种高性能的存储器,且使用寿命长,缺点是需要独立电源来保护数据安全。

（2）固态硬盘的优点

①读写速度快

②无噪声

③经久耐用，防震抗摔

④工作温度范围大

⑤轻便

2.6　实战训练

1.图2-27所示主板上的芯片组是北桥 Intel X58 和南桥 ICH10R，通过查阅资料列出这块主板可以支持的 CPU 和内存型号。

2.在你使用的计算机中，硬件系统是由哪些基本组件组成的？写出其功能。

3.在你使用的计算机中，CPU 芯片和内存芯片是什么型号？写出主要技术参数。

4.如果你要组装一台能够满足基本学习需求的微机，通过市场调查，写出主要部件的选购方案。

第3章

组装微型计算机

本章通过组装一台基本配置的台式计算机,将抽象的理论知识与实际应用接轨,进一步掌握计算机硬件的组成结构和各种组件的特性。加强实践训练,培养分析问题和解决问题的能力。

3.1 组装微型计算机的基本流程

组装一台微型计算机,连接常用外部设备,组成一个具备基本配置的计算机硬件系统。按照以下步骤完成组装计算机硬件系统的全过程:

(1)装机准备;

(2)安装主机箱与电源;

(3)安装 CPU 与内存条;

(4)安装主板;

(5)安装硬盘和光盘驱动器;

(6)安装接口卡;

(7)连接机箱内各种连线;

(8)连接外部设备。

组装微型计算机

3.2 组装主机箱

3.2.1 装机准备工作

在组装主机箱(机箱)之前,要做好以下准备工作。

1. 准备装机工具

首先准备好组装主机箱必备的磁性螺丝刀(包括十字和一字两种型号的)、镊子和钳子等工具,其次准备好散热硅脂、电源插座、绑带、螺钉及存放零件的小器皿等物品,如图 3-1 所示。

(1)磁性螺丝刀

通常安装计算机组件的螺钉都是十字槽的,所以十字磁性螺丝刀是组装计算机的主要工具。

由于主机箱内的空间不大,组件比较多,拆装螺钉时人的手不容易伸进去,所以用磁性螺

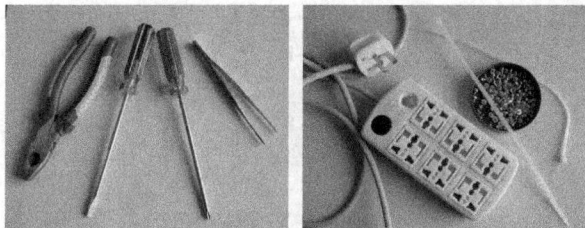

图 3-1 装机工具

丝刀可以吸附螺钉而不脱落。

一字磁性螺丝刀也称为平口螺丝刀,用于拆装个别一字槽螺丝钉。在此,主要用于拆下机箱后面的金属挡板、某些组件及外部设备的包装等。

(2)镊子

在用短接插设置主板、硬盘及光盘驱动器等组件的跳线时,由于跳线位置密集,人的手操作不方便,可以用镊子安放短接插。

组装计算机时,如果螺钉等小零件掉入机箱内,可以用镊子取出来。

(3)钳子

主要在机箱底板安装固定主板的垫脚螺柱等操作时要用到钳子。

(4)散热硅脂

通常在 CPU、芯片组(北桥和南桥)及显卡等发热量较大的芯片上都会安装散热片。为了使散热片与芯片能够紧密接触,需要在二者之间涂抹散热硅脂,以增强散热效果。

2. 准备计算机组件

准备好计算机组件及配套的数据线和电源线,以便把它们安装到计算机的主机箱中。

(1)主机箱和电源。

(2)主板、CPU、风扇和内存条。

(3)硬盘和光盘驱动器。

(4)主板上没有集成的接口卡,如显卡和网卡等。

(5)显示器、键盘和鼠标等外部设备。

3. 装机注意事项

在组装主机箱的过程中,要注意以下事项:

(1)首先要消除静电,防止人体所带静电对电子器件造成损坏。通过洗手或用手触摸金属的暖气片和自来水管即可。

(2)对计算机组件要轻拿轻放,不要碰撞,尤其是硬盘等组件;对印刷线路板不要触及芯片引脚,螺丝刀不要划伤铜箔连线;要对准组件和插头的安装位置,用力适度,不要粗暴安装;遗漏在机箱中的螺钉等小零件要及时取出来,防止通电后发生短路。

(3)避免计算机组件受到液体浸泡,因为多数硬件是不防水的。

3.2.2 准备主机箱与安装电源

主机箱与电源安装操作如下:

第1步:首先取下主机箱侧板的固定螺钉,之后取下两侧的挡板。如图 3-2 所示。

图 3-2　打开空机箱

第 2 步：将电源盒装入主机箱时，需注意将风扇一侧面向主机箱外。对准安装位置，用螺丝钉把电源盒固定，如图 3-3 所示。

图 3-3　安装电源

3.2.3　安装 CPU

主板上的 CPU 插座是计算机的核心位置。目前 CPU 芯片的接口及插座有针脚式和触点式两种类型，安装的方法有所不同。

1. 安装针脚式接口的 CPU

针脚式 CPU 插座是酷睿 2 系列处理器或 AMD AM3 系列处理器等普遍使用的接口。对应此类接口的 CPU 其安装方法如下：

第 1 步：先将插座上固定 CPU 芯片的零插拔力拉杆拉起来，准备安装 CPU 芯片，如图 3-4 所示。

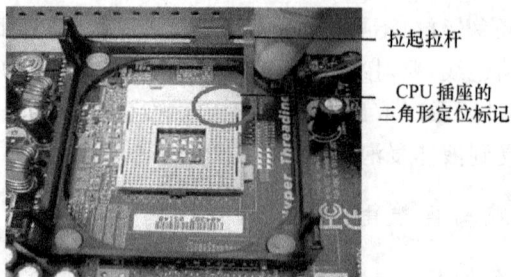

图 3-4　拉起固定用的拉杆

第 2 步：将 CPU 芯片放入插座。CPU 芯片上面的三角形定位标记要对准插座的三角形定位标记，如图 3-5 所示。

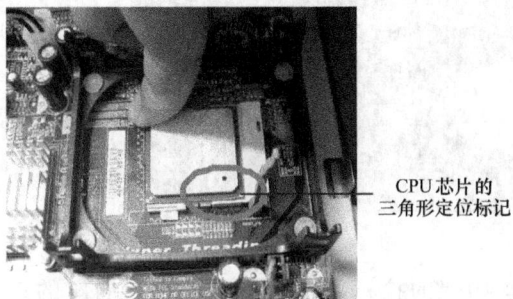

CPU芯片的
三角形定位标记

图 3-5　将 CPU 芯片插入插座

注意：在安装过程中，如果不能将 CPU 芯片顺利插入插座中，要认真检查 CPU 芯片与插座之间的定位标记是否对准，CPU 芯片是否放置不正。将 CPU 芯片与插座之间的定位标记对齐，再用镊子等工具轻轻将针脚矫正后再安装，不要粗暴用力，防止折断针脚。

第 3 步：将拉杆扣下卡住，固定 CPU 芯片，如图 3-6 所示。

扣下,零插拔力拉杆

图 3-6　固定 CPU 芯片

第 4 步：先在 CPU 芯片与风扇的接触面涂上散热硅脂，然后将风扇安装在 CPU 芯片上面，用扣具固定在风扇托架上，如图 3-7 所示。CPU 必须安装风扇，否则 CPU 芯片过热将会被烧毁。

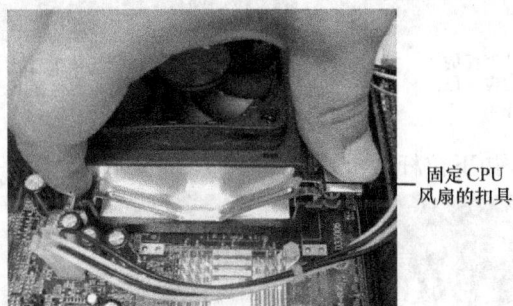

固定 CPU
风扇的扣具

图 3-7　安装 CPU 风扇

第 5 步：将 CPU 风扇的电源插头插入主板上的 CPU 风扇电源插座，如图 3-8 所示。

2. 安装触点式接口的 CPU

触点式 CPU 插座是目前主流 CPU 芯片（如酷睿多核 CPU）普遍使用的接口，比针脚式 CPU 插座的结构复杂，具体安装方法如下：

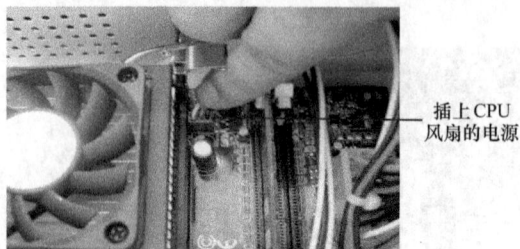

图 3-8 插上 CPU 风扇的电源

第 1 步：首先拉起插座扣架的拉杆，打开防护罩，找到插座的三角形定位标记，如图 3-9 所示。

图 3-9 打开插座防护罩

第 2 步：将 CPU 芯片的三角形定位标记对准插座的三角形定位标记后，再放入 CPU 芯片，如图 3-10 所示。

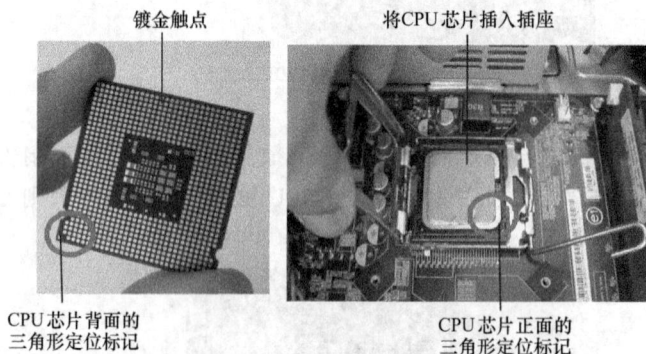

图 3-10 CPU 芯片插入插座

第 3 步：盖上防护罩，扣下拉杆并卡住，固定好 CPU 芯片，如图 3-11 所示。

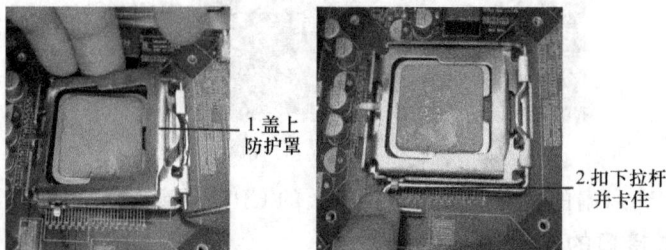

图 3-11 固定 CPU 芯片

第4步:在散热片与CPU芯片的接触面涂上散热硅脂,确保接触良好,利于散热,如图3-12所示。

图3-12 涂散热硅脂

第5步:将散热片和风扇对准位置,安装在CPU芯片上面,用螺钉固定好,如图3-13所示。

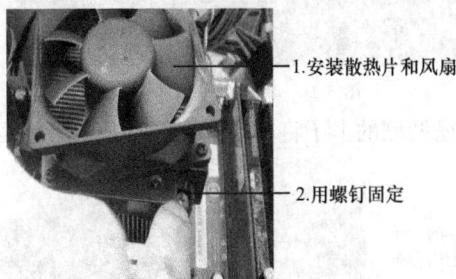

图3-13 安装散热片和风扇

第6步:将CPU风扇的电源插头插入主板上的CPU风扇电源插座,如图3-14所示。

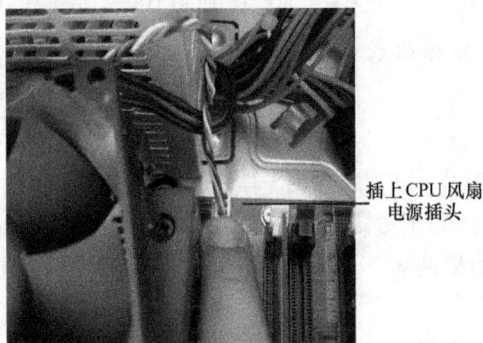

图3-14 连接CPU风扇的电源

3.2.4 安装内存条

在安装内存条之前,一定要检查内存条和主板的匹配情况,注意内存条的金手指凹槽与主板上内存插槽定位销的位置是否相对应;主板在性能上是否支持该内存。在确认内存与主板完全匹配后,内存条的安装可以参考以下步骤:

第1步:首先将内存插槽两边的卡子扳开。如图3-15所示。

第2步:将内存条插入内存插槽。内存条金手指位置的定位缺口要对准内存插槽的定位销,用力要均匀。听到"咯"的一声,说明内存条已经安装好。如图3-16所示。

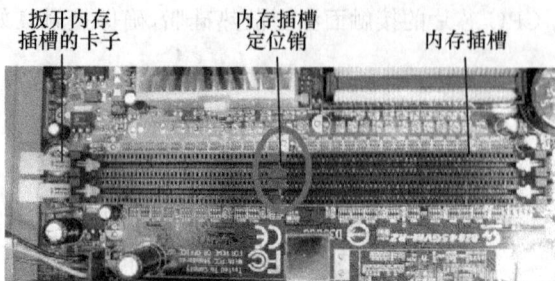

图 3-15　扳开内存插槽的卡子

图 3-16　将内存条插入插槽

内存条安装好后,内存插槽两侧的卡子将自动卡在内存条两旁的定位缺口中。如图 3-17 所示。

图 3-17　卡子自动固定内存条

注意:由于内存条的电路板较薄,容易被折断,所以安装内存条时不要粗暴用力,对准定位缺口后再安装。

3.2.5　安装主板

在选择计算机的机箱时,除了考虑机箱的材质、价格等因素外,应优先考虑机箱的结构与主板结构相匹配的情况。如果两者不匹配,将导致主板无法固定或扩展槽无法与外部设备连接等情况。

主板安装可以参考如下步骤:

第 1 步:在安装主板之前,注意主板接口要对准机箱背面的 I/O 接口挡片的位置,安放主板时,要对准机箱底板用于固定主板的螺钉孔,如图 3-18 所示。

图 3-18　准备安装主板的机箱

第2步:先将主板上的I/O接口对准机箱背面的I/O接口孔位,再将主板上的全部孔位与机箱底板上的螺柱对齐,最后用螺钉固定主板,注意螺钉与主板之间需要加垫绝缘垫,如图3-19所示。

图3-19　安装主板

3.2.6　安装硬盘和光盘驱动器

机箱中有专门用来安装和放置硬盘与光盘驱动器的空间,即硬盘仓位。机箱内一般有多个仓位用来安放多个硬盘和光盘驱动器,方便日后的机器升级。

1. 安装硬盘

目前机箱内的硬盘仓位有两种类型,一种是螺钉固定式,常用于IDE接口硬盘;另一种是卡扣固定式,常用于SATA接口硬盘,以上两种接口硬盘的安装方法如下:

(1)IDE接口硬盘安装

①在安装硬盘之前,首先按照硬盘正面的说明,用跳线将其设置成主盘(Master)。

②将硬盘正面向上,将无接口一端对准机箱内的硬盘架仓位入口,平行放入。如图3-20所示。

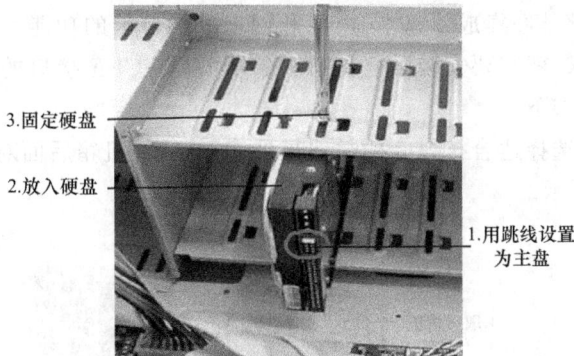

图3-20　IDE接口的硬盘安装

(2)SATA接口硬盘安装

①将硬盘放到护架内,安装时注意护架两侧用于固定的金属柱要与硬盘的螺钉孔对准。

②对准硬盘架仓位的滑道垂直推入。如图3-21所示。

2. 安装光盘驱动器

安装光盘驱动器的方法可以参考如下:

①在安装光盘驱动器之前,也要按照光盘驱动器的说明,用跳线将其设置成Master。

图 3-21　SATA 接口的硬盘安装

②将机箱前面板取下来,将光盘驱动器正面向前、接口端面向机箱内,从机箱正面推进去,再从机箱内用螺钉固定好,如图 3-22 所示。

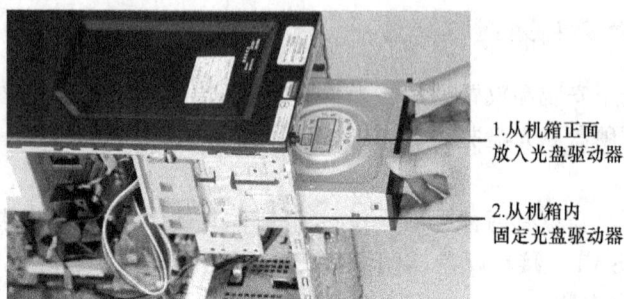

图 3-22　安装光盘驱动器

3.2.7　安装接口卡

目前主板上几乎都已经集成了显卡、声卡和网卡等接口卡的功能。如果集成接口卡的性能不能满足用户的需求,就需要安装独立接口卡。下面以 PCI-E 接口的独立显卡为例进行接口卡的安装,具体操作如下:

(1)首先在主板上选择适合接口卡的总线扩展槽,然后将机箱后面对应该总线扩展槽的挡板取下来,如图 3-23 所示。

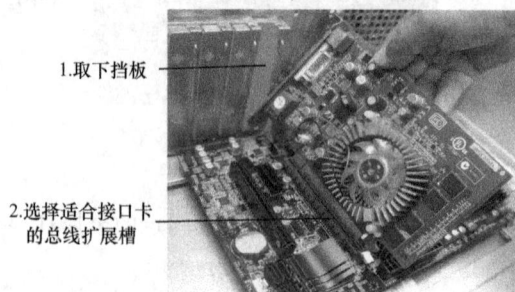

图 3-23　准备安装接口卡

(2)将接口卡有输出接口的一侧对准主机箱已取下挡板的位置,金手指对准总线扩展槽垂直插入,用螺钉将其固定在机箱的后挡板上,如图 3-24 所示。

图 3-24　安装接口卡

3.2.8　连接主机箱内各种连线

连接主机箱内部的各种连线,一般应遵循如下顺序:首先连接主板信号线和数据线,然后连接主板电源线,最后整理各种连线。

1. 连接主板信号线

(1)连接主机箱面板部件的信号线

①连接旧式主机箱面板信号线

主机箱前面板的每个部件都有信号线,要把这些信号线的插头分别连接到主板的相应插针,如电源指示灯(POWER LED)、硬盘指示灯(HDD LED)、复位控制键(RESET SW)、电源开关键(POWER SW)和 PC 喇叭线(SPEAKER)等,如图 3-25 所示。主板还有连接前面板USB 接口和音频接口的插针,也要连接相应的信号线。

将前面板的信号线插头插入主板

图 3-25　连接旧式主机箱前面板的信号线

注意:主板插针没有定位销,连接插头时注意极性不要插反。对不同型号的主板,信号线的标志有所不同,具体的连接位置要看主板说明书。

②连接新式主机箱面板信号线

新式主机箱面板的信号线多数有三组,分别为主机箱面板上的指示灯、USB 接口/音频接口与电源开关信号线,按照主板上的标注一一对应插入,如图 3-26 所示。

(2)连接光盘驱动器的音频线

将音频线的一端连接到光盘驱动器上,另一端连接到主板(或声卡)的 CD IN 接口,如图 3-27 所示,这样就可以用光盘驱动器听 CD 光盘中的音乐。

对应插入主机箱面板指示灯信号线

对应插入主机箱面板USB接口/音频接口信号线

对应插入主机箱面板电源开关信号线

图 3-26　连接新式主机箱前面板的信号线

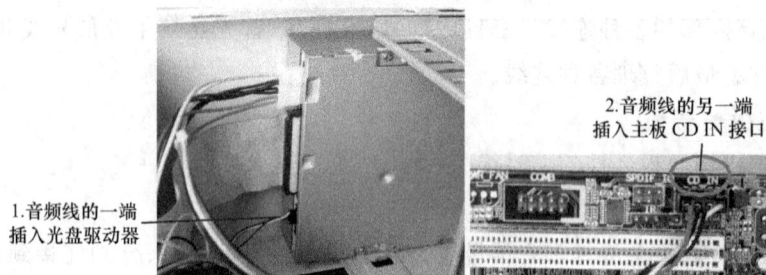

2.音频线的另一端插入主板 CD IN 接口

1.音频线的一端插入光盘驱动器

图 3-27　连接光盘驱动器的音频线

2. 连接外存的数据

目前硬盘和光盘驱动器的接口有 EIDE 和 SATA 两种类型,使用的数据线和电源线也不同。

(1)连接 EIDE 接口硬盘和光盘驱动器的数据线

硬盘和光盘驱动器 EIDE 接口是 40 脚插座。将数据线(扁平电缆)一端的插头插入硬盘 EIDE 接口,另一端的插头连接到主板上标记"IDE1"的插座,一定要注意数据线插头的方向不能插反,数据线红线一侧接"1"脚,一般靠近硬盘电源接口,如图 3-28 所示。

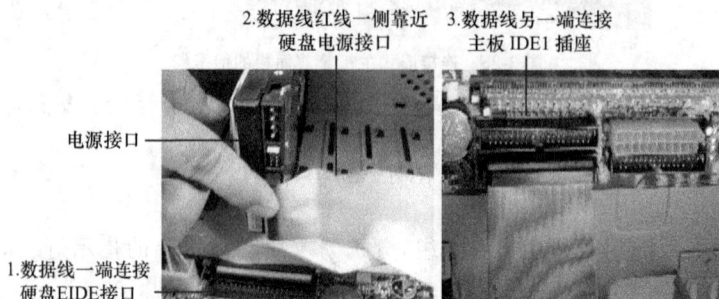

2.数据线红线一侧靠近硬盘电源接口

3.数据线另一端连接主板 IDE1 插座

电源接口

1.数据线一端连接硬盘 EIDE 接口

图 3-28　连接 EIDE 接口硬盘数据线

(2)连接 SATA 接口硬盘和光盘驱动器的数据线

硬盘和光盘驱动器 SATA 接口是 7 脚插座。将数据线一端的插头插入硬盘(或光盘驱动器)SATA 接口,另一端的插头连接到主板上标记"SATA1"的插座,这种数据线插头内是 L 型的,可以防止插反方向,如图 3-29 所示。

2.数据线另一端连接
主板 SATA1 插座

1.数据线一端连接
硬盘 SATA接口

图 3-29　连接 SATA 接口硬盘数据线

注意：连接光盘驱动器的数据线与连接同类接口的硬盘数据线类似。

3. 连接电源

（1）连接主板电源

电源盒对主板供电的长形双排电源插头有 20 线和 24 线两种类型。

①连接旧式主板电源

旧式主板采用 20 线电源插座。电源盒为主板提供一个 20 线电源插头，用户可对应主板的电源插座插入电源，如图 3-30 所示。

20 线电源插头
插入主板电源插座

图 3-30　连接主板 20 线电源

②连接新式主板电源

目前主板多采用 24 线电源插座。电源盒为主板提供 P1（24 线）和 P2（4 线）两个电源插头，用户可对应主板的电源插座插入电源，如图 3-31 所示。

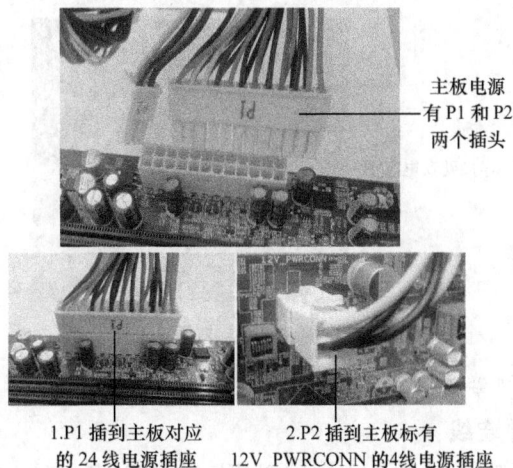

主板电源
有 P1 和 P2
两个插头

1.P1 插到主板对应
的 24 线电源插座

2.P2 插到主板标有
12V_PWRCONN 的 4 线电源插座

图 3-31　连接主板 24 线电源

（2）连接 CPU 电源

将电源盒对 CPU 供电的 12 V 电源方形插头插入主板上对应的 CPU 电源插座，如图 3-32 所示。

图 3-32　连接 CPU 电源

（3）连接 EIDE 接口硬盘和光盘驱动器的电源

电源盒有多个 4 脚 D 型电源插头，取其中一个与 EIDE 接口硬盘的电源接口相连接，硬盘电源线的红线应靠近数据线的红线一侧，如图 3-33 所示。

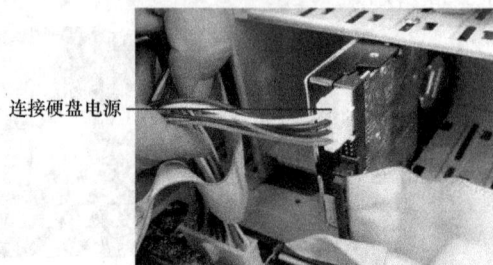

图 3-33　连接 EIDE 接口硬盘电源

（4）连接 SATA 接口硬盘和光盘驱动器的电源

电源盒有多个 15 脚电源插头，取其中一个与 SATA 接口硬盘的电源接口相连接，这种电源插头内也是 L 型的，可以防止插反方向，如图 3-34 所示。

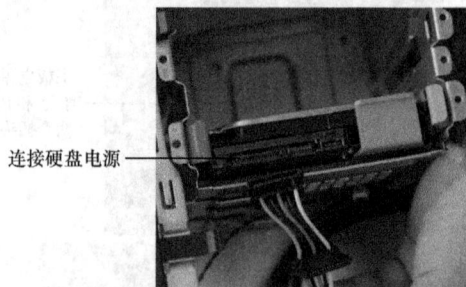

图 3-34　连接 SATA 接口硬盘电源

注意：连接光盘驱动器的电源与连接同类接口的硬盘电源类似。

4. 整理主机箱内各种连线

将主机箱内各种连线理顺，分类后用绑带捆扎好，以保证机箱内整洁，有利于散热，避免连线接触不良，产生干扰，提高硬件系统的稳定性。

至此,主机箱内的组件全部安装完毕,最后把主机箱两侧的挡板安装好。但是可以暂时不拧螺钉,便于通电测试时检查问题。

3.3 连接外部设备

3.3.1 连接键盘和鼠标

(1)PS/2 接口是键盘和鼠标的专用接口。分别把键盘连线的紫色插头和鼠标连线的绿色插头插入机箱后面对应颜色的接口,要注意将插头的定位销对准接口的定位孔,如图 3-35 所示。

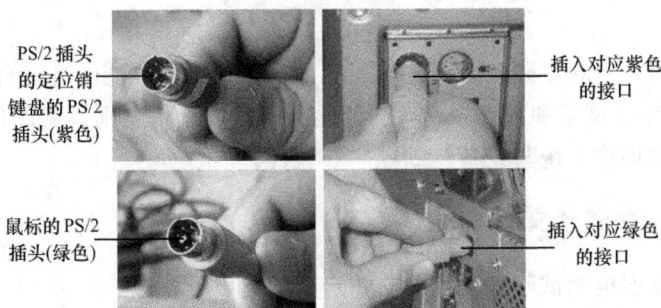

PS/2 插头的定位销
键盘的 PS/2 插头(紫色)

鼠标的 PS/2 插头(绿色)

插入对应紫色的接口

插入对应绿色的接口

图 3-35　连接 PS/2 接口的键盘和鼠标

(2)对于使用 USB 接口的键盘和鼠标,分别把键盘和鼠标连线的 USB 插头插入机箱任意的 USB 接口即可。

3.3.2 连接显示器

将显示器信号线的插头与机箱后面的对应接口(显卡提供)连接起来,如图 3-36 所示。

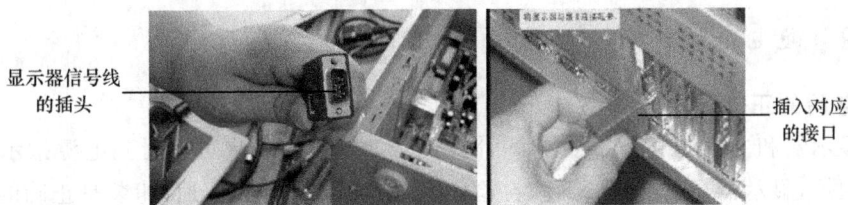

显示器信号线的插头

插入对应的接口

图 3-36　连接显示器

3.3.3 连接交流电源

将主机电源线的其中一端连接到机箱后面的电源输入接口,另一端插入交流电源接口,如图 3-37 所示。至此,一台基本配置的计算机硬件系统安装完毕。

　注意:连接电源前,应彻底对计算机的整体连线进行检查,确保连接可靠后,才能进行连接。

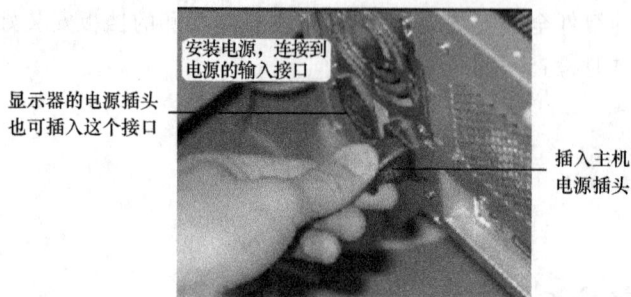

图 3-37 连接交流电源

3.4 通电测试硬件系统

装机完成后,需要对基本硬件系统进行通电测试。如果系统能够进行自检,在显示器上能够显示显卡型号、CPU 型号和内存容量等初始化信息。以上信息则说明硬件系统能够正常运行,此时才可以安装操作系统与设备驱动程序等软件。

3.4.1 通电前的检查

为消除隐患,在通电测试硬件系统之前一定要进行以下检查:

(1)机箱内是否有遗漏的螺钉和裸线等杂物,要清理干净,以免通电后发生短路。

(2)是否有连线和电缆等搭在 CPU 风扇上,要把风扇上面所有的东西都拿开,以免通电后影响风扇转动。

(3)CPU 芯片、CPU 风扇、内存条和显卡等组件是否插牢。

(4)机箱内各种信号线、数据线和电源线的插头与插座的连接是否正确,接触是否良好。

(5)各个外设的连接是否正确。

(6)主机和显示器的交流电源插头是否插好。

3.4.2 通电后的自检

1. 通电后的正常现象

按下显示器和主机的电源开关之后,计算机开始加电。如果可以看到电源指示灯亮和硬盘指示灯闪烁,显示器显示开机画面和自检信息,则表示计算机的硬件组装是正确的。

如果没有出现上述现象,应该立即断电,重新检查各个组件的安装是否正确,供电电源是否有问题等。

2. BIOS 的自检过程

计算机正常通电后,将自动进入 BIOS 中的加电自检程序,并显示相关的自检信息。

(1)检测关键硬件

加电自检程序首先对关键硬件进行检测,自检的主要过程如下:

加电→CPU→ROM→BIOS→System Clock→DMA→64 KB RAM→IRQ→显卡

如果检测出显卡之前的关键硬件有问题,计算机会处于"挂起"状态而停机,称为"核心故障"。由于此时初始化没有完成,所以不能给出任何提示或信号。

（2）检测基本硬件

当检测显卡之前的关键硬件正常之后，加电自检程序将继续对其他基本硬件进行检测，自检的主要过程如下：

64 KB 以上 RAM→I/O 接口→硬盘（软盘）驱动器→键盘→即插即用设备→CMOS 设置

如果检测出上述硬件有问题，会显示出错信息或发出报警声，等待用户处理。

3.4.3　初次通电常见的硬件故障现象

在计算机加电后，如果死机或不能正确显示自检信息，则说明硬件系统没有正常运行。应该根据现象查找原因，以便及时排除故障。初次通电时有以下常见的故障现象：

（1）主机箱前面板的电源指示灯不亮，主机箱背面的电源风扇不转。原因可能是主机交流电源未接通、电源开关在主板的连线有错和开关电源有故障等。

（2）电源风扇转一下就停。说明机箱内有短路现象，应该立即关闭电源，查出故障原因并排除后才能通电，否则会损坏设备。主要检查主板电源线的连接是否正确、主板和机箱之间是否有短路、主板或内存条的质量是否有问题以及显卡是否安装不当等。

（3）主机箱前面板的电源指示灯亮，电源风扇正常转动，但是既没有屏幕显示又没有报警声。这说明主板电源已经接通，但是自检和初始化未通过。原因可能是内存条或显卡未插好、主板的某个连线错误等，还要检查显示器是否通电以及亮度和对比度是否调到合适值。

（4）主机箱前面板的电源指示灯亮，电源风扇正常转动，如果屏幕显示出错信息，则可以根据提示处理；如果屏幕没有显示出错信息，只有报警声，则可以根据报警声的次数判断故障原因。由于主板上的 BIOS 型号不同（目前 BIOS 型号主要有 AMI BIOS、Award BIOS 和 Phoenix BIOS），所以报警声的定义也有所区别，可以查阅主板说明书。

3.5　实战训练

1. 在组装和通电测试过程中遇到了哪些问题？如何解决的？
2. 通过本章的实践，今后使用计算机的过程中应该注意哪些问题？
3. 针对组装的计算机，写出主板上 CPU、芯片组、内存条的型号及主要技术参数、硬盘容量和接口类型、键盘和鼠标的接口类型、显卡的显存容量及总线接口。

第4章

笔记本计算机的拆装与维护

本章主要介绍笔记本计算机的拆装和日常维护的基本知识,包括整机的结构、各部件的识别及拆装方法、软件环境和硬件的日常维护等。

4.1 笔记本计算机硬件系统的组成

笔记本计算机,又称手提计算机或膝上计算机,英文名简称为 Notebook,是一种小型、可携带的个人计算机,通常质量为 1～3 kg。其发展趋势是体积越来越小,质量越来越轻,而功能却越来越强大。

4.1.1 笔记本计算机的分类与特点

1. 笔记本计算机的分类

(1)笔记本计算机最直观的分类是按照屏幕尺寸。按照屏幕的长宽比例,可以分为常规笔记本计算机和宽屏笔记本计算机两种。常规笔记本计算机采用的液晶显示屏(LCD)的长宽比例为 4∶3,这个比例和传统的 CRT 显示器长宽比例相同;从美学角度来看,宽屏笔记本计算机采用的长宽比例(无论是常见的 16∶9,还是鲜见的 15∶10 和 16∶10)更接近黄金分割,能给人更好的视觉效果。按照屏幕大小,笔记本计算机又可以按照 LCD 的对角线长度划分为不同规格,屏幕从 8.9 英寸到 17.4 英寸不等。

(2)按照质量分类,笔记本计算机可分为桌面替代型、便携型、轻薄型以及超轻薄型。桌面替代型的意义在于能提供给用户台式机的性能,同时具备一定的移动性,质量一般在 3 kg 以上;便携型的市场定位为移动商务,性能和移动性兼顾,质量集中在 2～3 kg;轻薄型瞄准轻松商务,有完美的移动性,性能也能兼顾,质量在 1～2 kg;超轻薄型质量在 1 kg 以内。

(3)从用途上看,笔记本计算机一般可以分为四类,即商务型、时尚型、多媒体应用型和特殊用途型。

①商务型笔记本计算机的特点一般为移动性强、电池续航时间长。相比普通笔记本计算机更轻更薄,且具有超长的待机时间;处理器性能佳,部分机型配有固态硬盘,开机速度和加载速度快。但是一般很少配备独显,或者配备独显的价格很高,所以游戏性能不好。

②时尚型笔记本计算机外观时尚,如目前比较流行的上网本(Netbook),是轻便和低配置的笔记本计算机,具备上网、收发邮件以及即时信息等功能。上网本强调便携性,多用于出差、

旅游以及公共交通上的移动上网。

③多媒体应用型笔记本计算机是结合强大的图形及多媒体处理能力又兼有一定的移动性的综合体,其拥有独立的、较为先进的显卡和较大的屏幕。

④特殊用途型笔记本计算机服务于专业人士,可以在酷暑、严寒、低气压或战争等恶劣环境下使用的机型,多数较为笨重。

当然,除了以上常见的分类,还有其他一些分类方式。比如按处理器位数可以分为32位以及64位笔记本计算机等。

2.笔记本计算机的特点

笔记本计算机最大的特点就是整体设计非常紧凑,液晶显示屏、键盘、触摸板以及主机全部集成在一起。典型的笔记本计算机如图4-1所示。

图 4-1 典型的笔记本计算机

笔记本计算机的液晶显示屏和主机部分采用翻盖设计,可以随意展开和闭合;笔记本计算机的键盘、触摸板以及电源开关和状态指示灯都在主机表面。键盘和触摸板下面就是笔记本计算机的主机部分,主板、CPU、内存、硬盘和光驱等所有的计算机部件大都集成在主机中。在笔记本计算机的底部设有各种护盖,包括CPU及散热系统护盖、内存护盖及硬盘护盖等,卸下护盖可以看到相应的部件。笔记本计算机的品牌和型号不同,其内部部件的位置也不尽相同。笔记本计算机的光盘驱动器接口、视频接口、音频接口及其他扩展接口都设在主机的侧面。由于笔记本计算机整体功耗要求严格,所以要求电池续航时间要长。

4.1.2 笔记本计算机各接口的识别

目前笔记本计算机的集成度已经相当高,但随着外接设备越来越丰富,如闪存、移动硬盘、外置软驱、外置光驱、数码相机、数码摄像机、打印机和扫描仪等,接口的作用也越来越重要。图4-2给出了目前主流笔记本计算机的各种常用外置接口。

1.USB接口

USB(Universal Serial Bus),中文含义是"通用串行总线"。USB是目前笔记本计算机中的标准扩展接口。USB用一个4针插头作为标准插头,采用菊花链形式可以把所有的外设连接起来,最多可以连接127个外设,并且不会损失带宽。USB需要主机硬件、操作系统和外设三个方面的支持才能工作。

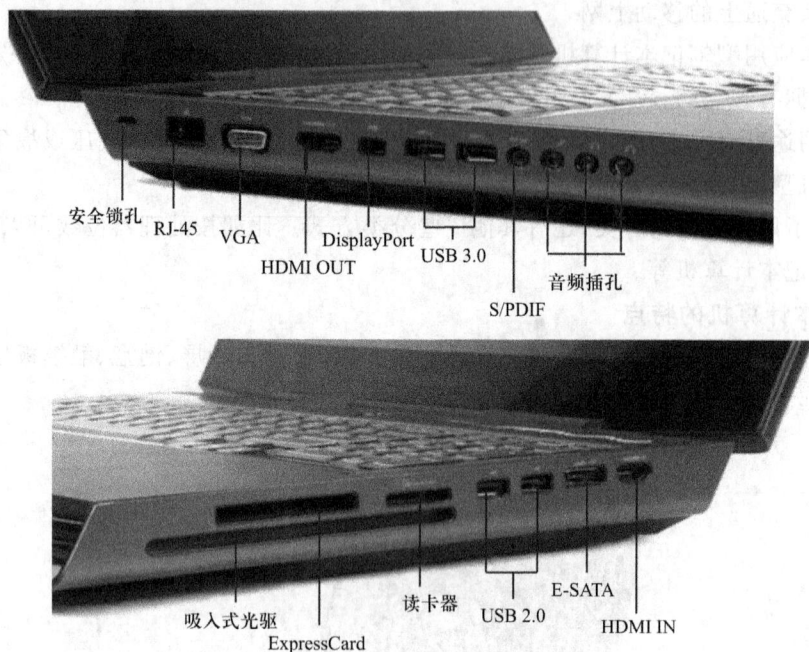

图 4-2　笔记本计算机常用外置接口

USB 版本经历了多年的发展,到现在已经发展成为 3.0 版本。目前主板中主要采用 USB 2.0 和 USB 3.0,各 USB 版本之间可以向下兼容。USB 各版本的区别是理论上的最大传输速率,USB 2.0 是 480 Mbps(60 MB/s),USB 3.0 是 5 Gbps(640 MB/s)。

使用 USB 接口的设备中,键盘、鼠标和摄像头是最常见的,扫描仪和打印机现在也多了起来,Modem USB Hub、软驱、CD-ROM、CD-RW、移动硬盘、声卡、音箱、手机充电器、手写电子板和网卡都已经出现。如果需要同时使用多个 USB 接口时,可以用一个 USB Hub,它可以为笔记本计算机扩充 USB 接口。

2. 音频接口

音频接口包括 Line-in(音频输入接口)、Microphone-in(麦克风输入接口)、Headphone-out(扬声器、耳机输出接口)。Line-in 和 Microphone-in 两个接口区别很大,Line-in 对应于含有音频的模拟设备,使用 Line-in 接口,可以随意从音频 CD 播放器和随身听等设备中录制音源。Microphone-in 对应的是语音信号,使用 Microphone-in 接口,可以通过 Windows 中自带的录音机或是其他录音程序来记录声音。由于笔记本计算机的声卡是集成声卡,无法放大音频,需要通过 Headphone-out 接口连接音箱或者功放等外置音频设备。另外有些娱乐型笔记本计算机已经带有 S/PDIF 的音频接口提供音质更好的数字音频信号输出,通过外接音箱获得完美的视听效果。

3. VGA 接口

VGA(Video Graphics Array)是 IBM 在 1987 年随 PS/2 机一起推出的一种视频传输标准,具有分辨率高、显示速率快和颜色丰富等优点,在彩色显示器领域得到了广泛的应用。15 针的 VGA 接口通常被设计成蓝色,主要用于连接外接显示器和投影仪。

4. HDMI 接口

HDMI 是高清晰度多媒体接口,其作用是同时传送影音信号,并由于传送前无须进行数/

模或者模/数转换,能取得更高的音频和视频传输质量。HDMI 不仅可以满足目前最高画质 1080p 的分辨率,还支持 DVD Audio 等先进的数字音频格式,支持 8 声道 96 kHz 或立体声 192 kHz 数码音频传送,而且只用一条 HDMI 线连接,免除数字音频接线。同时,HDMI 标准 所具备的额外空间可以应用在以后升级的视频/音频格式中。此外,HDMI 支持 EDID 和 DDC2B,因此具有 HDMI 的设备有"即插即用"的特点,信号源和显示设备之间会自动进行"协 商",选择最合适的视频/音频格式。

5. 网络接口

笔记本计算机中一般内置了 Modem 和网卡,因此笔记本计算机上的 Modem 接口(RJ-11)和以太网接口(RJ-45)也属于常用接口,这与台式机有所不同。笔记本计算机的 Modem 接口主要用来通过 Modem 设备和电话线连接实现拨号上网,其传输速度是 56 Kbps。现在的 网卡绝大多数都是 10/100 Mbps 自适应网卡,使用 32 位 PCI 总线传输,如果要用宽带的话, 以太网接口几乎是必用的,此外,组建局域网也需要这个接口。通常情况下,笔记本计算机的 两个网络接口并排在一起,外观很相近,其中 Modem 接口是 4 针小型接口,而网卡接口则是 8 针大型接口,网卡接口比 Modem 接口要大一些。当然,笔记本计算机最大的优势在于它的 移动性。无线网卡是终端无线网络设备,笔记本计算机可以通过专用的 PCMCIA 接口无线网 卡、USB 接口无线网卡和笔记本计算机内置的 MINI-PCI 无线网卡来实现无线上网。

6. 视频输出接口(**DisplayPort**)

DisplayPort 也是一种高清数字显示接口标准,可以用来连接主机和显示器,也可以用来 连接主机和家庭影院。最初 DisplayPort 1.0 可提供的带宽就已高达 10.8 Gb/s,而 HDMI 1.2a 的带宽仅为 4.95 Gb/s,即便最新发布的 HDMI 1.3 所提供的带宽(10.2 Gb/s)也稍逊于 DisplayPort 1.0。

DisplayPort 与 HDMI 相同,音频与视频信号可共用一条线缆进行传输,支持多种高质量 数字音频。DisplayPort 还提供一条独特的辅助通道。该辅助通道的传输带宽为 1 Mbps,最 高延迟仅为 500 μs,可以直接作为音频和视频等低带宽数据的传输通道,另外还可以用于无延 迟的游戏控制等。可见,DisplayPort 可以实现对周边设备最大程度的整合与控制。

DisplayPort 可支持 WQXGA+(2560×1600)和 QXGA(2048×1536)等分辨率及 30/36 bit(每原色 10/12 bit)的色深,充足的带宽保证了大尺寸显示设备对更高分辨率的需求。

7. 读卡器接口

由于存储卡包括 SD、MS、MMC 和 SM 等,所以笔记本计算机提供的读卡器可能多种多 样。某些读卡器具备读取多种存储卡的功能,如三合一和四合一读卡器,也有些读卡器仅提供 单一的功能。在使用读卡器之前,要先检查存储卡类型,以便保持一致。

8. **ExpressCard** 接口

ExpressCard 采用 PCI Express 和 USB 2.0 界面,在外围设备与主机系统之间直接提供 热插拔式的连接,而不需要在系统的芯片组与插槽之间架设一个桥接芯片。

ExpressCard 模块的物理尺寸有两种规格。一种是宽度为 34 mm 的 ExpressCard/34,另 一种是宽度为 54 mm 的 ExpressCard/54。它们的长度均为 75 mm,厚度均为 5 mm。应该注 意的是,34 mm 模块的好处就是能兼容于 54 mm 规格的插槽当中,而反过来却不行。

9. E-SATA 接口

E-SATA 接口的全称是 External Serial ATA(外部串行 ATA),是 SATA 接口的外部扩展规范。其优点在于支持热插拔、传输速度快、执行效率高。E-SATA 的理论传输速度可达 1.5 Gbps 或 3 Gbps,远远高于 USB 2.0 的 480 Mbps。在实际测试中,从计算机中复制一个 1.36 GB 大小的文件到采用不同接口的外置存储设备中时,E-SATA 接口的设备所耗费的时间少。目前已经有许多具备 E-SATA 接口的移动硬盘,通过笔记本计算机提供的 E-SATA 接口,来实现大容量数据的快速传输和移动。

以上介绍是目前比较常见和常用的笔记本计算机接口。还有很多接口如 DVI 接口、S 端子和扩展接口等,由于已经被淘汰,这里不再赘述。

4.2 笔记本计算机硬件拆卸举例

了解了笔记本计算机的各个组成部件和接口,现在介绍笔记本计算机拆卸前的准备工作、拆卸的注意事项以及主要部件的拆卸方法。

下面以 IBM R40 为例,介绍笔记本计算机主要部件的拆卸方法,包括电池、内存条、键盘、CPU 风扇、显示屏、光盘驱动器和硬盘等。

1. 电池的拆卸

第 1 步:右手将电池固定卡子向右拉。

第 2 步:左手将电池轻轻向上取出。

如图 4-3 所示,把笔记本计算机的电池取下来。

笔记本计算机
拆卸准备工作

笔记本计算机
硬件拆卸

图 4-3 拆卸电池

2. 内存条的拆卸

第 1 步:内存条外面有一个金属盖,首先旋松金属盖上的螺丝,然后在螺丝处向外轻轻用力拉,就可以拆掉该金属盖,露出内存条。

第 2 步:向外用力掰开固定内存条的卡子,内存条就会自动弹起来,然后向外取出即可。

如图 4-4 和图 4-5 所示,把笔记本计算机的内存条取下来。

图 4-4　取下内存条护盖上的螺丝

图 4-5　取下内存条

3. 键盘的拆卸

第 1 步:拆卸背盖上的两颗键盘螺丝。

第 2 步:轻轻用力取出键盘,用削尖的充值卡等塑料卡片将键盘挑起。

第 3 步:取下键盘与主板的连线后,就可以移出键盘了。

如图 4-6 和图 4-7 所示,把笔记本计算机的键盘取下来。

4. CPU 风扇的拆卸

第 1 步:首先取下固定 CPU 风扇的 4 颗螺丝。

第 2 步:取出 CPU 风扇,拔出 CPU 风扇电源插头。

如图 4-8 和图 4-9 所示,把笔记本计算机的风扇取下来。

5. 显示屏的拆卸

第 1 步:取下固定键盘的螺丝,最后取下键盘固定条。

第 2 步:显示屏通过支架来固定,需要把固定支架的螺丝取下来。

第 3 步:显示屏通过数据线连接主板,需要取下固定数据线接口的螺丝,再取下数据线接口。与显示屏相关联的部件都拆卸之后,就可以取下显示屏了。

图 4-6　取下固定背盖的螺丝

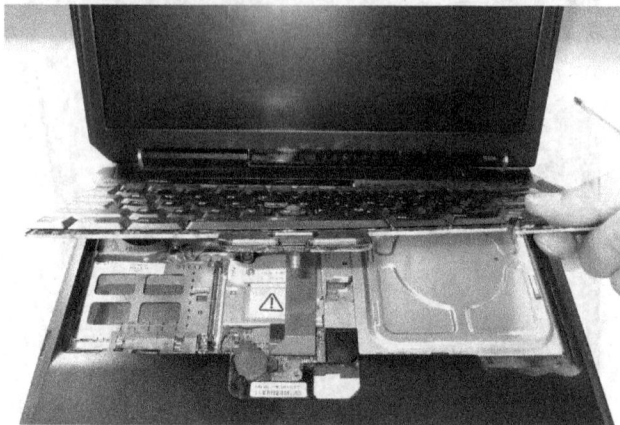

图 4-7　取下键盘

图 4-8　取下固定 CPU 风扇的螺丝

如图 4-10～图 4-14 所示,把笔记本计算机的显示屏取下来。

图 4-9　取下 CPU 风扇

图 4-10　取下键盘固定条

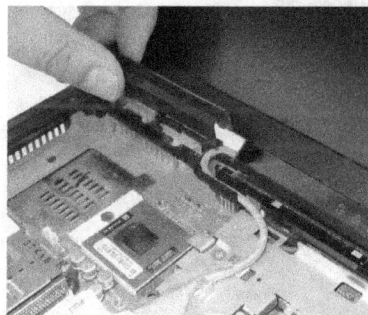

图 4-11　掀开固定支架的护盖

图 4-12　取下固定支架的螺丝

6. 光盘驱动器的拆卸

第 1 步：将锁定的卡子向外拨，这时将弹出一个拉杆。

图 4-13　取下连接显示屏的数据线接口

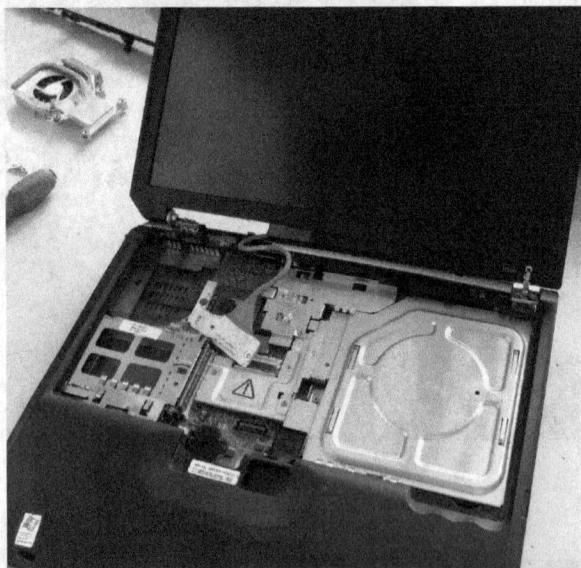

图 4-14　取下显示屏

第 2 步：将拉杆轻轻向外拉，就可以拉动光盘驱动器。

第 3 步：用手将光盘驱动器取出来。

如图 4-15 所示，把笔记本计算机的光盘驱动器取下来。

7.硬盘的拆卸

第 1 步：拆掉固定硬盘的螺丝。

第 2 步：移出硬盘。

如图 4-16 和图 4-17 所示，把笔记本计算机的硬盘取下来。

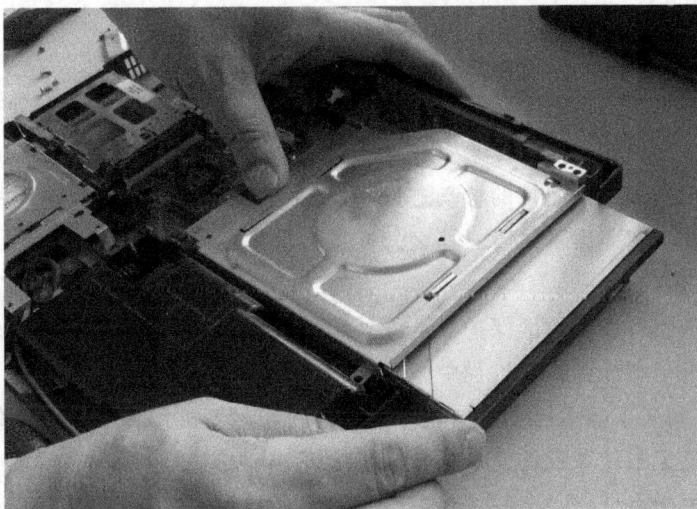

图 4-15　取下光盘驱动器

图 4-16　拆掉固定硬盘的螺丝

图 4-17　取出硬盘

4.3 笔记本计算机的日常维护

笔记本计算机作为一种便携的移动式设备,其坚固性和耐用性等都非常好,但仍会由于用户在使用过程中的疏忽而出现故障。那么怎样进行日常的硬件维护呢?

1. 显示屏维护

显示屏的保护膜可以有效地保护显示屏外层的化学涂层,使外层的化学涂层不会过早地被氧化。在使用笔记本计算机的过程中,不要轻易用手指去触摸或按显示屏,或者用硬物与显示屏接触,否则时间久了显示屏上会出现抹不去的白印。新机包装中一般都会带有一层棉纸,将这层棉纸放在笔记本计算机的显示屏和键盘之间,从而减少显示屏与键帽间的磨损。如果笔记本计算机使用指点杆,在携带笔记本计算机外出时,最好将指点杆帽取下单独存放,以避免显示屏受到顶伤。

水,可谓是笔记本计算机的"天敌",除了要尽量避免在笔记本计算机旁边喝饮料、吃水果外,还应注意不要将机器放在潮湿处,严重的湿气会损害液晶显示屏内部的元器件。特别值得注意的是,在冬天和夏天,进出有暖气或空调的房间时,较大的温差会导致"结露"现象发生,用户此时给显示屏通电可能会导致液晶电极腐蚀,造成永久性的损害。为此,环境温度变化不应大于 $10℃/10 \text{ min}$。如果只是在开机前发现显示屏表面有雾气,用软布轻轻擦掉再开机即可;如果水已经进入显示屏,则应把显示屏放在较温暖的地方,将里面的水分逐渐蒸发。在梅雨季节,要注意定期运行笔记本计算机一段时间,以便加热元器件、驱散湿气。另外,最好能在笔记本计算机包里放置一包防潮剂。

对于显示屏维护,除了注意上述问题外,还需注意使用软件进行配合。由于液晶显示屏的寿命相对 CRT 短,其老化速度也快,所以平时使用需格外注意。比如,可以设置笔记本计算机无响应的时候自动关闭显示屏,减少不必要的显示屏损耗。此外,为延缓液晶显示屏老化还应注意避免强阳光长时间直晒,尽量使用适中的亮度/对比度,减少长期显示固定图案(避免局部老化过度)。

最后,要经常用专用的软毛刷、眼镜布和洗耳球等擦拭显示屏,必要时可以使用中性清洗剂或少许清水,对表面污渍进行清洁。这些对液晶显示屏的保护都非常有益。

2. 硬盘和光驱维护

作为笔记本计算机中主要以机械运动方式工作的部件,也是最容易损坏的部件,对硬盘的保护要格外注意。首先,在硬盘运转的过程中,尽量不要过快地移动笔记本计算机,当然更不要突然撞击笔记本计算机。虽然笔记本计算机硬盘的抗震性能要比台式机的硬盘好得多,但是其原理和台式机硬盘是一样的,磁头臂在 4200 r/min 甚至更高转速的盘片上飘过,突然的撞击或者微小的震动都会造成严重的后果。硬盘损坏带来的损失是巨大的,甚至是毁灭性的,所以在硬盘进行工作时,比如文件复制的过程中,尽量不要使笔记本计算机产生震动,这样就能最大限度地保护硬盘,从而保护硬盘中的数据。而对于重要数据,还要定期使用外部存储方式(如光盘刻录、外置硬盘存储、网络共享等)进行备份,以确保重要数据的安全。

笔记本计算机的光驱结构比台式机光驱结构精密,因此对灰尘和污渍也更加敏感。为避免灰尘的影响,笔记本计算机光驱在不用时应将盘片取出。避免经常使用劣质光盘,减少长时间连续运转光驱,必要时可选择虚拟光驱来为其减负。定期用清洗液清洁光驱头,也是笔记本计算机光驱维护的重要手段。笔记本计算机的光驱在两侧有托盘出入用的导轨,如果装载盘片时用力太大,会加剧导轨和托盘的磨损,使得间隙增大、托盘的出入不平稳,甚至会无法弹出或者无法合上。可以在装盘时用手轻托光驱的托盘,以减轻导轨受到的压力。

3. 指点设备维护

大多数笔记本计算机都自带了触摸板或者鼠标杆来代替鼠标。

对于触摸板的维护很简单。一般的触摸板分为多层,第一层是透明的保护层,第二层为触感层。保护层的主要功能是加强触摸板的耐磨性。由于触摸板的表面经常受到手指的按压和摩擦,所以保护层的作用至关重要。注意不要划破保护层,因为只要破了一点儿,其余部分很快就会脱落。如果整个保护层掉了,触摸板的耐磨性就变得很差,很容易因摩擦大而失灵。另外,保持触摸板的清洁也是必要的。

鼠标杆最初是由 IBM 发明的,其主要优点是节省装配空间。使用鼠标杆要注意拨动的力度,不要拨坏鼠标杆。另外,一般的鼠标杆上面都有一个橡胶头,这个橡胶头如果经常用力使用,时间久了也会变质、脱落,平时要注意保护。

4. 键盘维护

键盘是使用最频繁的部件之一,虽然很多厂商都考虑了其耐用性,特别在结构上做了充分的优化,但是使用时间久了也会出现问题。在使用键盘时主要注意以下几点:第一,要轻按键盘;第二,保持键盘的清洁;第三,可以使用一种笔记本计算机键盘专用的软胶,这种软胶上面有很多凹凸不平的键位,正好能够覆盖笔记本计算机的键盘,既防水、防尘,又防磨;第四,要定期用清洁布清除按键间缝隙内的灰尘。

5. 接口维护

对于笔记本计算机的各种接口,如 PCMCIA 接口和 VGA 接口等,在不使用时尽量用专用的扣盖或空卡封住,以免灰尘进入。同时,在携带笔记本计算机外出时,应尽量拔掉扩展的外部设备,防止接口受到损坏。

6. 电池维护

对于笔记本计算机的电池,应尽量在电量用尽后再充电,每次充电一定要充满电后再使用。虽然现在的笔记本计算机都使用锂电池,记忆效应减弱,但不良的使用习惯仍会使其寿命变短,应该采取措施进行维护。首先,不要在雷雨天给电池充电,雷击所造成的瞬间的电流冲击对电池是极为不利的;其次,应定期进行电池维护。如果不能保证每次电池电量彻底用尽后再充电,那么至少应 1 个月为电池进行一次标准的充放电(充满电后放干净再充满),或定期用BIOS 内置的电池校准功能来进行维护,这样对延长电池的寿命很有好处。

4.4 实战训练

1. 描述更换笔记本计算机内存的过程。

2. 虚拟购机,通过实际的市场调查或者通过网络进行笔记本计算机的市场调研。要求给出所购笔记本计算机的品牌型号、配置及价格等。

## 第5章

BIOS设置

本章主要介绍 BIOS 在计算机系统中的作用，了解 BIOS 设置程序的基本方法，理解主要的 BIOS 设置选项的含义。

5.1 BIOS 简介

BIOS(Basic Input Output System)是"基本输入/输出系统"的英文缩写，全称为 ROM-BIOS，即"只读存储器基本输入/输出系统"。其程序被固化到计算机主板上的一块 Flash ROM 芯片上，主要用于保存计算机中最重要的基本输入/输出的程序、系统设置信息、开机自检程序和系统自启动程序。其功能是为计算机提供最底层的、最直接的硬件设置与控制。

5.1.1 BIOS 与 CMOS 的区别

虽然 BIOS 和 CMOS 都与系统设置相关，但 BIOS 与 CMOS 是两个完全不同的概念。

1. BIOS

BIOS 设置程序存储在 BIOS 芯片中，BIOS 芯片是主板上一块可改写的 ROM 芯片，多数是 32 针引脚，上面印有"BIOS"字样。

BIOS 是连接软件程序与硬件设备的一座"桥梁"，负责在微机启动时检测和初始化系统设备，载入操作系统并调度操作系统向硬件发出指令，解决硬件的即时要求，并按软件对硬件的操作要求具体执行。

BIOS 设置程序在开机时进行，主要对计算机的基本输入/输出系统进行管理和设置，使用 BIOS 设置程序可以排除系统故障或者诊断系统问题。

2. CMOS

CMOS(Complementary Metal Oxide Semiconductor)是"互补金属氧化物半导体"的英文缩写。它是主板上的一块可读写的 RAM 芯片，用来保存当前系统的硬件配置和用户对参数的设定，其内容可通过 BIOS 的设置程序进行读写。CMOS 芯片只有保存数据的功能，而对 CMOS 中各项参数的修改要通过 BIOS 的设置程序来实现。CMOS 芯片由主板上的纽扣电池供电，即使系统断电，参数也不会丢失。

BIOS 中的设置程序是完成 CMOS 参数设置的手段。CMOS RAM 既是 BIOS 设定系统参数的存放场所，又是 BIOS 设定系统参数的结果。在主板的南桥芯片的 RAM 中存储着各个部件的基本参数，如硬盘参数、CPU 参数、内存参数、启动盘的顺序和加密口令等。当计算机启动时,BIOS会读取这些参数,并与CMOS保存的硬件配置及用户设定的参数进行比较。如果比较结果不一致,系统将出现故障,导致计算机启动失败或无法正常运行。此时,用户可进入BIOS设置程序,针对CMOS参数进行优化设置,使各个部件达到系统运行的最佳状态。

5.1.2 BIOS设置程序的应用场合

BIOS参数设置是一项重要的系统初始化工作,在以下场合中可设置或修改参数:

(1)新购计算机时,用户需将整个系统的配置参数存入CMOS中。如当前日期、时间和第一启动盘等基本信息。

(2)新增硬件设备时,如果系统不能自动识别该设备,用户需要手动配置新设备的参数。

(3)因某种原因导致CMOS参数意外丢失,如主板上的CMOS电池失效、病毒破坏参数、意外清除CMOS参数等,用户需要重新设置参数。

(4)系统性能没有达到最佳状态时,用户需对相关参数进行优化设置。

5.2 BIOS的分类

BIOS分类可按以下三种方式划分:

5.2.1 BIOS生产厂商

BIOS生产厂商主要有Award、AMI和Phoenix等公司。

(1)Award公司开发的BIOS,如图5-1所示。其功能比较齐全,价格较低,对各种操作系统都能提供良好的支持,被大量应用于普通主板中。随着主板的不断更新换代,Award BIOS拥有许多版本。

图5-1 Award公司开发的BIOS

(2)AMI公司开发的BIOS,如图5-2所示。该BIOS可适应各种软件、硬件环境,能保证系统性能稳定。近年,AMI公司开发了具有窗口功能的新版BIOS,俗称Win BIOS。Win BIOS设置程序使用方便、直观,深受用户的欢迎。该BIOS具有即插即用、绿色节能和PCI总线多项管理等功能,在Pentium机型主板中使用较多。

(3)Phoenix公司开发的BIOS,如图5-3所示。该BIOS虽然普及率不高,但功能比较强大,主要体现在具有多种CPU与主板的超频手段,被称为超频王,多用于服务器及少数主流主板。

图5-2 AMI公司开发的BIOS （a） （b）

图5-3 Phoenix公司开发的BIOS

随着 Phoenix 公司和 Award 公司的合并，BIOS 生产厂商主要剩下 Award-Phoenix 和 AMI 公司，目前 Award-Phoenix 公司的 BIOS 应用最为广泛。

5.2.2　芯片类型

常见的 BIOS 芯片主要有 EPROM（Erasable Programmable ROM，可擦除可编程 ROM）、EEPROM（Electrically Erasable Programmable ROM，电擦写可编程 ROM）及 Flash Memory（闪速存储器）三类。

（1）EPROM 芯片可重复擦除和写入，在断电后仍能保留数据。在擦除芯片内容时，需使用强紫外线照射封装顶部的透明窗口；当写入新信息时，要加一定的编程电压及使用 EPROM 专用的编程器。信息写入后，需及时用不透光的贴纸或胶布把窗口封住，以免受到周围的紫外线照射导致芯片的内容受损。

编程后的 EPROM，能保存数据 10~20 年，并能无限次读取。旧式计算机的 BIOS 芯片多数使用的是 EPROM，擦除窗口往往被印有 BIOS 发行商名称、版本和版权声明的标签所覆盖。如图 5-4 所示，型号为 27 系列。

图 5-4　EPROM 27 系列 BIOS 芯片

（2）EEPROM（也称 E^2PROM）是可更改的只读存储器，用户利用本机中的电压或刷新 BIOS 的专用设备，便能进行信息的擦除与写入操作。擦除芯片内容是以电子信号方式进行修改的，不需将全部信息擦除再写入，彻底摆脱了 EPROM Erase 和编程器的束缚。EEPROM 在写入数据时，需使用厂商提供的专用刷新程序来改写芯片内容。

EEPROM 芯片有双电压特性，所以使用这种芯片的 BIOS 具有良好的防病毒功能，在升级时，把跳线开关拨至"off"的位置，便能给芯片加上相应的编程电压，此时用户可进行升级改写操作。正常使用计算机时，则把跳线开关拨至"on"的位置，防止 CIH 类病毒等对 BIOS 芯片的非法修改。因此，至今仍有不少主板采用 EEPROM。

（3）Flash Memory，又称快擦型存储器，简称"闪存"。它是在 EPROM 和 EEPROM 工艺基础上产生的一种新型的、性价比更好的、可靠性更高的可擦写非易失性存储器。闪存既有 EPROM 的价格便宜、集成度高的优点，又有 EEPROM 电可擦除重写的特性。此外，闪存具有整片擦除的特点，其擦除和重写的速度快。

Flash Memory 包含 nand flash 和 nor flash 两种类型，nand flash 以固定的区块为单位进行读写，读写速度快，比较适合做大容量数据的存储器，如闪存盘和数码存储卡等；nor flash 以字节为单位进行读写，可频繁快速读取，比较适合做程序存储器。目前主板上的 BIOS 芯片大多使用 nor flash，即"Flash ROM BIOS"。目前 Flash ROM BIOS 常见的型号有 29、39 和 49 等系列。如图 5-5 所示，分别为 39、49 系列的 BIOS 芯片。

图 5-5　Flash ROM 39、49 系列的 BIOS 芯片

　　Flash ROM 在执行刷新读写操作时,需采用的最高电压为 5 V[①]。因此,只需使用软件便能完成 Firmware[②] 的读写。

　　目前生产 Flash ROM 芯片的厂商很多,计算机主板上常见的有 Winbond、SST、Intel 和 Atmel 等品牌。各厂商先后推出不同种类及型号的程序存储芯片。Flash ROM 芯片的型号不同,其存储容量和读写电压也不同。相关技术参数用户可通过 Flash ROM 芯片正面的编号来识别,此编号遵循集成电路编号规则标注。目前,较新的主板 BIOS 多采用 Winbond 的 W49V002FAP 芯片,其他品牌及型号的技术参数见表 5-1。

表 5-1　　　　　　　　　　　　　　　　BIOS 芯片参数表

芯片品牌	型　号	容　量	电　压
Winbond	W29C020C	2 Mbit	5 V
	W29EE001(W/OP)	1 Mbit	5 V
	W39V040FAP	4 Mbit	3 V
	W49F002U	2 Mbit	5 V
	W49V002AP	2 Mbit	3.3 V
	W49V002FAP	2 Mbit	3.3 V
Atmel	29C040A	4 Mbit	5 V
	49F002T	2 Mbit	5 V
	AT49LL040	4 Mbit	3.3 V
	AT49LW080	8 Mbit	3.3 V
SST	29LE020	2 Mbit	3 V
	39SF040	4 Mbit	5 V
	39VF020	2 Mbit	3.3 V
	39VF040P	4 Mbit	5 V
	49LF030A	3 Mbit	3.3 V
Intel	28F002BX	2 Mbit	12 V
	E82802AB	4 Mbit	3.3 V
	E82802AC	8 Mbit	3.3 V
	E82F400B5	4 Mbit	5 V

————————

　　①少数旧式计算机中使用的 Flash ROM 是 28 系列的芯片,在执行刷新操作时需使用 12 V 电压;读取时则使用 5 V 电压。

　　②Firmware 称为固体,是固化在集成电路内部的程序代码,集成电路的功能是由 Firmware 程序决定的。ROM 是一种可在一次性写入 Firmware(“固化”过程后),多次读取的集成电路块。BIOS 正是固化了系统主板 Firmware 的 ROM 芯片。

5.2.3　BIOS 芯片的封装

目前 BIOS 芯片常见的有 DIP、PLCC 与 QFP 三种封装形式。DIP 在旧式计算机中较常见，PLCC 与 QFP 形式的封装节省空间，主要用在台式机中。

（1）DIP 封装（Dual In-line Package），也叫双列直插式封装技术，是一种简单的封装方式。特指采用双列直插形式封装的集成电路芯片，DIP 封装的芯片在插座上插拔时应特别小心，以免损坏管脚。DIP 封装形式有多层陶瓷双列直插式 DIP，单层陶瓷双列直插式 DIP 和引线框架式 DIP（含玻璃陶瓷封装式、塑料包封结构式和陶瓷低熔玻璃封装式）等。如图 5-1 所示芯片就是 DIP 封装形式。

（2）PLCC（Plastic Leaded Chip Carrier），即带引线的塑料芯片载体。表面贴装型封装的另一种形式，外形呈正方形，32 脚封装，引脚从封装的四个侧面引出，呈丁字形。如图 5-2（a）所示芯片就是 PLCC 封装形式。PLCC 封装具有外形尺寸小、可靠性高等优点。

（3）QFP（Quad Flat Package）为四侧引脚扁平封装，是表面贴装型封装形式之一，引脚从四个侧面引出呈海鸥翼（L）型。如图 5-2（b）所示芯片就是 QFP 封装形式。基材有陶瓷、金属和塑料三种。从数量上看，塑料封装占绝大部分。在没有特别说明材料时，多数情况为塑料 QFP。

5.3　BIOS 设置程序的基本使用方法

5.3.1　BIOS 设置程序的进入

计算机在开机后会进行加电自检，此时根据系统的屏幕提示按下某个特定的功能键，即可进入 BIOS 设置主界面。由于 BIOS 的类型与计算机的品牌不同，进入 BIOS 设置主界面的按键也不一致。

BIOS设置

（1）不同类型 BIOS 的进入方法，见表 5-2。

表 5-2　　　　　　　　　不同类型 BIOS 的进入方法

BIOS 类型	进入 BIOS 设置界面的功能键
Award BIOS	"Ctrl＋Alt＋Esc"组合键或 Del 键
AMI BIOS	Del 键或 Esc 键
Phoenix BIOS	F2 键

（2）不同品牌的台式机与笔记本计算机都设置了专门的 BIOS 进入方法，见表 5-3。

表 5-3　　　　　　　　　不同品牌机型 BIOS 的进入方法

台式机品牌	启动按键	笔记本计算机品牌	启动按键
联想	Del 键、F2 键或 F12 键	联想及联想 Thinkpad	Del 键、F2 键或 F12 键
戴尔	F12 键	戴尔	F12 键
清华同方	F12 键	清华同方	F12 键
神舟	F12 键	神舟	F12 键
华硕	F8 键	华硕	ESC 键

（续表）

台式机品牌	启动按键	笔记本计算机品牌	启动按键
惠普	F12键	惠普	F9键
海尔	F12键	海尔	F12键
		IBM	F1键
		SONY（索尼）	F2键
		ACER（宏碁）	F2键
		TOSHIBA（东芝）	F12键
		Fujitsu（富士通）	F2键

注：由于机型或计算机采用的 BIOS 芯片不同，进入 BIOS 时请参照以上常用按键或使用屏幕提示
按键。

5.3.2　BIOS设置程序的基本操作

1. 台式机 BIOS 设置

以联想台式机的 Award BIOS 为例（若无特别说明，以下均以联想台式机 BIOS 为例），打
开计算机或重新启动系统时，屏幕显示加电自检信息。当出现"Press ＜Del＞ to enter setup"
提示时，按下键盘的 Del 键，便可以进入 BIOS 设置主界面，如图 5-6 所示。

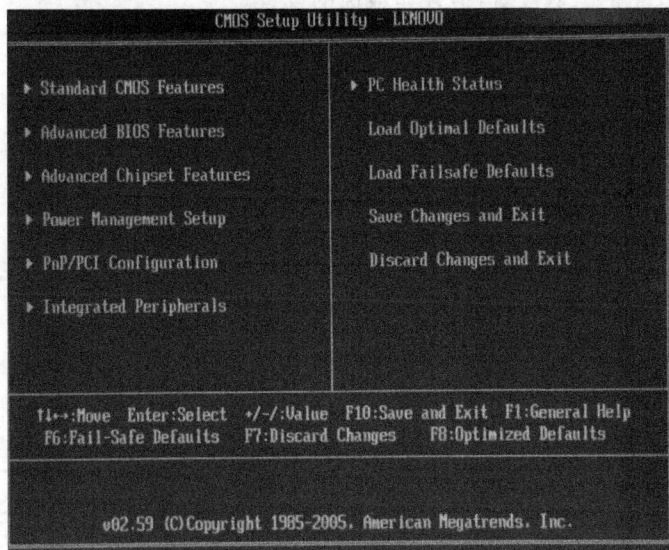

图 5-6　台式机 BIOS 设置主界面

（1）BIOS 设置主界面各选项含义及功能如下：

①Standard CMOS Features

含义：标准 CMOS 设定。

功能：修改系统的时间和设备的基本信息。

②Advanced BIOS Features

含义：高级 BIOS 功能设定。

功能：对系统的高级特性进行设定。

③Advanced Chipset Features

含义：高级芯片组特性。

功能：修改芯片组寄存器的值，优化系统的性能。

④Power Management Setup

含义：电源管理设置。

功能：用来设定 CPU、硬盘和显示器等设备的省电功能。

⑤PnP/PCI Configuration

含义：即插即用与 PCI 状态配置。

功能：设置即插即用设备和 PCI 设备的有关属性。

⑥Integrated Peripherals

含义：外部设备功能设置。

功能：设置所有外部设备运行的相关参数。

⑦PC Health Status

含义：计算机的健康状态。

功能：显示当前计算机的状态信息。

⑧Load Optimal Defaults

含义：载入高性能缺省值。

功能：BIOS 出厂所设定的高性能参数，可能会影响系统的稳定性。

⑨Load Failsafe Defaults

含义：载入默认安全设置。

功能：载入最安全的默认设置，但并非最优的设置。

⑩Save Changes and Exit

含义：保存并退出设置界面。

功能：保存对 BIOS 的修改，然后退出设置程序。

⑪Discard Changes and Exit

含义：退出不保存。

功能：放弃对 BIOS 的修改，然后退出设置程序。

各项的具体功能请参见附录 1。由于厂家或版本不同，项目内容也有所差别，相对比不同版本的 BIOS，附录 1 的内容较完整，但版本略低，仅供参考。

（2）BIOS 主界面中各功能键及功能如下：

具体功能键使用见表 5-4。

表 5-4   BIOS 功能键说明

键 名	功 能	键 名	功 能
↑（向上键） ↓（向下键）	上移一项 下移一项	←（向左键） →（向右键）	左移一项 右移一项
＋（加号键）	更改当前选项的设置值（递增）	—（减号键）	更改当前选项的设置值（递减）
F10 Save and Exit	保存设定值并离开 CMOS Setup 程序	F1 General Help	弹出帮助，并显示每个设置项的详细信息
F6 Fail-Safe Defaults	载入选项的 BIOS 默认值，即最安全设置值	F7 Discard Changes	载入选项修改前的设置值，即上次设置值
F8 Optimized Defaults	载入选项的最优化默认值	Enter	双功能：打开当前项或修改后的确认

2. 笔记本计算机 BIOS 设置

以联想笔记本计算机 Phoenix BIOS 为例，打开计算机或重新启动系统时，屏幕显示加电自检信息。按下键盘的 F2 键,便可以进入 BIOS 设置主界面,如图 5-7 所示。

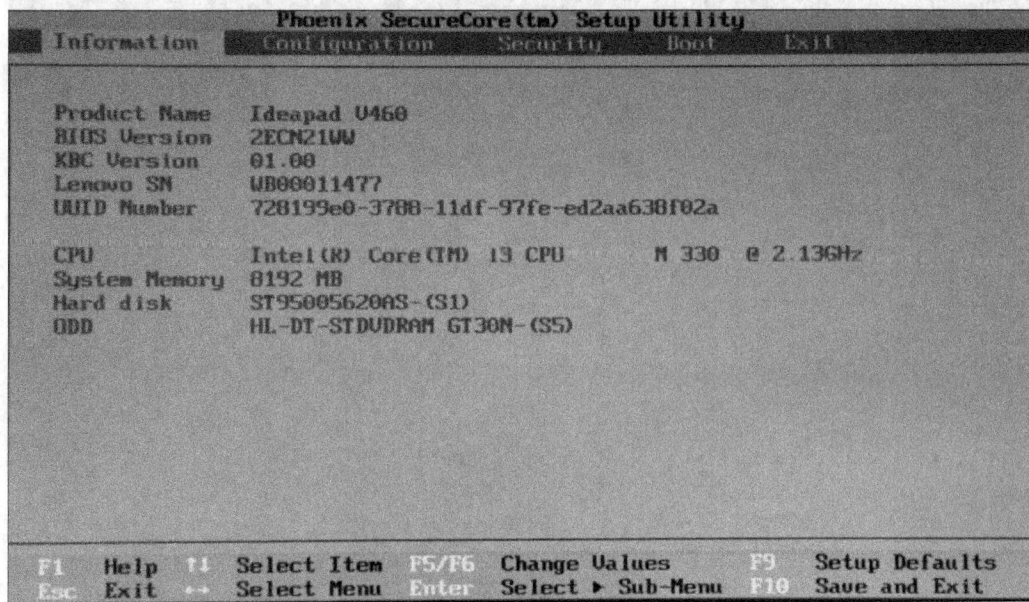

```
              Phoenix SecureCore(tm) Setup Utility
  Information      Configuration      Security      Boot      Exit

   Product Name      Ideapad V460
   BIOS Version      2ECN21WW
   KBC Version       01.00
   Lenovo SN         WB00011477
   UUID Number       728199e0-3708-11df-97fe-ed2aa638f02a

   CPU               Intel(R) Core(TM) I3 CPU       M 330  @ 2.13GHz
   System Memory     8192 MB
   Hard disk         ST95005620AS-(S1)
   ODD               HL-DT-STDVDRAM GT30N-(S5)




  F1   Help    ↑↓   Select Item   F5/F6   Change Values    F9    Setup Defaults
  Esc  Exit    ↔    Select Menu   Enter   Select ▶ Sub-Menu F10   Save and Exit
```

图 5-7　笔记本计算机 BIOS 设置主界面

BIOS 主界面各选项含义及功能如下:

①Information

含义:计算机信息。

功能:列出计算机型号等主要硬件信息。

Product Name:机器系统名称。

BIOS Version:BIOS 版本。

KBC Version:键盘控制器版本。

Lenovo SN:联想产品序列号。

UUID Number:产品编号。

CPU:CPU 型号。

System Memory:内存容量。

Hard disk:硬盘型号。

ODD:光驱型号。

②Configuration

含义:基本参数设置。

功能:主要包括时间、日期、无线网卡、硬盘接口模式、显卡、电耗提示音和 Intel 虚拟化技术等设置,如图 5-8 所示。

System Time:系统时间设置。

System Date:系统日期设置。

Wireless:无线设备开启与关闭的设置,默认为开启。

Graphic Device:显卡设置,包括 Discrete(关闭)和 Switchable(开启),默认为开启。该设置为 Switchable 时便可支持热键切换。

SATA Controller working mode:硬盘接口模式,默认为 ACHI 模式(SATA);

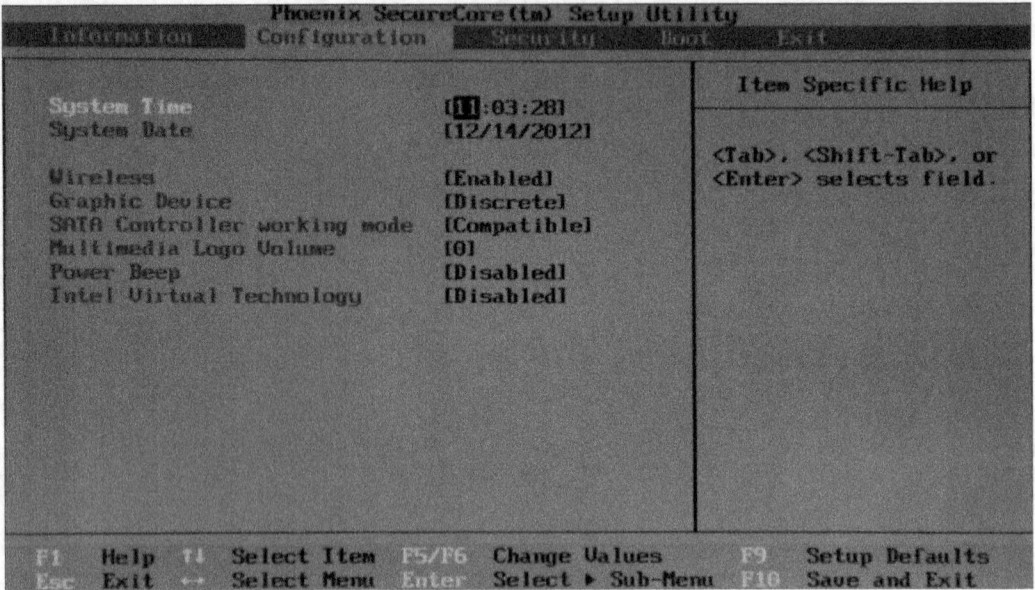

图 5-8　基本参数设置

Compatible 为兼容模式,可支持 Windows XP 系统。

Multimedia Logo Volume:开机界面声音控制,0 为禁音设置。

Power Beep:电源提示音设置,默认为 Disabled(关闭)。

Intel Virtual Technology:虚拟化技术设置,需 CPU 支持该功能,默认为 Disabled(关闭)。

③Security

含义:安全设置。

功能:设置 BIOS 及硬盘密码,如图 5-9 所示。

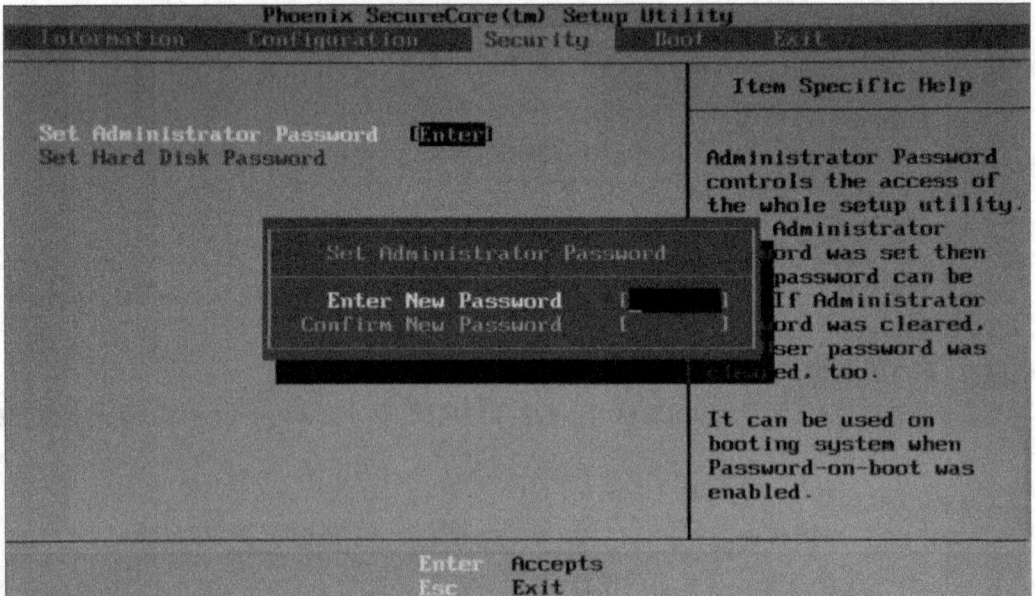

图 5-9　安全设置

Set Administrator Password：设置管理员密码，即进入 BIOS 所需要的密码。

Set Hard Disk Password：设置硬盘密码，即开机密码（或称系统启动密码）。

④Boot

含义：启动项设置。

功能：将某设备指定为开机启动项，如将移动光驱设为开机启动项，如图 5-10 所示。

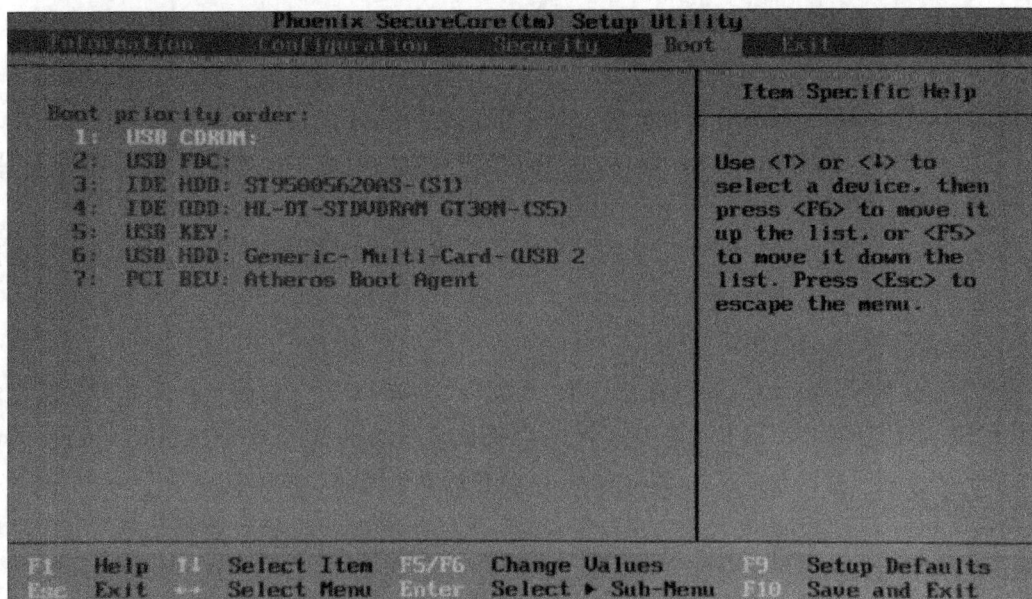

图 5-10 启动项设置

操作方法：

第 1 步：使用 F5 与 F6 键改变某设备的位置，如将移动光驱调至第一项。

第 2 步：按 Enter 键确定，按 F10 键保存设置并退出。

5.4 BIOS 的优化配置

BIOS 的默认设置虽然能够保证计算机的运行，但并不能发挥其硬件系统的最佳性能，因此，需要对 BIOS 进行优化设置，以便使计算机发挥最大功效。

1. 开机自检优化

（1）打开快速启动自检

将"Quick Power On Self Test"（快速开机自检）设置为"Enabled"，跳过内存检测，快速执行开机自检，迅速进入操作系统的启动。不过开启此项会降低系统纠错能力，削弱系统的可靠性。

（2）关闭开机软驱检测

将"Boot Up Floppy Seek"（开机软驱检测）设置为"Disabled"，即可关闭开机软驱检测功能。目前，软驱已淘汰，但少数版本的 BIOS 中仍有此项设置。

(3)设置 C 盘为启动盘

将"First Boot Device"或"Boot Sequence"项设置为("C"或"C Only"),系统则不对其他驱动器进行自检而直接进入主引导硬盘。某些主板(如 ABIT BE6 和 BP6)拥有额外的 IDE 控制器,可以接入第三或第四组 IDE 设备,此时可选择 EXT 启动优先。

2. 磁盘读写速度优化

(1)开启 IDE(或 SATA)硬盘块模式

将"HDD Block Mode"(硬盘块模式)设置为"Enabled",硬盘块模式把多个扇区组成一个块,每次存取几个扇区,可提升数据传输速率。开启此项,BIOS 会自动检测硬盘是否支持块模式,且每中断一次可读取 64 KB 信息。关闭此特性后,每中断一次只能发出 512B 信息,降低了磁盘的综合性能。

Windows NT 系统不支持块模式,开启此项则可能导致数据传输出错,所以建议 Windows NT 用户关闭硬盘块模式。

(2)磁盘数据 32 位传输优化

将"32-bit Disk Access"(32 位磁盘存取)设置为"Enabled",32 位磁盘存取并不是真正的 32 位传输,而是用 IDE 控制器联合了两个 16 位操作来模拟 32 位。对于 PCI 总线来说,在同一时间能够传送的数据越多越好,因此模拟 32 位传输亦可增加系统性能。

Windows NT 系统不支持 32 位磁盘存取,开启此项则可能导致数据传输出错,所以 Windows NT 用户需要关闭此特性。

3. 缓存优化

(1)CPU 一级缓存

"CPU Level 1 Cache/Internal Cache"(中央处理器一级缓存/内部缓存)默认设置为"Enabled"。该项用于控制 CPU 的内部缓存开启或关闭。一级缓存对机器的整体性能有很大影响。

(2)CPU 二级缓存

"CPU Level 2 Cache/External Cache"(中央处理器二级缓存/外部缓存)默认设置为"Enabled"。开启该项将激活系统的外部缓存,关闭后会使系统性能下降,但会提升超频的成功率。

(3)关闭系统 BIOS 缓存

将"System BIOS Cacheable"(系统 BIOS 缓冲)设置为"Disabled",可以释放内存空间并降低冲突概率。

(4)关闭视频 BIOS 缓存

将"Video BIOS Cacheable"(视频 BIOS 缓存)设置为"Disabled",开启该项将会引起一些特定显卡或某些软件使用内存时的冲突。

BIOS 设置对性能的影响非常大,优化 BIOS 设置对整机性能会有一些提升。目前多数 BIOS 提供了"Load Optimal Defaults"(载入最优化设置),此项可减少人为优化操作,避免优化冲突。但无论人为设置还是采用 BIOS 自带优化设置,优化之后都可能会出现一些问题。遇到这种情况时,可以通过恢复 BIOS 的缺省值来解决。以上介绍的优化是以往常用设置,真正适合于当前的优化设置还需要视具体情况而定。总之,对于 BIOS 设置,可不断尝试优化设置,把计算机性能提升到最佳状态。

5.5 实战训练

1. 将 CMOS 日期改为当前日期,开机启动顺序设为"CD ROM\HDD\Other"。

2. 对 BIOS 进行优化设置,以加快电脑的启动速度。

3. 设置 CMOS 开机密码并再次撤销密码。

4. 重新恢复出厂默认值,可通过哪些方法来实现?

5. 比较笔记本计算机 BIOS 与台式机 BIOS 的区别。

第6章

常见硬件故障与日常维护

本章主要介绍用户在日常使用计算机时常见硬件故障的排查和维护方法。

6.1 检测硬件故障的常用方法

计算机在使用过程中,无论是硬件还是软件都难免出现各种故障,影响系统的正常运行。如果能及时排除故障,则会提高工作效率。

硬件故障是由于组成计算机系统的设备在电子元器件、电子线路、机械部件和存储介质等方面发生损坏或性能不良造成的。常见的故障现象具有一定的共性,用户只要掌握判断及排除故障的方法,便能独立排除计算机故障。

6.1.1 故障的识别方法

当计算机出现问题无法运行时,首先要了解计算机的硬件配置、安装的操作系统和应用软件等相关信息,然后按照以下步骤分析并有效判断故障原因:

1. 去伪存真

首先确定系统是否真有故障、操作过程是否正确以及连线是否可靠,在排除故障假象之后再考虑真正的故障。

2. 先软后硬

先分析是否存在软件故障,然后考虑是否存在硬件故障。

3. 先外后内

先检查主机箱外部的连线及设备,然后考虑打开主机箱进行检查,避免盲目拆卸部件。

4. 安全措施

在拆机检测计算机硬件之前,首先要有以下安全措施:

(1)务必切断交流电源,不能带电操作。

(2)用洗手或手触摸暖气片、自来水管等方法消除静电。

(3)要保持人体对地绝缘,如用橡胶垫铺桌面和地面较为理想。

6.1.2 故障的定位方法

在排除计算机故障之前,能够准确判断故障位置很重要。只需将故障定位到接口卡或某个部件便可维修。下面介绍常用的、不需借助专业仪器检测的故障检测方法:

1. 清洁法

对于使用环境较差或使用较长时间的计算机,首先要除尘。可用软毛刷轻轻刷去主板、各接口卡和外设上的灰尘。除尘后可进入下一步检查。

2. 比较法

运行两台或多台相同型号的计算机,根据正常计算机和故障计算机在执行相同操作时的不同表现,可以初步判断故障产生的相应部位。

3. 直接观察法

通过"看""听""闻""摸"等方式检测计算机故障。如观察机器是否有火花、异常声音、过热和烧焦等现象。

(1)看:要观察各个接口卡的插头和插座是否接触良好;电阻和电容等元器件的引脚是否相碰,表面是否烧焦;集成电路芯片表面是否开裂;印刷线路板上的铜箔是否烧断,是否有烧焦变色的地方;还要查看是否有异物掉在主板的元器件之间造成短路。

(2)听:要监听电源风扇、硬盘(软盘)电机和寻道机构以及显示器变压器等部件的工作声音是否正常,还要仔细监听是否有电路短路故障时伴随的异常响声。可以及时发现一些故障隐患,有助于在故障发生时及时采取措施。

(3)闻:要闻主机和接口卡中是否有烧焦的气味,便于发现故障和确定短路所在位置。

(4)摸:要用手轻按集成电路插座上的活动芯片,看芯片是否松动或接触不良,如果触摸到某芯片的表面发烫,说明该芯片可能损坏了。另外,在计算机运行时用手触摸或靠近CPU、显示器和硬盘等设备的外壳,根据温度判断该设备运行是否正常。

4. 插拔法

插拔法适用于板卡一级的故障定位与排除,通过将主板上的部件或芯片逐个拔出或插入来判断故障原因,此方法非常有效。当计算机出现黑屏的故障,且无条件采用比较法时,可将主板上所有的接口卡、硬盘和光盘驱动器等部件的电源插头一一拔出,每拔出一个部件,接通电源检查计算机的状态。如果拔出某个部件后故障消失,则可以认为故障存于这一部件上。如果将主板上的部件全部拔出后,接通电源后计算机仍然没有反应,则说明故障发生在主板上。

插拔法不仅适用于主板,也适用于带有插座的采用PGA封装的中、大规模集成电路芯片。

插拔法的另一个作用是解决因为接触不良而引起的部件故障,因为拔出后再插入即可解决部件与插槽接触不良的问题。

5. 交换法

交换法是用相同的接口板或部件互相交换后观察故障变化情况,适用于有两台相同型号的计算机。如果其中一台计算机出了故障,可将故障计算机中的接口卡和部件一一取下插入正常的计算机中,以便判断其是否正常。

交换法不仅是相同型号部件之间的交换,如两个内存条、显卡、显示器、打印机、硬盘和光盘驱动器等部件的交换,也可以是芯片级的。任何两个可插拔的相同型号的芯片都可以交换。

6. 敲击法

计算机运行时出现随机的瞬时性故障,可能是各元器件或组件虚焊、接触不良、插座引脚松动和金属氧化使接触电阻增大等原因造成的。对于这种故障可以用手指、螺丝刀柄或橡胶榔头轻敲主机箱外壳,有可能使故障点彻底地接触不良,再进行检查就容易确定故障位置。

6.2 常见硬件故障的解决方法

只要了解各种硬件的特性及常见故障的发生原因,便可在计算机出现问题时自行排除故障。

6.2.1 计算机不能启动的硬件故障

如果主机通过自检后,仍然不能进入操作系统,则可能有三方面的原因,一是 CPU 问题导致计算机无法进入自检状态;二是硬盘引导故障;三是硬件环境不支持操作系统启动。下面介绍几种常见故障现象及排除方法。

常见硬件故障
的解决方法

1. CPU 故障

故障现象:开机后完全无显示,且听不到自检的报错声。

故障分析及处理:这种情况可能是 CPU 没有工作,取出所有内存,在无内存状态下启动计算机,判断 CPU 是否工作。如果机器发出内存故障特有的长鸣时,则说明 CPU 无故障。反之说明 CPU 本身或接入方式有严重问题。

2. 硬盘引导故障

故障现象:开机后屏幕显示"Device error",接下来显示"Non-System disk or disk error, Replace and strike any key when ready"。用光盘启动后,输入"C:"按 Enter 键,屏幕显示"Invalid drive specification",系统不识别硬盘。

故障分析及处理:该故障多发生在启动计算机时,可能是硬盘本身原因,也可能是病毒引发的故障。多数情况是由于 CMOS 中的硬盘设置参数丢失或硬盘类型设置错误造成。解决的办法是进入 CMOS 设置,检查硬盘设置参数是否丢失或硬盘类型设置是否错误。推荐选择"IDE AUTO DETECTION"选项,可自动检测出硬盘类型参数。

3. 硬盘数据读取错误

故障现象:在读硬盘的过程中,屏幕显示"Data error"(数据错误)。

故障分析及处理:出现这种情况说明从硬盘上读取的数据有不可修复的错误或硬盘上存在坏扇区。此时可尝试启动硬盘扫描程序,扫描并纠正扇区的逻辑性错误。若出现物理坏道,硬盘扫描程序无法修复,用户需要借助专门的工具处理。

4. 硬盘连接故障

故障现象:开机后屏幕长时间显示"WAIT",最后提示"HDD controller Failure",或完全无显示。

故障分析及处理:造成该故障的原因一般是硬盘数据线接口松动,将硬盘数据线重新插拔并检查是否牢固,如数据线无问题,可能是硬盘已经损坏。

5. 硬盘跳线设置故障

故障现象:开机后屏幕显示信息后,便静止不动。

故障分析及处理:某一组硬盘数据线上连接两个设备(如两块硬盘),两个设备跳线同设"主"或同设"从"均会造成这种死机情况的发生。如果硬盘本身无故障,可能是病毒感染或硬盘参数不正确等,这时屏幕便有提示信息出现,可以采用系统启动工具盘,利用相关软件工具查杀病毒或调整硬盘参数等方法处理故障。

6.2.2 经常死机的故障

造成计算机在运行过程中出现"死机"故障的原因是多方面的,有硬件原因也有软件原因。下面介绍常见的几种原因及解决方法。

1. 搬动不当

故障分析及处理:在搬动计算机的过程中因受到碰撞,造成主机箱内部的元器件和组件松动而接触不良、硬盘的磁头划伤盘片或损坏磁头以及显示器内部的组件因碰撞损坏等而引起死机故障。所以在搬动计算机时尽量避免碰撞,尤其在计算机运行过程中不要搬动。

2. 灰尘过多

故障分析及处理:线路板上积聚了过多灰尘,容易产生静电,引起短路,从而导致死机,严重时还会损坏元器件。用软毛刷轻轻扫掉线路板上的灰尘,且平日要注意计算机的防尘和除尘工作。

3. 散热不良

故障分析及处理:CPU 工作时热量较高,要保证 CPU 风扇有良好的散热效果,遇到 CPU 风扇转速降低且噪声很大的情况时,需及时维修或更换风扇,否则温度过高会影响计算机的稳定性,容易造成死机现象。

4. 内存条故障

故障分析及处理:内存条与内存插槽接触不良、同组的两个内存条之间的速度不同或内存条有质量问题都可能造成死机现象。用户可根据具体情况来排除故障,先拔出内存条用橡皮擦拭"金手指"部位,再插入内存插槽。如果问题仍未解决,可尝试在 CMOS 设置中降低内存速度或更换内存条。

5. 硬盘损坏

故障分析及处理:硬盘在读写时遇到如突然断电或反复开关机等意外情况的干扰,易造成硬盘的逻辑损坏或物理损坏。两种硬盘损坏的故障表现相似,均为在计算机启动或使用过程中产生报错或死机现象。用户可根据不同的硬盘损坏采取适当的方法进行修复或处理。

(1)逻辑损坏,硬盘盘片表面未损坏,此故障可通过软件来修复并还原,用户可使用 Disk Manager 等工具软件修复。也可对整个硬盘进行格式化(高级),此方法可彻底修复硬盘的逻辑损坏,但硬盘中的数据将全部清除。

(2)物理损坏,硬盘盘片表面损坏,且该损坏无法修复。遇到此故障可采用两种方法处理:

①使用 Partition Magic 等工具软件,将损坏区域隐藏,之后硬盘可恢复数据的正常存取。

②硬盘低级格式化(Low Format)可从根本上解决问题,用户常用的高级格式化(Format)只能重建文件管理(FAT)表,低级格式化才可重新划分磁道与扇区,并对损坏区域进行屏蔽。如果低级格式化仍不能解决问题,那么损坏区域的位置可能在硬盘 0 扇区的 0 磁道,这是导致该硬盘无法正常使用的主要原因。

6. 硬盘剩余空间不足

故障分析及处理:应用程序在运行时如果物理内存不足,则需要使用硬盘的容量(Windows 系统默认)作为虚拟内存,因此硬盘要有足够的剩余空间来满足虚拟内存的需求。为了保证剩余空间充足及系统的运行速度,用户需定期整理硬盘碎片并清除垃圾文件。

7. 硬件资源冲突

故障分析及处理:若硬件设备中断、DMA 或端口出现冲突时,可能导致少数驱动程序异常。遇到此故障可通过"安全模式"启动,然后更新故障设备的驱动程序。

8.启动程序过多

故障分析及处理:同时启动过多的程序会大量消耗内存等硬件资源,如程序在内存或虚拟内存中找不到所需的数据,会出现异常错误造成死机。遇到此故障可及时关闭不用的程序,释放被占用的系统资源。

9.经常非正常关机

故障分析及处理:经常突然断电或非正常关机,会造成操作系统文件损坏或丢失,严重时还会导致系统崩溃。除非特殊情况,否则用户应当使系统安全退出后自动关闭电源。

10.病毒感染

故障分析及处理:病毒会导致计算机工作效率下降,造成频繁死机。此时需要杀毒软件来全面查毒、杀毒。

11.卸载软件不当

故障分析及处理:卸载软件时若直接删除程序所在的文件夹,将导致注册表等位置会有部分数据残留,系统可能出现不稳定或死机现象。删除软件的正确方法是,用该软件自带的卸载程序或使用"控制面板"中的"添加/删除程序"工具等来卸载。

12.软件升级不当

故障分析及处理:某些软件在升级过程中,会对系统中共享的一些组件进行更新。但个别程序可能不支持升级后的组件,因此导致出现死机故障。

6.3   计算机日常维护的方法

6.3.1   保持良好的运行环境

良好的运行环境对计算机的使用寿命与功能稳定性的影响不可忽视。对于环境要求主要有以下几项:

1.温度

计算机理想的工作环境温度为 $10℃\sim25℃$。计算机主机在工作时会产生大量的热,如果室温过高会影响主机内风扇的散热效果,导致系统因高温而无法正常运行,所以放置主机的房间要保持通风良好,过低与过高的室温如 $0℃$ 以下或 $35℃$ 以上都会影响计算机的正常使用。建议室内配备空调设备,来调节室内温度。

2.湿度

计算机理想的工作环境湿度为 $30\%\sim80\%$,如果湿度过高会影响计算机元器件的正常使用,甚至引起短路。若室内比较潮湿,计算机需每天开机通电来去除湿气。当显示器或机箱表面有凝结的水珠时,说明室内湿气过重,此时严禁开启计算机。

3.洁净度

空气中飘浮的灰尘对计算机也有一定的影响,细微的灰尘被称为计算机硬件的天敌。如果硬件上长时间附着的灰尘过多,那么印刷线路板将会被腐蚀,同时也较容易产生静电。所以用户需对计算机定期进行全面清洁且保持计算机周边的环境卫生。

4.电磁干扰

计算机外部存储设备的主要介质是磁性材料,如果计算机周围有电磁干扰会造成存储设备中的数据损坏或丢失。另外,显示画面也会出现异常的抖动或偏色现象。所以,计算机周围应尽量避免使用大功率的音箱、电视等会产生磁场的设备,以免计算机受到干扰。

5.电源

计算机要求交流电源应在 110 V～220 V±10％的正常范围内,频率范围是 50 Hz±5％,并且具有良好的接地系统。在此建议用户使用 UPS 电源设备,该设备在断电后可持续供电且有稳压作用,这样不会因突然断电而使用户的磁盘数据受到损坏。

6.3.2 正确的使用习惯和维护方法

1.使用正确方法开、关机

开机过程很简单,与一般电器的启动相同。关机要使用操作系统提供的关机或退出功能,非特殊情况下禁止使用机箱上的电源按钮关机,具体开、关机注意事项如下:

(1)不能频繁使用电源按钮开、关计算机,因为如果开、关机的间隔时间过短,某些储能电子元器件没有及时释放余电,再次加电会给电子元器件带来强大的电流冲击,导致部件烧毁。正确方法是关机 30 秒后方可再次打开计算机。

(2)计算机在读写磁盘数据时,需避免使用电源按钮强制关机。因磁盘读写时盘片高速旋转,忽然断电会导致磁头与盘片摩擦造成盘片的物理损坏。

2.经常查杀病毒

在计算机系统中未安装杀毒与防火墙软件,或操作系统没有及时修复漏洞等原因,均可能导致计算机感染病毒。为了预防病毒,用户需定期对系统进行查毒与杀毒操作,并及时更新操作系统或补丁程序。来源不明的移动硬盘、U 盘及光盘上的文件在使用前要及时查毒。

3.经常备份数据

保留计算机系统的原始资料与重要文件的备份,是计算机预防性维护的重要措施。

(1)妥善保管计算机的各种资料和光盘等,其中主板等部件的说明书对故障的排除有很大的帮助。

(2)文件备份分为操作系统备份和文档备份,操作系统备份可使用 Ghost 软件进行备份,当出现系统故障时,可利用 Ghost 将备份的系统再还原。重要的文档需备份到某一逻辑盘,避免系统意外损坏造成文档丢失。

4.定期做硬盘维护

在计算机使用过程中,若用户未进行硬盘的日常维护,计算机将出现各种软故障,如文件管理表(FAT)的链接地址问题等。用户可通过 360 安全卫士等常用维护工具,定期维护硬盘数据,避免软故障的发生。

6.4 实战训练

1.计算机出现故障时,如何准确判断计算机故障的原因?

2.计算机不能启动时,如何排除故障?

3.计算机经常死机时,如何判断故障原因及排除故障?

第7章

硬盘分区与格式化

本章从实践角度出发,重点介绍硬盘分区与格式化以及 MBR 与 GPT 两种分区结构的区别,利用 Disk Genius、Disk Part 等工具对硬盘进行分区与管理等操作。通过本章的学习,用户可以掌握有关硬盘分区的基础知识以及使用工具软件进行分区、管理与维护的常用方法等。

7.1 硬盘分区的基础知识

新购置的硬盘以及重新规划硬盘空间时,首先要对硬盘进行初始化,所谓硬盘初始化是指在硬盘使用前必须进行的低级格式化、硬盘分区和高级格式化操作。

1. 低级格式化

硬盘的低级格式化又称为物理格式化,就是将空白的硬盘划分出柱面和磁道,再将磁道划分为若干个扇区,每个扇区又划分出标识部分 ID、间隔区 GAP 和数据区 DATA 等。

低级格式化在硬盘出厂前已做好,该操作对硬盘损耗极大,经常进行此操作将缩短硬盘的使用寿命。因此,除非遇到特殊故障(如硬盘物理损坏)导致硬盘无法使用的情况,否则不建议进行低级格式化操作。

2. 硬盘分区

硬盘分区是指对硬盘的物理存储空间进行逻辑划分,将一个较大容量的硬盘分成多个大、小不等的逻辑区间,用于存储不同类别的数据及资料。

目前,硬盘分区有 MBR 与 GPT 两种结构形式。用户在执行分区操作前,可结合 BIOS 的工作模式与硬盘容量,选择一种合适的分区结构。如果硬盘容量为 2 TB 以内,且在传统 BIOS 的工作模式下,需使用 MBR 分区结构,即 BIOS+MBR 模式;硬盘容量 3 TB 以上的,且在 UEFI 的工作模式下,需使用 GPT 分区结构,即 UEFI+GPT 模式。

3. 高级格式化

高级格式化主要是清除硬盘原有的数据,建立系统硬盘分区的文件系统,重置硬盘分区表,为计算机在硬盘上存储数据起到定位的作用。

安装操作系统之前,首先要对硬盘进行分区及格式化,用户可使用硬盘分区专用的工具软件或操作系统安装程序来完成。硬盘分区与格式化操作会破坏硬盘上的所有数据,所以在重新规划硬盘空间与格式化硬盘前一定要做好重要文件的备份,以免造成不必要的损失。

硬盘、硬盘分区、格式化及安装操作系统这四者之间的关系,通常做如下比喻:硬盘相当于一张白纸;硬盘分区相当于在这张白纸上先画几个方框;格式化相当于在方框中画上格子;安装操作系统相当于在格子里写字。由此可见，硬盘分区和格式化是为安装操作系统打基础，是为了方便存储、管理数据而产生的。实际上，硬盘分区和格式化能够在存储数据时起到标记定位的作用。

7.1.1 MBR 分区结构

MBR 是一种使用较广泛的硬盘分区结构，也被称为 DOS 分区结构。MBR 分区结构不仅仅应用于 Windows 系统平台，也应用于 Linux 或基于 X86 的 UNIX 等系统平台。

在创建分区时，硬盘将进行各项物理参数的设置，指定硬盘主引导记录（Master Boot Record，简称 MBR）和引导记录备份的存放位置。MBR 位于硬盘的 0 柱面、0 磁头、1 扇区（硬盘每扇区默认为 512 个字节），人们形象地称之为"硬盘主引导扇区"。MBR 由主引导程序、硬盘分区表及扇区结束标志字（55AA）这 3 个部分组成，见表 7-1。

表 7-1　　　　　　　　　　　　　　　MBR 的组成

组成部分	所占字节数	内容、功能
主引导程序	446	负责检查硬盘分区表、寻找可引导分区并负责将活动分区的启动程序（操作系统引导扇区 OBR）装入内存
硬盘分区表	16×4＝64	受容量所限，分区表中最多有 4 个主分区，每个分区 16 字节，记载了每个分区的类型、大小和分区开始、结束的位置等重要内容
扇区结束标志字	2	内容为"55AA"

MBR 是由分区程序产生的，不同的操作系统这个扇区也不尽相同。主引导记录可以被改写，这也是为什么能实现多系统启动的原因。同时，正是因为主引导记录容易被改写，所以才出现较多的引导区病毒。

7.1.2 GPT 分区结构

全局唯一标识分区表（GUID Partition Table，GPT）是一种由基于 Itanium 计算机中的可扩展固件接口（UEFI）使用的硬盘分区架构。被用于替代 BIOS 系统中的 32 bit 存储逻辑块地址和主引导记录（MBR）分区表。

GPT 分区结构与 MBR 分区结构相比，GPT 具有更多的优点，如支持 2 TB 以上容量的硬盘，解决 MBR 只能分 4 个主分区的缺陷。另外，分区表自带备份，若原分区表损坏可使其恢复。GPT 分区结构由 6 部分组成，如图 7-1 所示。

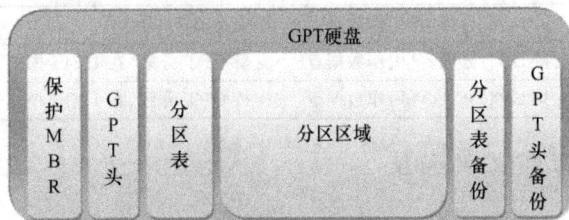

图 7-1　GPT 分区结构

1. 保护 MBR

保护 MBR 位于硬盘的 0 号扇区，由 MBR 硬盘分区表和结束标志等组成。该 MBR 分区表内只有一个分区表项，此表项可防止用户在使用某磁盘管理工具时，因工具不支持 GPT 分区结构，而导致硬盘中的原有数据损坏。在保护 MBR 中还存有部分 GPT 分区表中的分区信息，通常是前四个分区的相关数据。在使用 MBR/GPT 混合分区表的硬盘时，如操作系统不支持 GPT 硬盘,系统可通过保护 MBR 启动,但操作系统只能使用 MBR 分区表中的分区。

2. GPT 头

GPT 头位于硬盘的 1 号扇区,该扇区是在创建 GPT 硬盘时生成,GPT 头包含硬盘的可用空间、分区表的起始位置、分区表的结束位置、每个分区表项的大小、分区表项的数量及分区表的校验和等信息。

3. 分区表

分区表位于硬盘的 2~33 号扇区,一共占用 32 个扇区,每个分区表项大小为 128 字节,分区表中可容纳 128 个分区表项。因为每个分区表项管理一个分区,所以 Windows 系统允许 GPT 硬盘创建 128 个分区。每个分区表项中记录着分区的起始地址、结束地址、分区 GUID、分区的名字、分区属性。

4. 分区区域

GPT 分区是用户进行数据存储时使用的分区区域。分区区域的起始地址和结束地址,是根据用户指定分区大小由 GPT 头定义。

5. GPT 头备份

GPT 头备份放在 GPT 硬盘的最后一个扇区。复制时可根据实际情况进行修改。

6. 分区表备份

分区表备份是对分区表 32 个扇区进行完整备份。如果硬盘分区表损坏,系统会自动读取分区表备份以保证用户能够正常使用分区。

7.1.3 GPT 分区结构可支持安装的 Windows 操作系统

因为传统 BIOS 无法正常识别 GPT 分区结构,所以在传统的 BIOS 下 GPT 硬盘不能用于启动操作系统,多数操作系统只支持该盘用作数据存储。

UEFI BIOS 可同时识别 MBR 和 GPT 两种分区结构,因此在 UEFI BIOS 中,MBR 和 GPT 硬盘都可用于启动操作系统和数据存储。在安装 Windows 操作系统时,使用 UEFI BIOS 的用户只能将系统安装在 GPT 硬盘中。在 Windows 操作系统中,各版本对 GPT 硬盘的支持,见表 7-2。

表 7-2　　　　　　　　　**Windows 各版本对 GPT 硬盘的支持**

操作系统	数据盘	系统盘
Windows XP 32 bit	不支持 GPT 分区	不支持 GPT 分区,系统无法启动
Windows XP 64 bit	支持 GPT 分区,可用作数据盘	不支持 GPT 分区,系统无法启动
Windows 7 32 bit	支持 GPT 分区,可用作数据盘	不支持 GPT 分区,系统无法启动
Windows 7 64 bit	支持 GPT 分区,可用作数据盘	支持 GPT 分区,在 UEFI 模式下,系统正常启动
Windows 10 32 bit	支持 GPT 分区,可用作数据盘	不支持 GPT 分区
Windows 10 64 bit	支持 GPT 分区,可用作数据盘	支持 GPT 分区,在 UEFI 模式下,系统正常启动
Windows 11 64 bit	支持 GPT 分区,可用作数据盘	支持 GPT 分区,在 UEFI 模式下,系统正常启动

7.1.4 认识硬盘分区的类型

1. MBR 硬盘分区

硬盘分区有主分区、扩展分区和逻辑分区三种类型,主分区是用于安装及启动操作系统的分区。在一块硬盘上,受硬盘分区容量所限,MBR 分区表中最多有 4 个主分区或 3 个主分区＋1 个扩展分区,也就是说扩展分区只能有一个,然后再将其划分为多个逻辑分区,用户最多可建立 23 个逻辑分区,其中的每个分区都单独分配一个盘符,每个逻辑分区可作为被计算机独立使用的设备。由此可见,扩展分区是逻辑分区的容器,实际只有主分区和逻辑分区进行数据存储。这三种分区的结构及相互关系如图 7-2 所示。

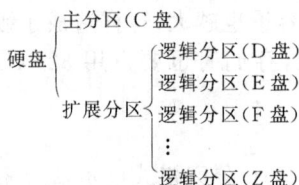

图 7-2　硬盘分区结构

2. GPT 硬盘分区

GPT 硬盘分区最少要分三个区。第一个是 EFI 系统保护区（既 ESP），第二个是 MSR 微软保留分区，第三个是系统数据分区，如图 7-3 所示。创建 ESP 分区的优先级高于创建 MSR 分区的优先级，因为计算机在启动时需要首先读取 ESP 分区中的内容。

（1）EFI 系统保护区：该分区用来启动操作系统。分区中存放了引导管理程序、驱动程序、系统维护工具等，这是实现 UEFI 引导所必需的分区。

（2）MSR 微软保留分区：该分区可以防止 GPT 硬盘被挂接到 Windows 系统后，被误认为是未格式化的硬盘而被格式化，导致数据丢失。该保留分区在将硬盘初始化（或转化）为 GPT 模式时自动创建，大小随硬盘总容量而定。

图 7-3　GPT 硬盘分区

（3）系统数据分区：安装操作系统时将要选择的数据存储分区。

用户安装 Windows 7 以上的版本时，在创建硬盘分区环节，将自动创建第四个分区，即 Win RE 映像分区，也称恢复分区，如图 7-4 所示。Win RE 映像分区具有系统还原点还原、系统映像恢复、系统刷新、系统重置等功能。

图 7-4　自动创建 Win RE 映像分区

如果只考虑系统的正常启动，那么 EFI 系统分区和 Windows 安装分区要求必须创建。

7.1.5　文件系统格式

硬盘的分区格式是指文件命名、存储和组织的总体结构，即通常所说的文件系统格式。根据目前流行的操作系统，常用的分区格式有四种，分别是 FAT16、FAT32、NTFS 和 Linux。

1. FAT16 分区格式

FAT16 采用 16 位的文件分配表，支持的最大分区为 2 GB。

FAT16 分区格式的缺点是硬盘空间的利用率低。因为在 DOS 和 Windows 操作系统中，硬盘文件的存储单位是簇，不论文件在簇中占用多少空间，每个文件必须使用整数个簇。每个簇的大小由硬盘分区的大小决定，在 FAT16 分区格式中，簇大小默认值为 32 KB。FAT16

支持的分区越大,硬盘上每个簇的容量也越大,这样造成了硬盘空间的浪费。

例如,一个文件只有 1 字节长,存储时也要占用 32 KB 的硬盘空间,剩余的空间便全部闲置。

2. FAT32 分区格式

随着硬盘容量的不断增大,FAT16 分区格式已不适应系统的要求。目前,支持 FAT32 分区格式的操作系统有 Windows 7、Windows 10、Windows 11 等。

FAT32 主要有以下特点:

(1)FAT32 采用 32 位的文件分配表,可以支持的硬盘大小为 2 TB(2048 GB)。使用 FAT32 分区格式后,用户可以将一个大硬盘定义成一个分区,而不必分为几个分区使用。

(2)在一个不超过 8 GB 的分区中,FAT32 分区格式默认每个簇大小为 4 KB,与 FAT16 分区格式相比,可以大大减少硬盘空间的浪费,提高了硬盘利用效率。

(3)采用 FAT32 分区格式的硬盘,由于文件分配表的扩大,运行速度比采用 FAT16 格式分区的硬盘要慢。

3. NTFS 分区格式

NTFS 分区格式显著的优点是安全性和稳定性极其出色,在使用中不易产生文件碎片,对硬盘的空间利用率高。它能对用户的操作进行记录,通过对用户权限进行非常严格的限制,使每个用户只能按照系统赋予的权限进行操作,充分保护了网络系统与数据的安全。

4. Linux 分区格式

Linux 分区格式分为两部分,一部分是 Linux Native 主分区,包含 EXT2 和 EXT3 两种分区格式;一部分是 Linux Swap 交换分区。这两部分分区格式的安全性与稳定性极佳,结合 Linux 操作系统后,系统稳定性得到极大提升。

7.2　使用系统安装盘进行分区与格式化

操作系统在安装过程中,会提示用户对硬盘进行分区与格式化操作。若使用 U 盘作为启动盘,用户安装系统前需要设置 BIOS 的启动顺序。

目前,BIOS 有两种工作模式,一种为 Legacy 传统模式,另一种是 UEFI 模式。如果用户使用的是 MBR 硬盘,需在 Legacy 传统模式中的"Advanced BIOS Feature"选项内,将 U 盘设置为"First Boot Device"。若使用的是 GPT 硬盘,需将 BISO 中的 Legacy 转换为 UEFI 模式。设置完成后,插入系统安装盘重新启动计算机,进入操作系统的安装界面。

🐾注意:本节将以安装 Windows 11,并使用 GPT 硬盘为例,介绍创建硬盘分区等相关操作。

7.2.1　创建分区

在安装 Windows 操作系统过程中,用户可采用两种常用方法,实现 GPT 分区的创建。

1. 使用 Windows 安装程序创建分区

第 1 步:当 Windows 安装程序出现"你想将 Windows 安装在哪里?"的对话框时,其中显示安装程序所识别的硬盘为"驱动器 0 未分配的空间,总大小 3000.0 GB,可用空间 3000.0 GB",此时需选取驱动器 0,单击"新建",如图 7-5 所示。

第 2 步:在对话框中的"大小"位置处,指定第 1 个主分区容量,单击"应用"与"下一步",如图 7-6 所示。

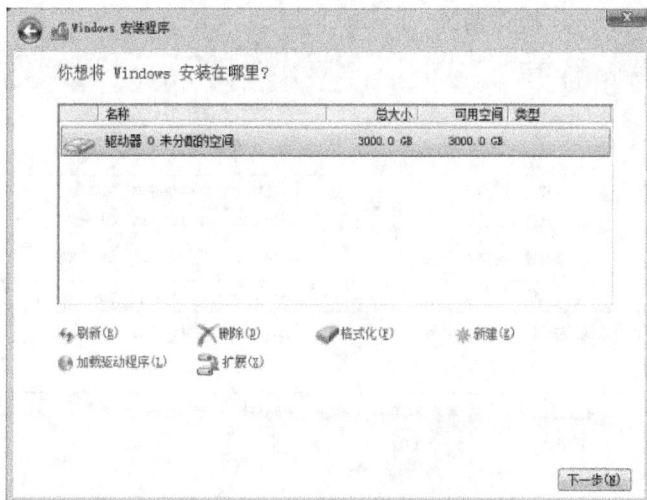

图 7-5　新建分区

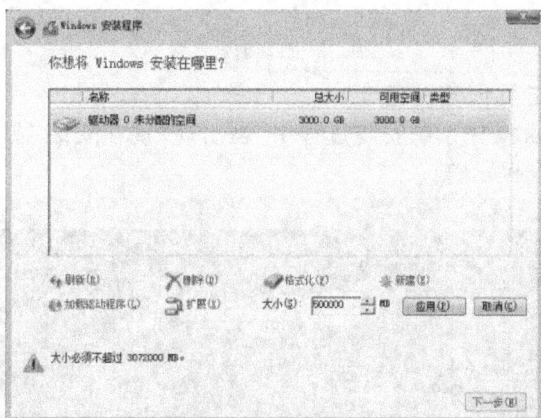

图 7-6　第 1 个主分区容量

第 3 步：弹出"若要确保 Windows 的所有功能都能正常使用，Windows 可能要为系统文件创建额外的分区。"提示时，单击"确定"按钮，如图 7-7 所示。

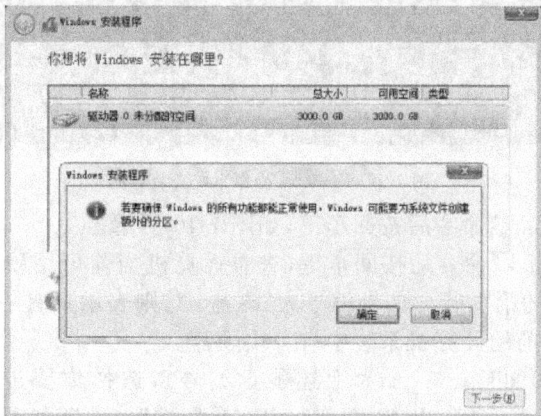

图 7-7　创建额外的分区

第 4 步：第一个主分区创建完成，且安装程序自动创建了"恢复、系统分区、MSR（保留）"三个分区。其余主分区的创建，用户可重复执行第 2 步、第 3 步的操作。在图 7-8 中单击"下一步"可继续安装 Windows 操作系统。

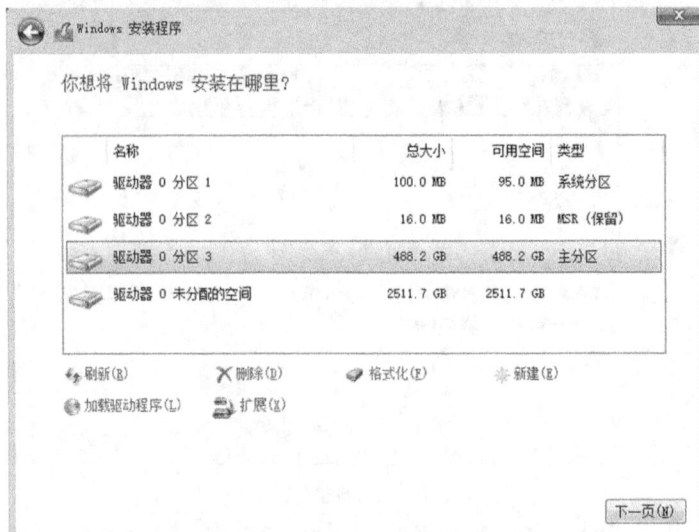

图 7-8　分区创建完成

2. 使用 Disk part 工具创建分区

第 1 步：在 Windows 操作系统安装过程中，当出现"现在安装"界面时，如图 7-9 所示，按"Shift＋F10"键调出命令提示符。

图 7-9　Windows 操作系统安装界面

第 2 步：输入"diskpart"命令后按回车键，如图 7-10 所示。

第 3 步：输入"list disk"命令后按回车键，查看计算机当前可用硬盘。每块硬盘均有唯一的编号，如图 7-10 所示的第六行。如果编号为"磁盘 0"，则表示只有一块硬盘；若顺次出现"磁盘 1""磁盘 2"则表示当前的计算机系统中有三块硬盘。

第 4 步：输入"select disk x"（x 为上述硬盘编号），选择你要进行分区的硬盘，如输入"select disk 0"命令后按回车键，出现"磁盘 0 现在是所选磁盘。"，如图 7-10 所示的第九行。

第 5 步：如果当前选择的是使用过的硬盘，需输入"clean"命令清除该硬盘上的所有分区及数据，若选择的是新硬盘则无须此操作，如图 7-10 所示的第十一行。

第 6 步：输入"convert gpt"命令，将当前硬盘转换成 GPT 格式，如图 7-10 所示的第十三

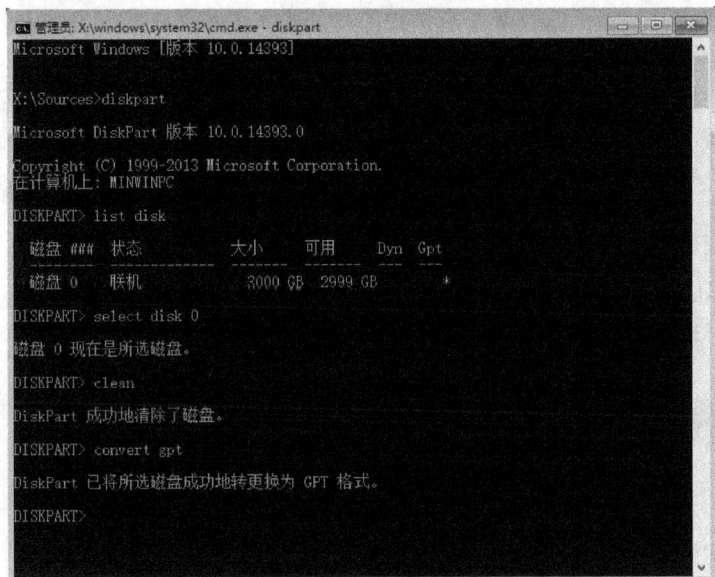

图 7-10　输入命令提示符

行。若将硬盘转换成 MBR 格式,需输入"convert mbr"命令即可。

第 7 步:输入"create partition efi size＝300"(size＝n,n 代表分区大小)后按回车键,界面中提示"DiskPart 成功地创建了指定分区。",表明 EFI 分区已创建完成,如图 7-11 所示的第一行。

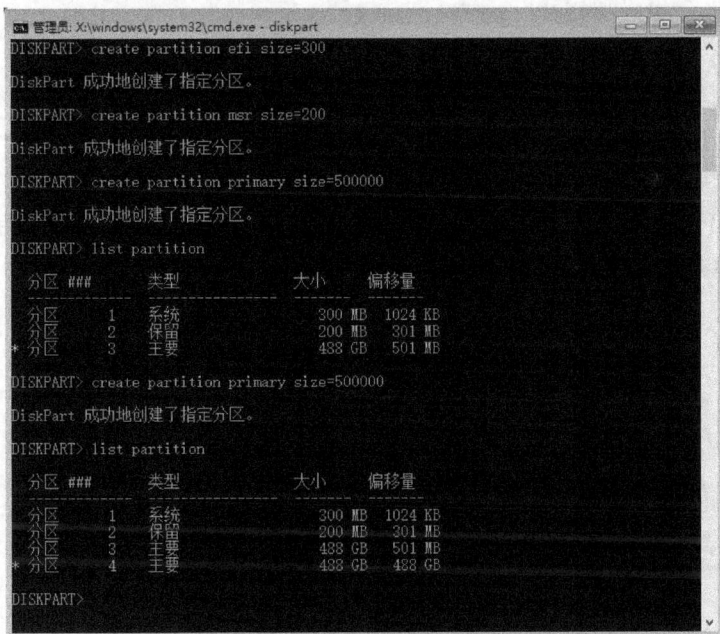

图 7-11　创建分区

第 8 步:输入"create partition msr size＝200"后按回车键,界面中提示"DiskPart 成功地创建了指定分区。",表明 200 MB 大小的 MSR 分区已创建完成,如图 7-11 所示的第三行。

第 9 步:输入行"create partition primary size＝500000",界面中提示"DiskPart 成功地创建了指定分区。",表明第一个主分区(系统分区)创建完成。其余主分区的创建可重复执行此步骤,如图 7-11 所示的第五行。

第 10 步：输入"list partition"命令后按回车键，用户可查看分区列表，随时了解分区情况，如图 7-11 所示的第七行。

使用以上方法创建主分区时，用户需要估算硬盘的剩余空间。建议用户创建完第一个主分区（系统分区）后，关闭命令提示符窗口，返回"现在安装"界面，继续安装系统，然后再完成其余主分区的创建，或在操作系统安装结束后，在操作系统的硬盘管理中进行主分区的划分。

7.2.2 删除分区

1. 使用 Windows 安装程序删除分区

第 1 步：单击选取将要删除的分区"驱动器 0 分区 5"，如图 7-12 所示。单击"删除"与"下一步"。

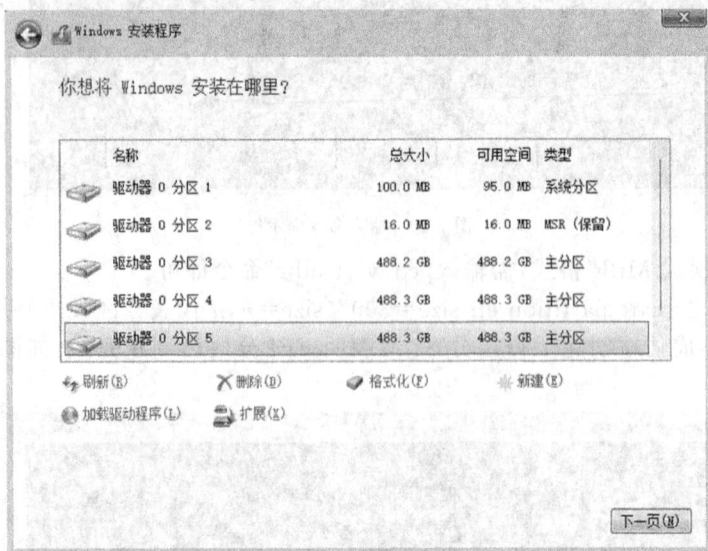

图 7-12 选取将要删除的分区

第 2 步：弹出"此分区可能包含你的计算机制造商提供的重要文件或应用程序。如果删除此分区，其中保存的所有数据都会丢失。"提示，如图 7-13 所示，单击"确定"。

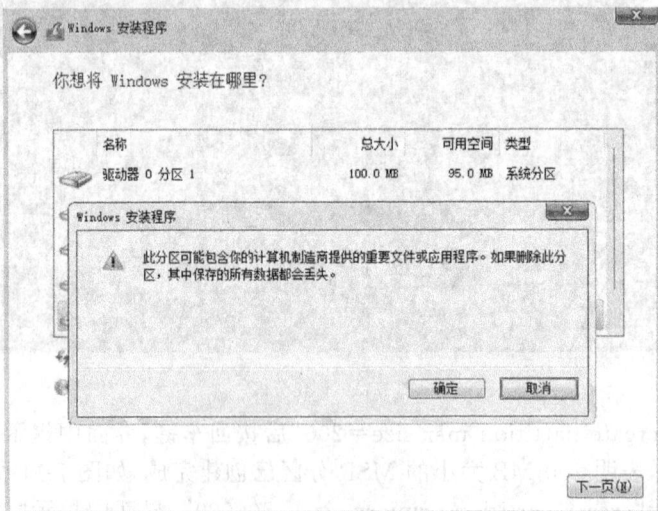

图 7-13 确认删除提示

第 3 步:如图 7-14 所示,"驱动器 0 分区 5"已被删除。

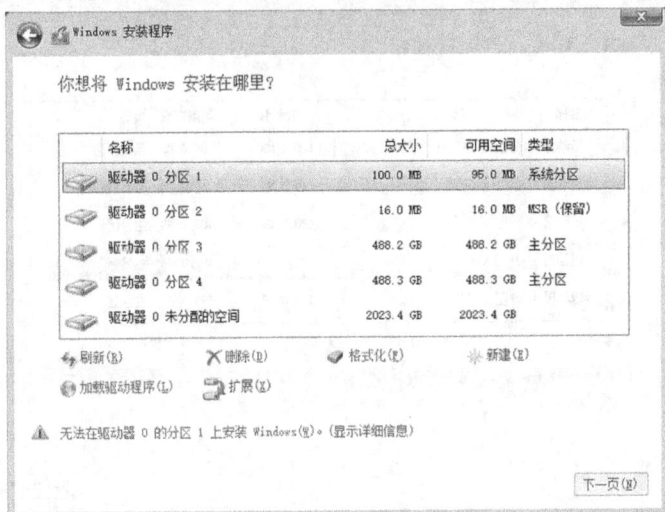

图 7-14　分区 5 已被删除

2. 使用 Disk Part 工具删除分区

第 1 步:输入"select partition *m* "(*m* 为上述分区编号),选择将要删除的分区,如输入 "select partition 3"命令后按回车键。输入"list partition"命令后按回车键,用户可查看分区列表,在"分区 3"前出现" * "表示该分区已被选取,如图 7-15 所示第一行至第七行。

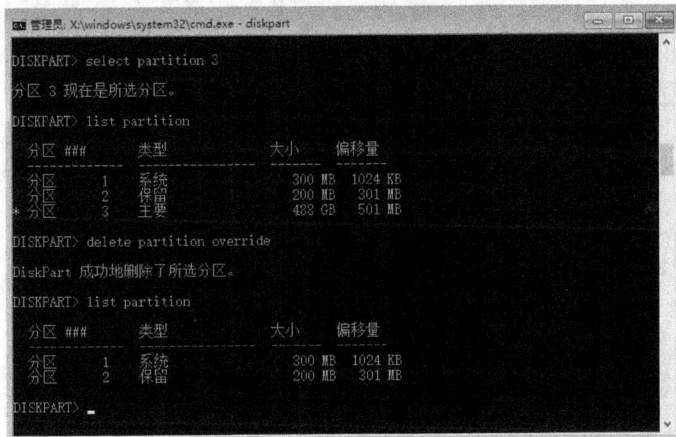

图 7-15　删除分区

第 2 步:输入"delete partition override "命令后按回车键,窗口显示"DiskPart 成功地删除了所选分区。"。输入"list partition"命令后按回车键,用户可查看分区列表,确认"分区 3"是否被删除,如图 7-15 所示第八行至第十三行。

7.2.3　格式化分区

1. 使用 Windows 安装程序格式化分区

第 1 步:单击将要格式化的分区"驱动器 0 分区 4",如图 7-16 所示。单击"格式化"与"下一步"。

第 2 步:弹出"此分区可能包含你的计算机制造商提供的重要文件或应用程序。如果格式化此分区,其中保存的所有数据都会丢失。"提示,如图 7-17 所示,单击"确定",该分区格式化完成。

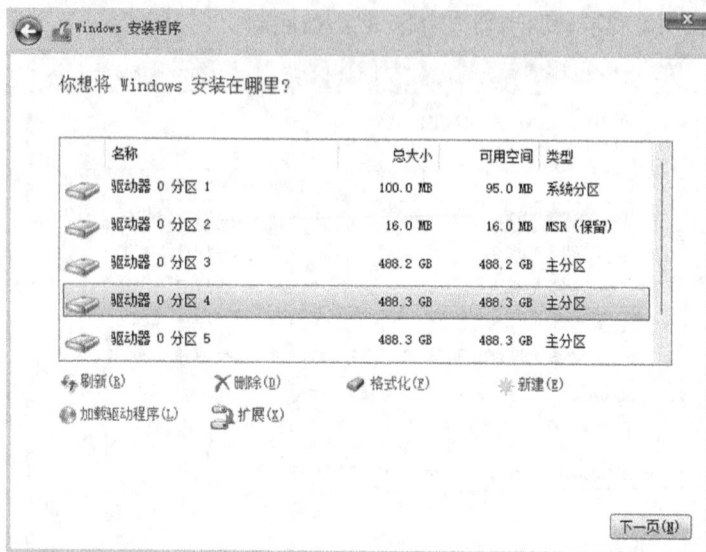

图 7-16　选取将要格式化的分区

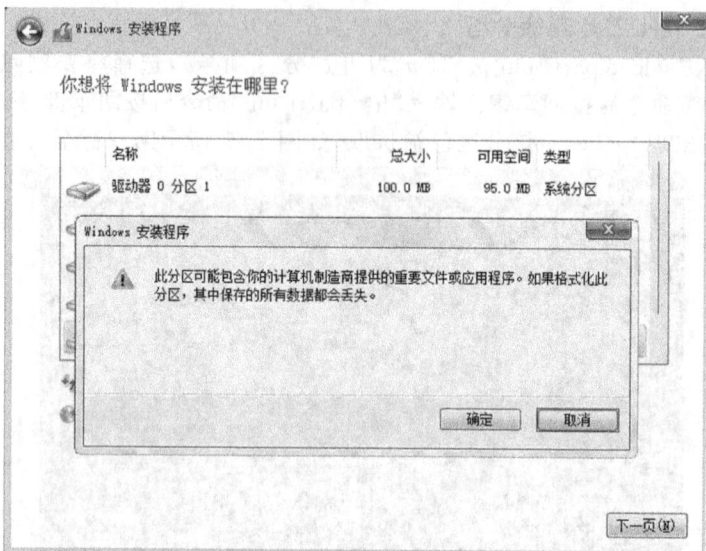

图 7-17　确认格式化提示

2. 使用 Disk part 工具格式化分区

第 1 步：输入"select partition *k*"（*k* 为上述分区编号），选择将要格式化的分区，如输入"select partition 3"命令后按回车键。输入"list partition"命令后按回车键，用户可查看分区列表，在"分区 3"前出现"＊"表示该分区已被选取。

第 2 步：输入"format quick"命令后按回车键，被选择的分区格式化完成。

使用工具软件进行
分区与管理

7.3　使用工具软件进行分区与管理

硬盘分区与格式化的软件有很多种，常用的分区软件有 Fdisk、Partition Magic 与 Disk Genius 等。Disk Genius 软件是一款国产的免费硬盘分区软件。它不仅具有基本的硬盘分区功能,还具有强大的分区维护功能。使用 Disk Genius 软件可以进行分区格式化、调整分区容量、磁盘表面扫描、重建分区表以及彻底清除扇区数据等操作。下面以该软件为例,介绍硬盘分区与管理方法。

7.3.1 使用 Disk Genius 软件创建分区

1. MBR 分区结构

（1）建立主分区

第 1 步:启动 Disk Genius,如图 7-18 所示。选取将进行分区的硬盘→选中灰色区域→执行"新建分区"命令,如图 7-19 所示。

图 7-18　启动 Disk Genius

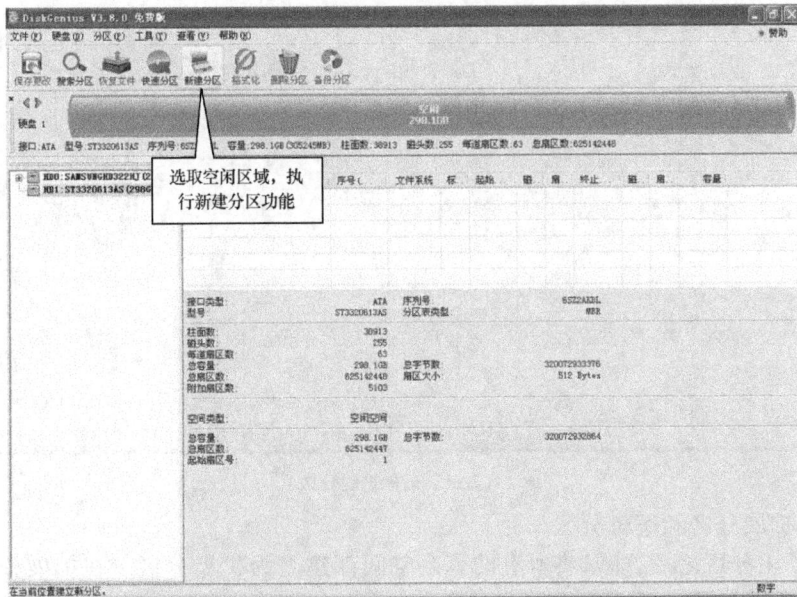

图 7-19　新建分区

第2步 在图7-20所示的对话框中,选择分区类型为"主磁盘分区",再按需求选择文件系统类型及新分区大小,然后按"确定"。主分区创建完成后某区域由灰色变为橙色,如图7-21所示。

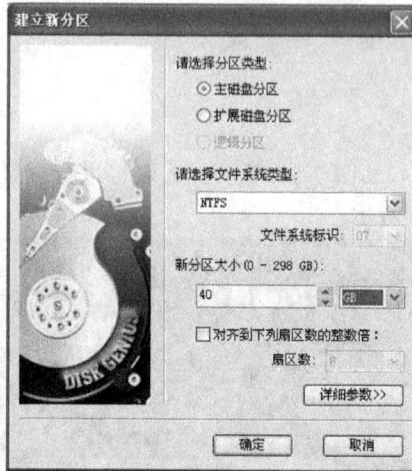

图 7-20　设置新分区

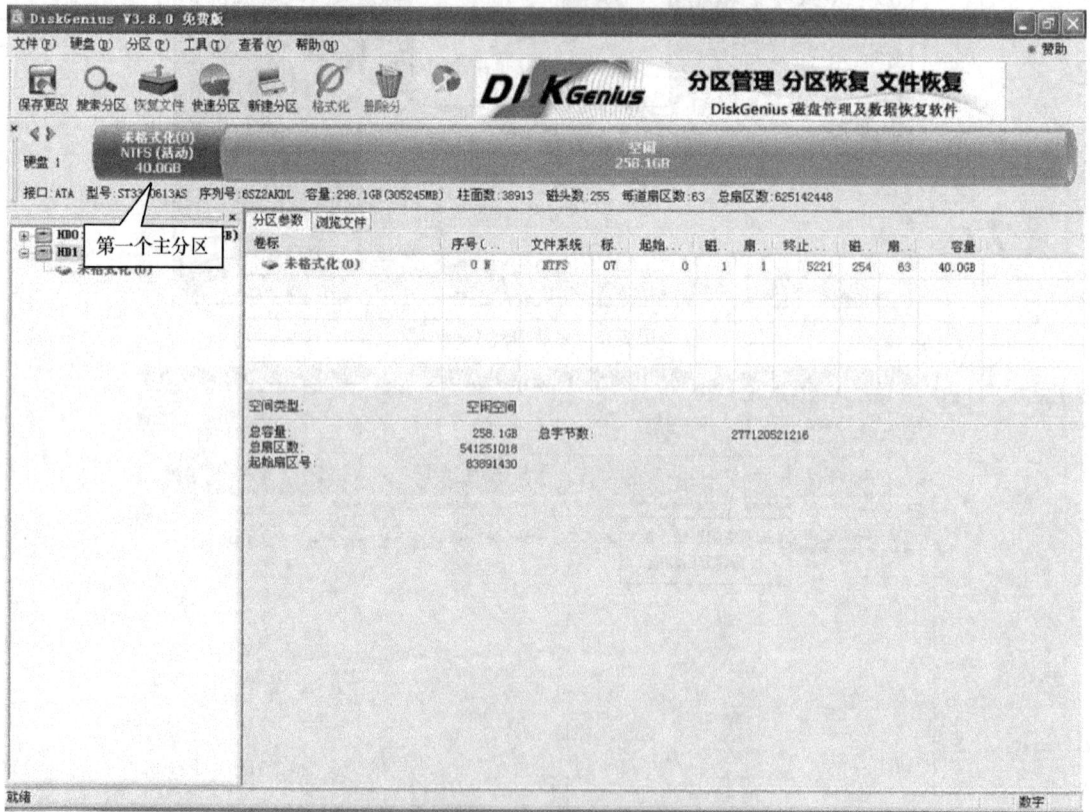

图 7-21　选择扩展分区

(2)建立扩展分区和逻辑分区

在建立了主分区之后,通常将所有的剩余空间都建立为扩展分区。在扩展分区上再创建D盘、E盘等逻辑分区。

第1步:选中剩余的灰色区域,执行"新建分区"命令,如图7-21所示。

第 2 步：在图 7-22 所示的对话框中，在分区类型处选择"扩展磁盘分区"，新分区大小取默认最大值后按"确定"。余下的空间便成为扩展分区，其区域由灰色变为绿色，如图 7-23 所示。

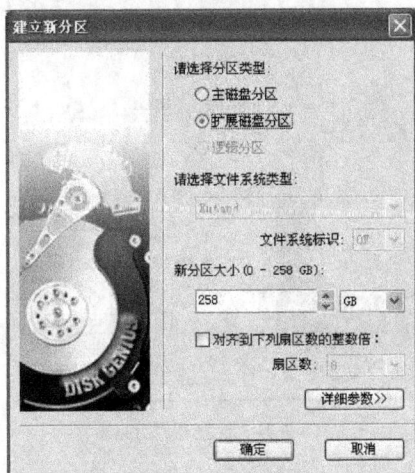

图 7-22　设置扩展分区

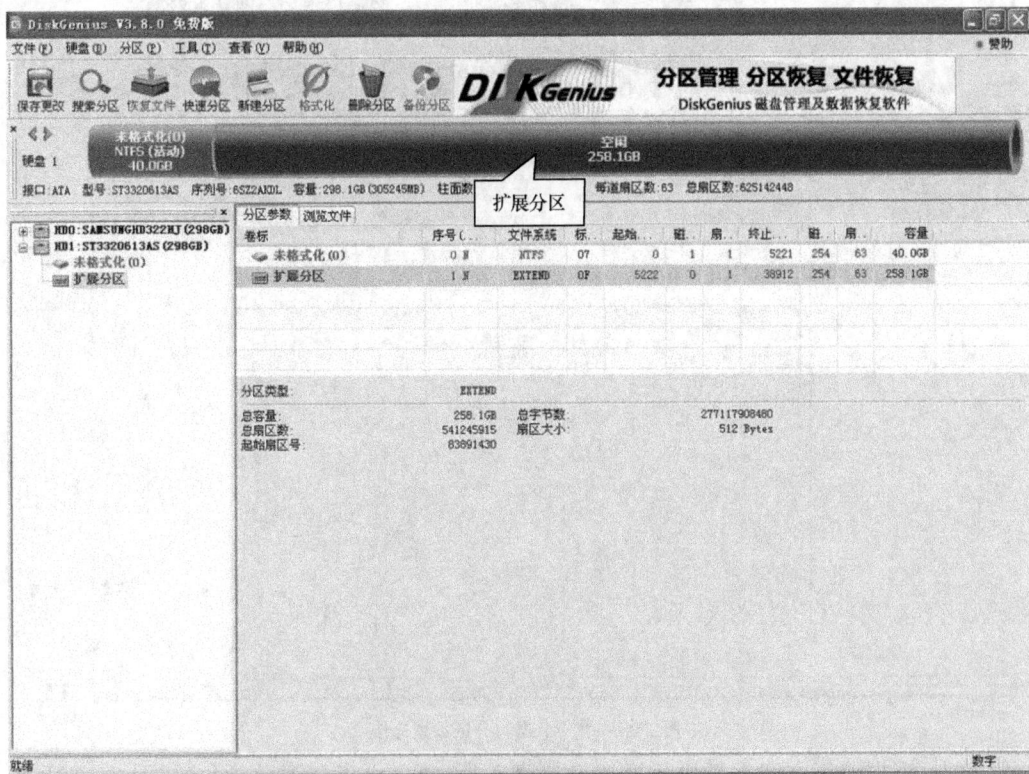

图 7-23　选择扩展分区

第 3 步：选取扩展分区（绿色区域），执行"新建分区"命令。

第 4 步：在图 7-24 所示的对话框中，选择分区类型为"逻辑分区"，新分区大小为"50 GB"，单击"确定"，第一个逻辑分区建好后其区域由绿色变为橙色，如图 7-25 所示。

图 7-24　设置逻辑分区

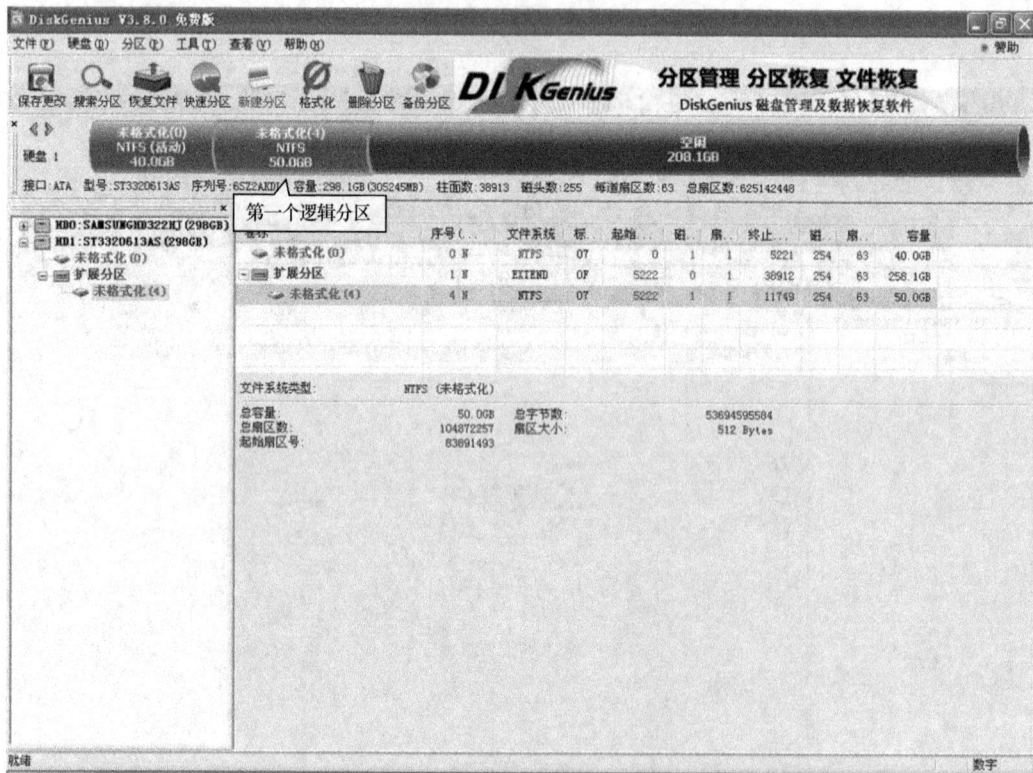

图 7-25　第一个逻辑分区设置完毕

第 5 步：根据分区方案重复执行第 3 步与第 4 步，划分出多个逻辑分区，如图 7-26 所示。

第 6 步：分区操作完成后执行"保存更改"命令，单击"是"确认并保存分区结果，如图 7-27 所示。

第 7 步：在弹出的图 7-28 中单击"是"将格式化所有分区。格式化过程中会显示正在格式化的分区编号、自动分配的盘符及格式化的进度，完成后每个分区的标注名称由"未格式化（编号）"变为"本地磁盘（盘符）"，如图 7-29 所示，关闭窗口操作完成。

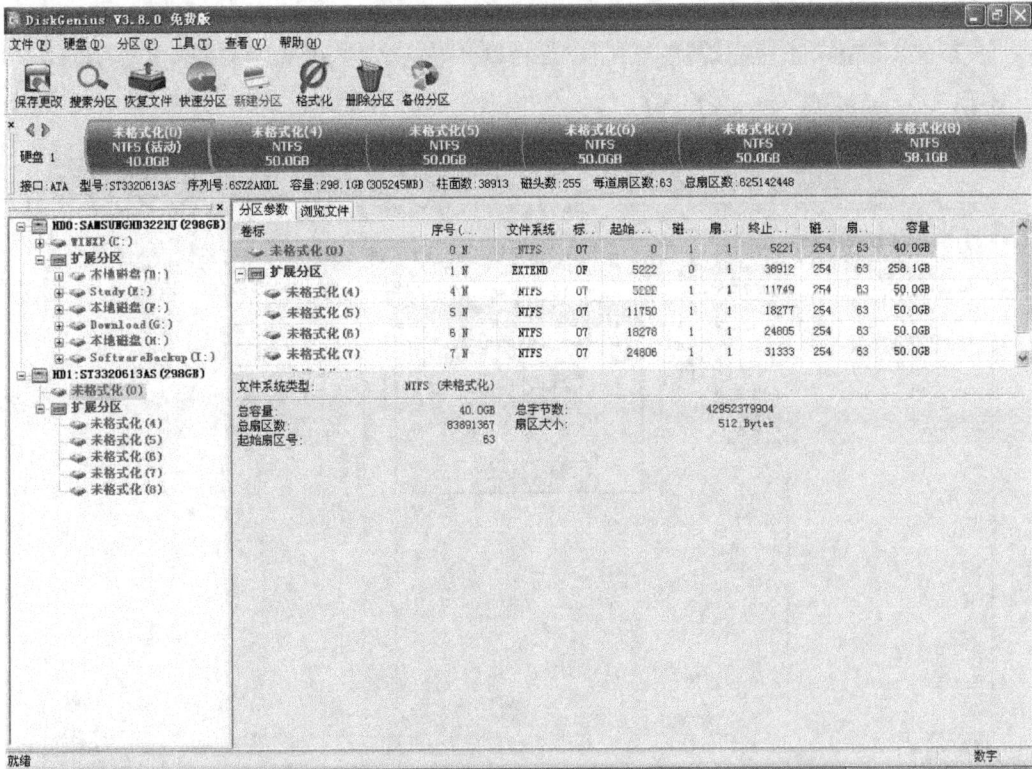

图 7-26 创建多个逻辑分区

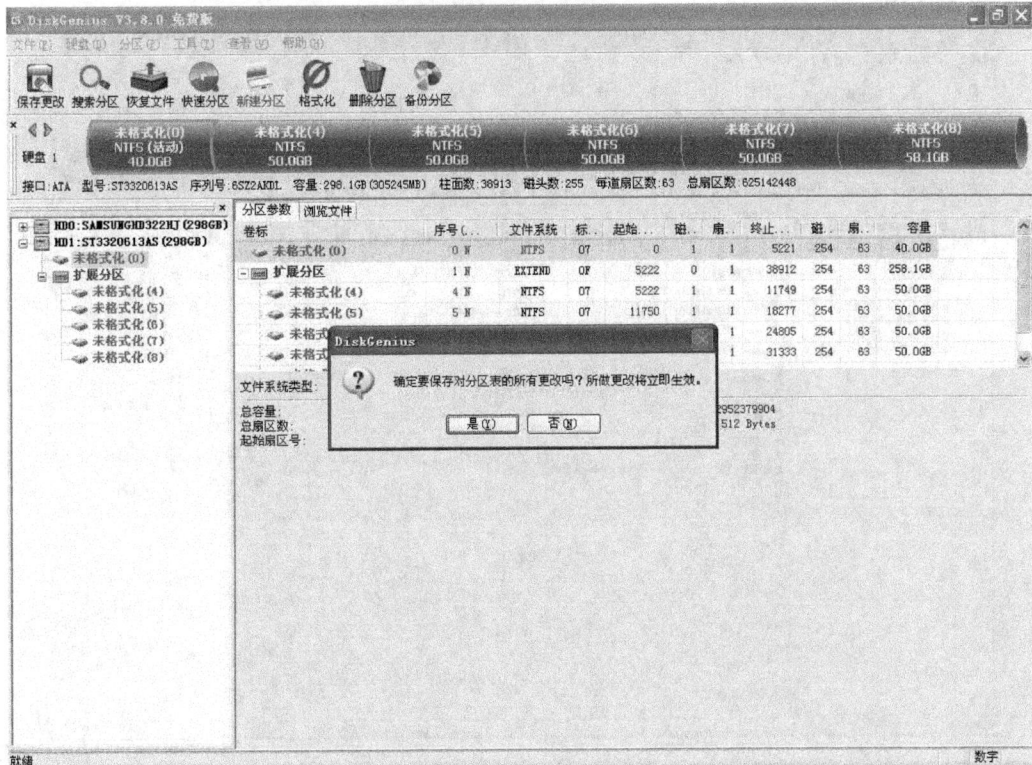

图 7-27 逻辑分区创建完毕

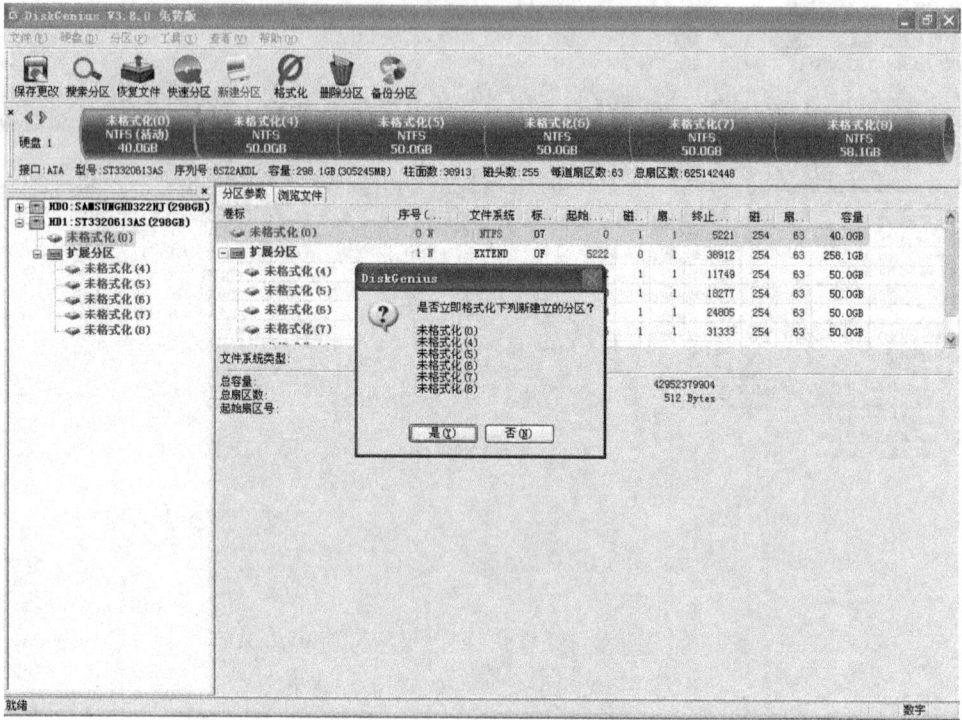

图 7-28　格式化逻辑分区

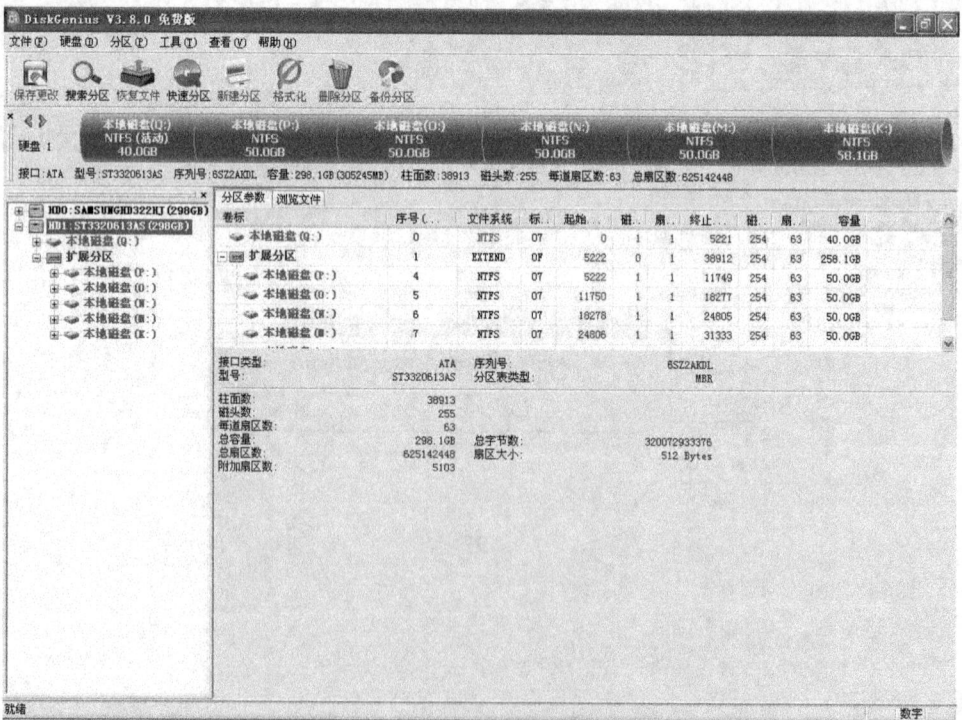

图 7-29　格式化逻辑分区完毕

（3）快速分区

此分区方法适用于新硬盘分区，或对原有硬盘分区空间重新规划。执行快速分区时，如果硬盘已有分区，该功能将删除所有现存的分区，然后按要求对硬盘设定分区数目及容量，最后将快速格式化所有分区。操作方法如下：

第1步：单击【硬盘】|【快速分区】，或按"F6"键。

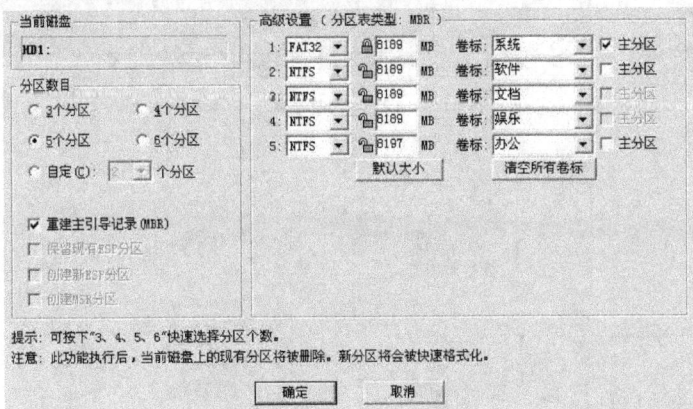

图 7-30　Disk Genius 快速分区

第2步：在图7-30中选择分区数目，默认选取"重建主引导记录（MBR）"，根据分区方案调整各分区大小及卷标内容，按"确定"后将快速执行分区及格式化操作。

注意：对于容量为 3 TB 以上的硬盘，在使用快速分区功能时，需勾选"创建新 ESP 分区"与"创建新 MSR 分区"，其余操作与 MBR 硬盘分区相同。

2. GPT 分区结构

（1）创建分区

第1步：单击将要分区的硬盘，如图 7-31 所示。

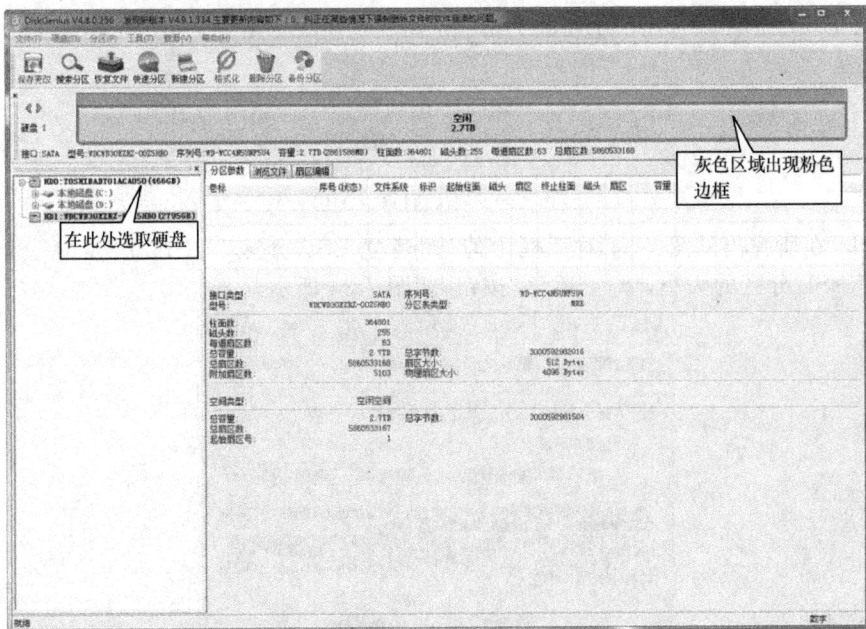

图 7-31　选取硬盘

第 2 步:在"硬盘"下拉列表中选择"转换分区表类型为 GUID 格式",将当前硬盘格式转换为 GPT 分区格式,如图 7-32 所示。

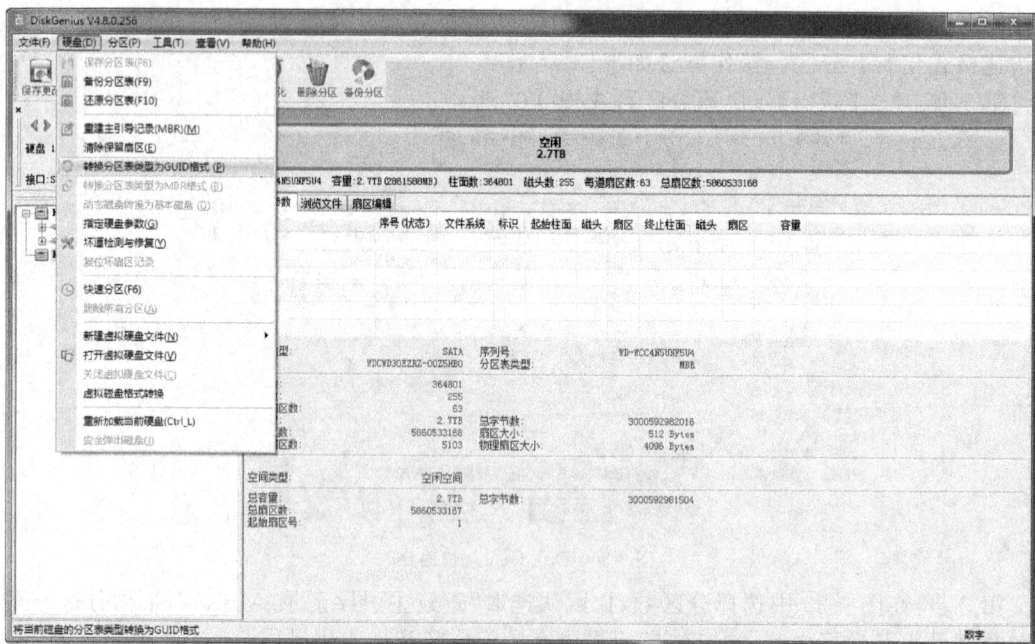

图 7-32　转换分区表类型为 GUID 格式

第 3 步:弹出提示对话框,单击"确认",如图 7-33 所示。

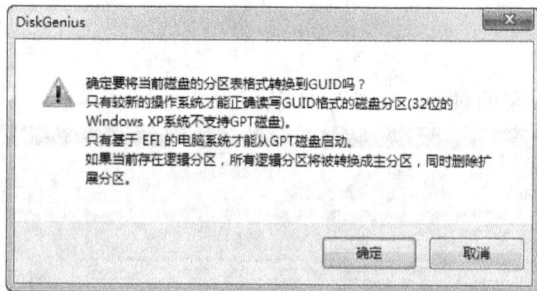

图 7-33　确认转换到 GUID

第 4 步:在所弹出的图 7-34 对话框中勾选"建立 ESP 分区"与"建立 MSR 分区"两个选项,并指定 ESP 分区的大小,单击"确认"按钮,如图 7-34 所示。

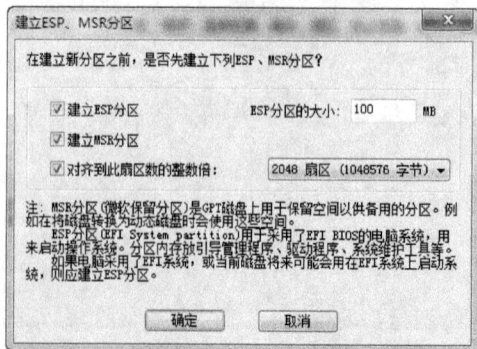

图 7-34　建立 ESP 与 MSR 分区

第 5 步：在原有的灰色区域前出现两个蓝色方块，表明 ESP 与 MSR 分区已创建完成。在"建立新分区"对话框的"新分区大小(0 - 2794 GB)"处设置第一个主分区的大小，如图 7-35 所示，单击"确认"。

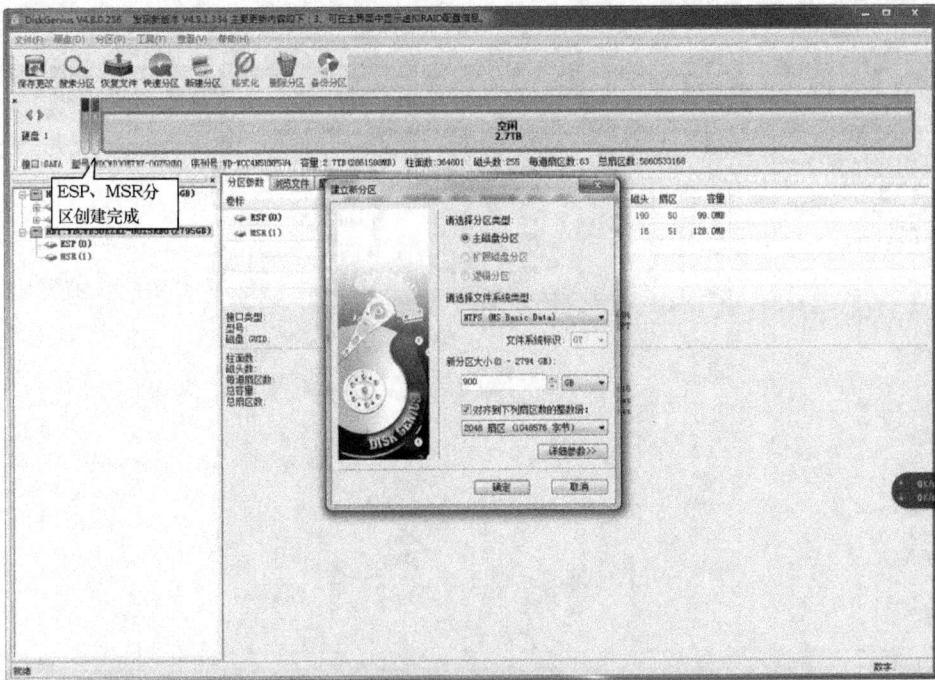

图 7-35　设置第一个主分区的大小

第 6 步：单击工具栏中的"新建分区"，在"建立新分区"对话框中指定新分区的大小后单击"确定"。灰色区域(空闲区域)被分割出一部分作为第一个主分区，如图 7-36 所示。

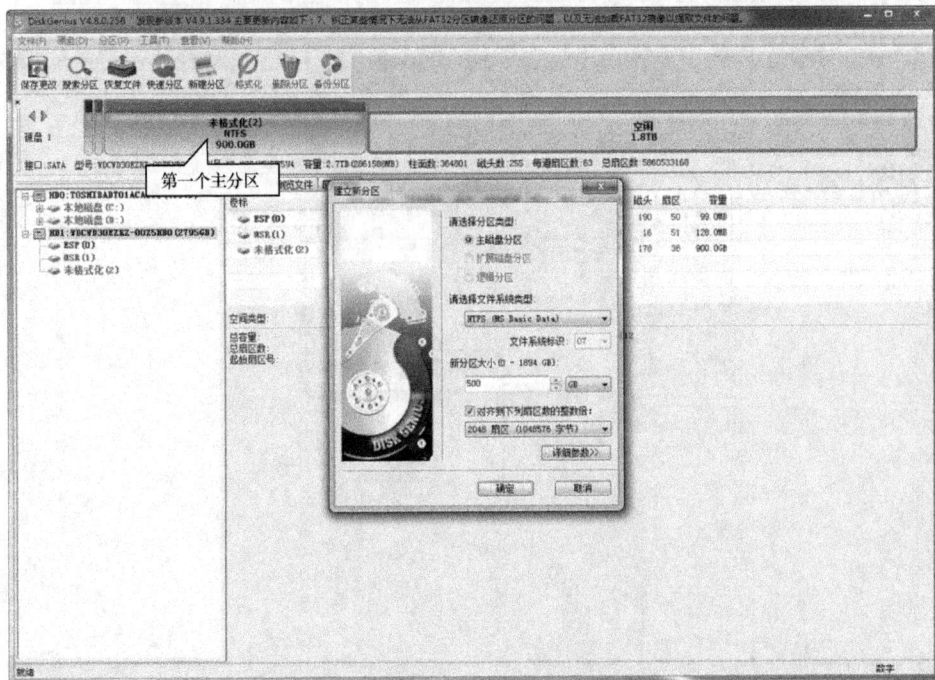

图 7-36　设置第二个主分区的大小

第 7 步：其余主分区的创建可参照第 6 步，反复执行"新建分区"命令，创建用户所需的主分区，如图 7-37 所示。

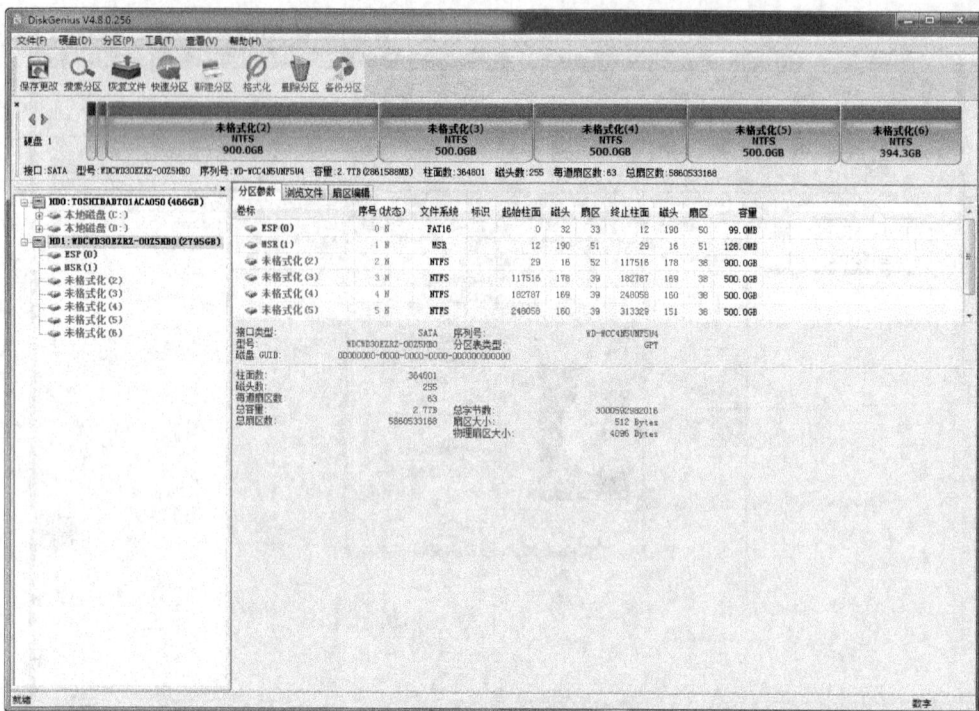

图 7-37　参照第 6 步创建其余的主分区

第 8 步：分区划分完成后，用户需将设定的分区结果保存。如图 7-38 所示。

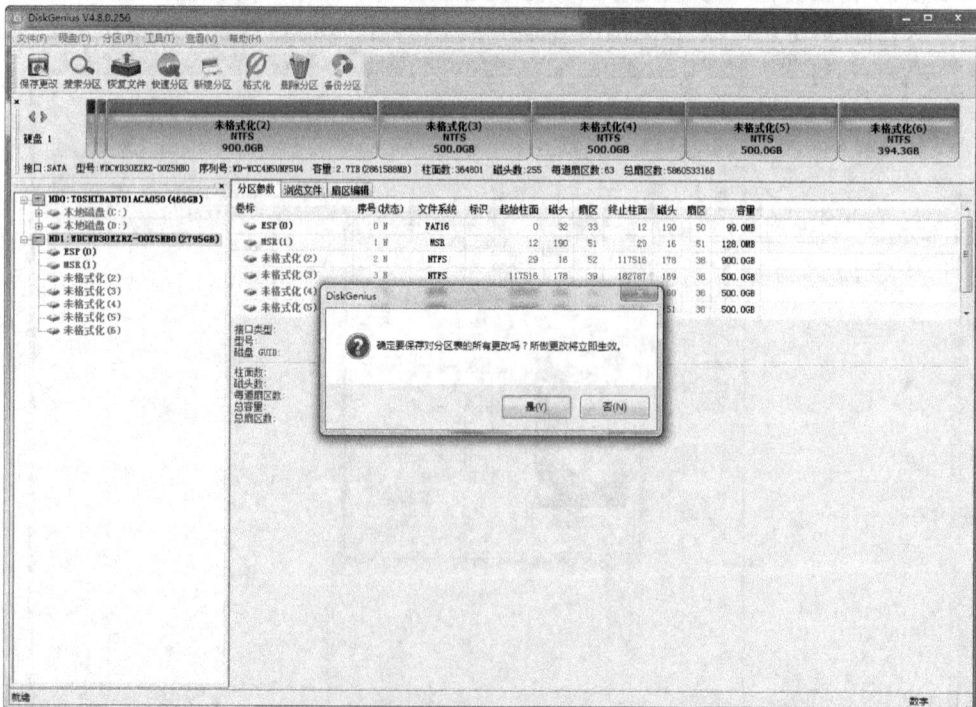

图 7-38　保存更改

第9步：保存分区表后，需格式化新建分区，在提示框中单击"是"，如图7-39所示。

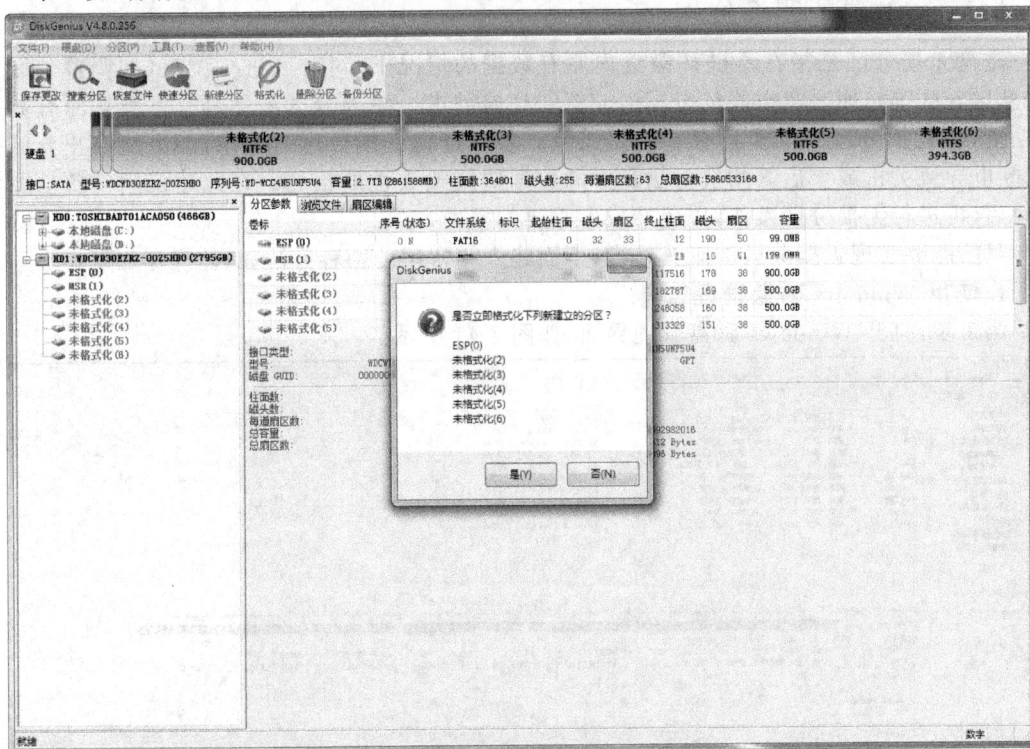

图7-39 格式化新建分区

第10步：分区与格式化操作完成，如图7-40所示。

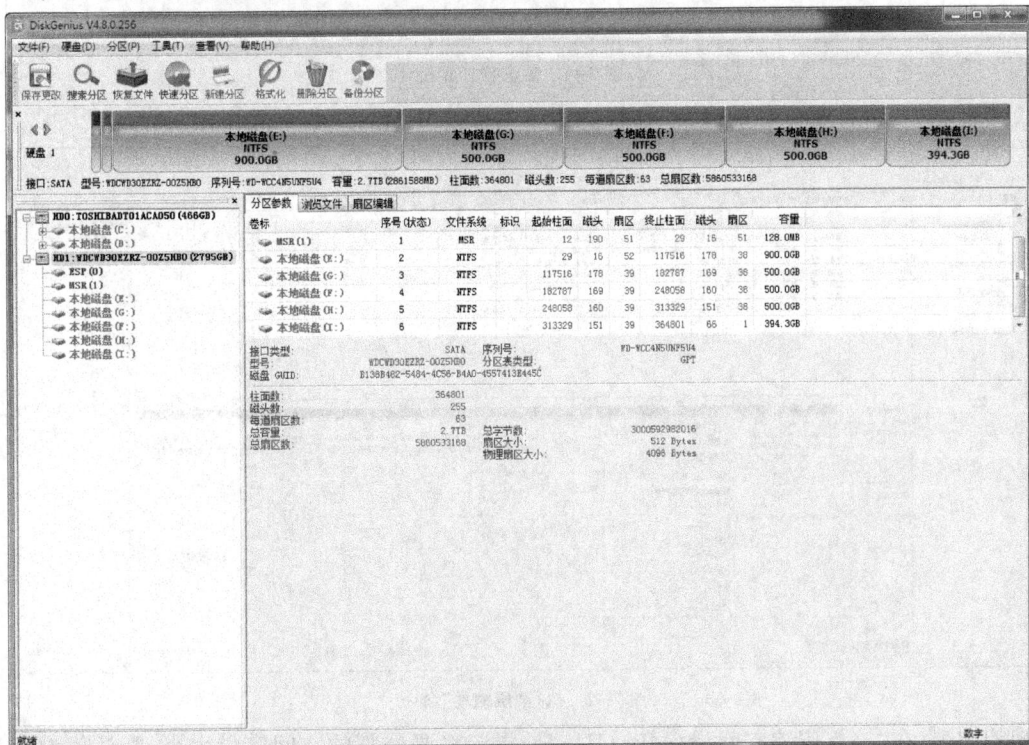

图7-40 分区与格式化操作完成

7.3.2 磁盘无损分区

磁盘无损分区是指在不破坏磁盘内原有数据的情况下,对分区进行调整(如调整分区大小、新增分区等),使磁盘空间的分配适应新的存储需求。无损分区虽然具有不破坏原有数据的功能,但无损分区的操作仍存在一定风险。若在进行无损分区过程中,如突然终止分区操作、断电导致关机或重启等均会对磁盘中的数据造成毁灭性的损坏。在此建议用户备份原盘资料后,再进行无损分区操作,以免造成不必要的损失。

目前能够实现无损分区的工具较多,下面将介绍常用的两种方法,具体操作如下:

1. 使用 Windows 磁盘管理工具

第 1 步:打开 Windows 磁盘管理界面,如图 7-41 所示。

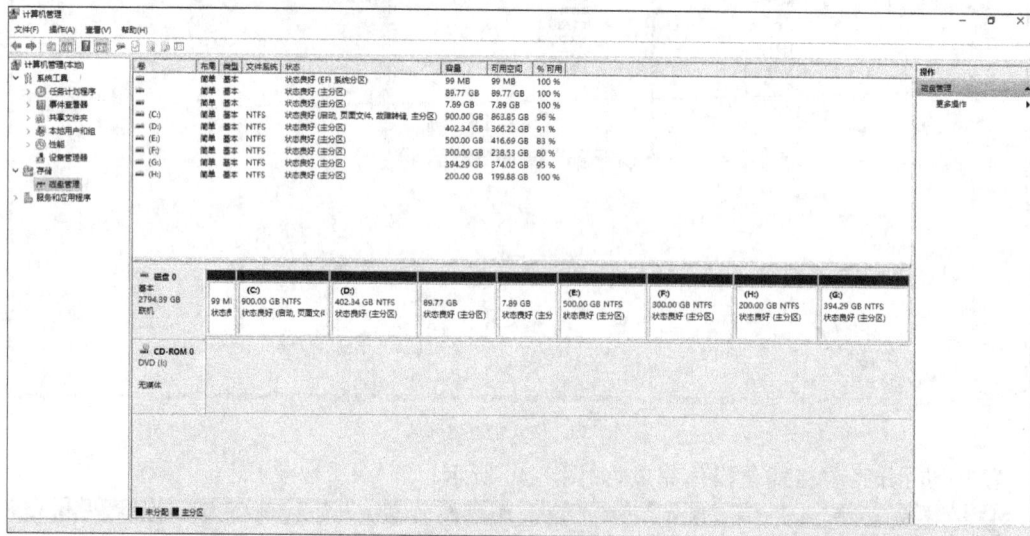

图 7-41 磁盘管理界面

第 2 步:右击将要分区的磁盘,在快捷菜单中单击"压缩卷"命令,如图 7-42 所示。

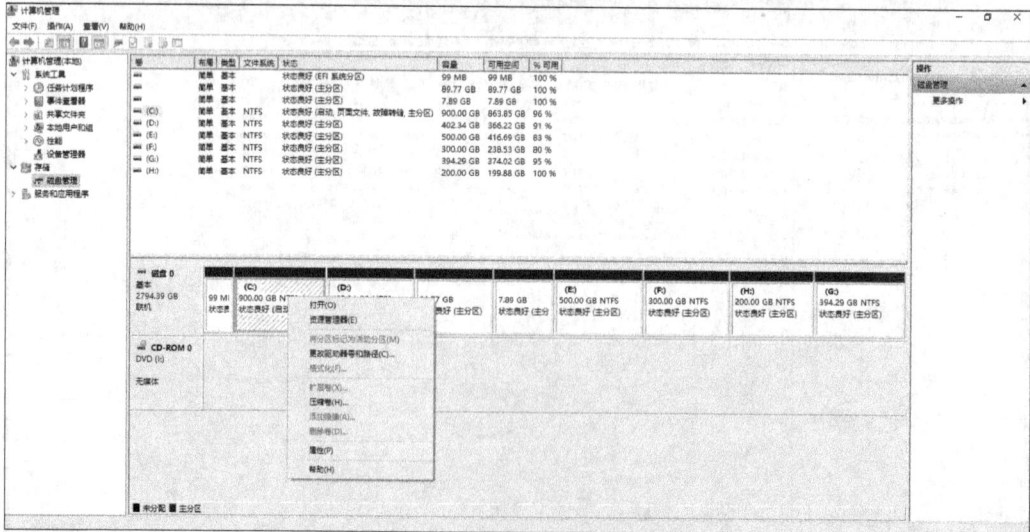

图 7-42 执行"压缩卷"命令

第 3 步:在"输入压缩空间量(MB)(E):"处指定将要分割的空间容量大小,默认值设置为当前分区可被压缩的最大空间,用户可根据需求自行更改,如图 7-43 所示。

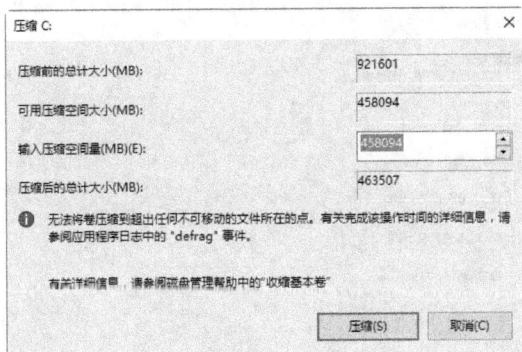

图 7-43　设置压缩空间容量

第4步：单击"压缩"后，用户在界面中能看到当前分区被分割的过程与执行结果。当前分区容量缩小，且在分区后出现被分割出来的未分配空间，此时该空间还不能使用，需用户执行创建分区与格式化操作。

第5步：右击"未分配"区域，在快捷菜单中单击"新建简单卷"命令，如图 7-44 所示。

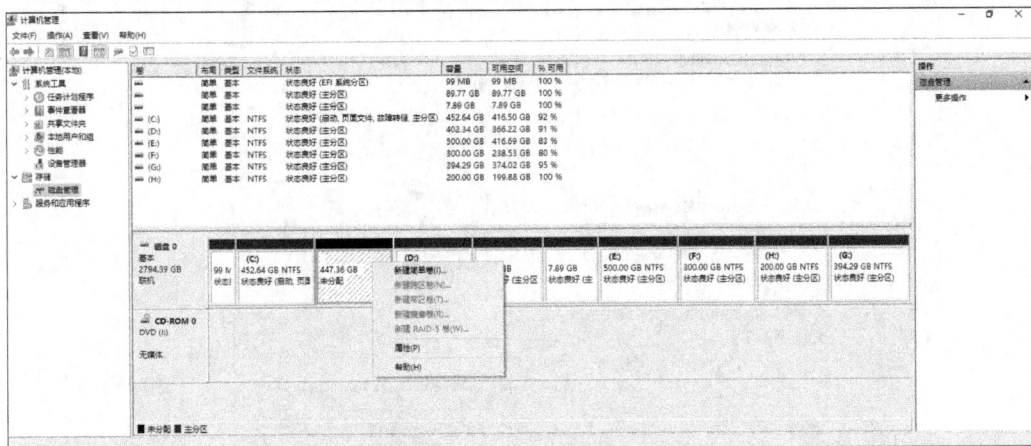

图 7-44　执行"新建简单卷"命令

第6步：弹出"新建简单卷向导"对话框，单击"下一步"按钮，如图 7-45 所示。

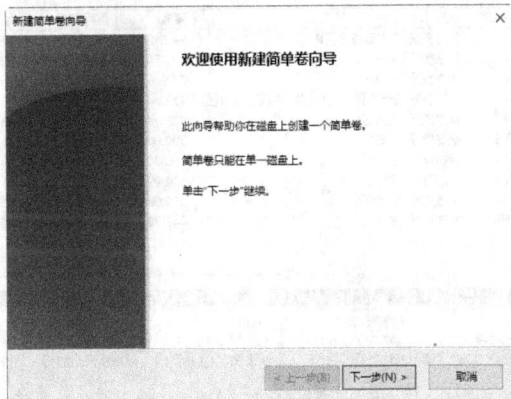

图 7-45　新建简单卷

第7步：在"简单卷大小(MB)(S)："处指定将创建的分区大小，如图 7-46 所示。用户可根据将创建的分区数量，合理分配分区的大小。如果用户创建一个分区，分区大小可设置为默认值。

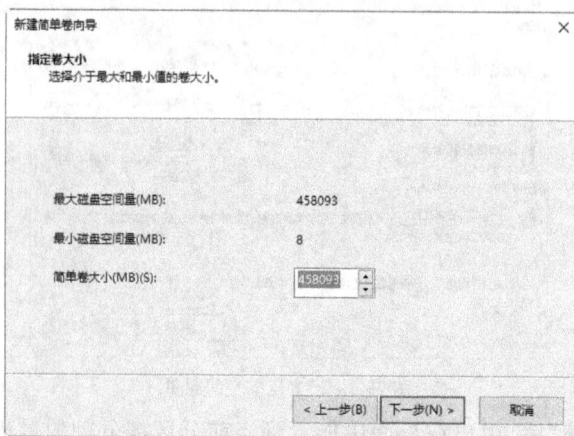

图 7-46　设置简单卷大小

第 8 步：单击"下一步"按钮后，提示"分配以下驱动器号（A）："，用户指定某一盘符后，如果界面中显示"J"，单击"下一步"按钮继续，如图 7-47 所示。

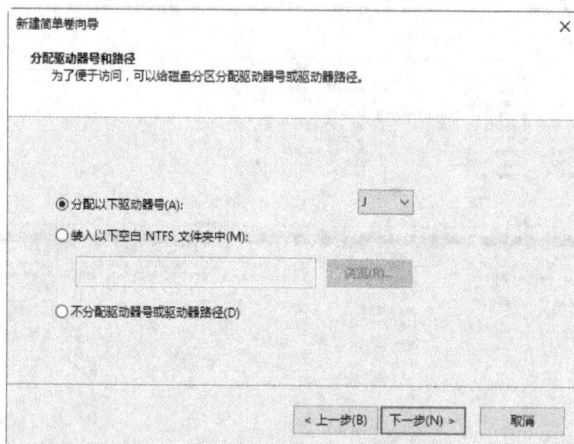

图 7-47　指定驱动器号

第 9 步：如图 7-48 所示，无损分区操作完成。

卷	布局	类型	文件系统	状态	容量	可用空间	% 可用
	简单	基本		状态良好 (EFI 系统分区)	99 MB	99 MB	100 %
	简单	基本		状态良好 (主分区)	89.77 GB	89.77 GB	100 %
	简单	基本		状态良好 (主分区)	7.89 GB	7.89 GB	100 %
(C:)	简单	基本	NTFS	状态良好 (启动，页面文件，故障转储，主分区)	452.64 GB	411.54 GB	91 %
(D:)	简单	基本	NTFS	状态良好 (主分区)	402.34 GB	366.22 GB	91 %
(E:)	简单	基本	NTFS	状态良好 (主分区)	500.00 GB	416.69 GB	83 %
(F:)	简单	基本	NTFS	状态良好 (主分区)	300.00 GB	238.53 GB	80 %
(G:)	简单	基本	NTFS	状态良好 (主分区)	394.29 GB	374.02 GB	95 %
(H:)	简单	基本	NTFS	状态良好 (主分区)	200.00 GB	199.88 GB	100 %
新加卷 (J:)	简单	基本	NTFS	状态良好 (主分区)	447.36 GB	447.21 GB	100 %

| 磁盘 0 基本 2794.39 GB 联机 | 99 M 状态! | (C:) 452.64 GB NTFS. 状态良好 (启动，页面 | 新加卷 (J:) 447.36 GB NTFS 状态良好 (主分区) | (D:) 402.34 GB NTFS 状态良好 (主分区) | 89.77 GB 状态良好 (主分区) | 7.89 GB 状态良好 (主 | (E:) 500.00 GB NTFS 状态良好 (主分区) |

图 7-48　无损分区操作完成

2. 使用 DiskGenius 磁盘管理工具

第 1 步：选取将操作的分区，右击，执行"调整分区大小"命令，如图 7-49 所示。

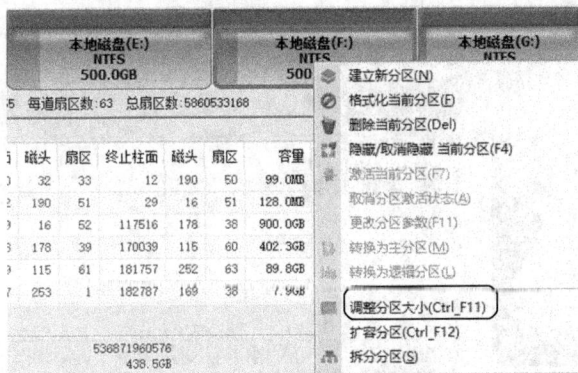

图 7-49 执行"调整分区大小"命令

第 2 步:在"分区前部/后部的空间"处指定将被分割出去的磁盘容量,若新划分出来的磁盘空间将设置为独立分区(新增分区),用户需在界面中选取"建立新分区"选项。如图 7-50 所示。

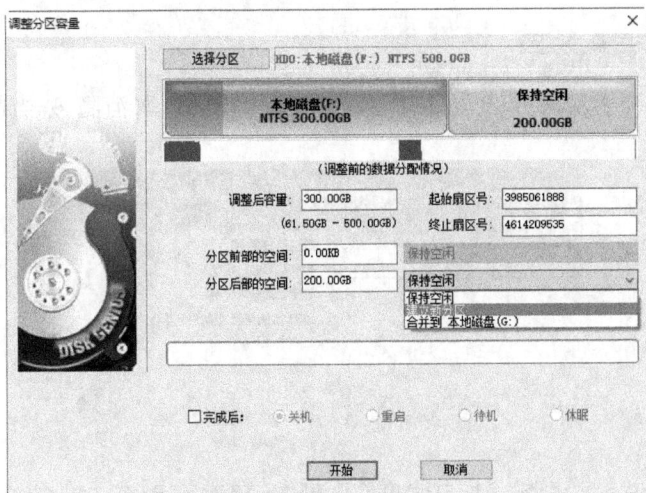

图 7-50 指定新分区容量

第 3 步:在图 7-50 中单击"开始"按钮后,用户要留意界面中有关分区调整的注意事项,如图 7-51 所示,单击"是"按钮继续。

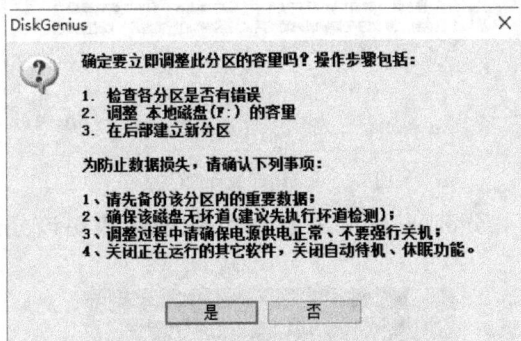

图 7-51 确认分区调整

第 4 步:界面中显示分区调整后的结果及调整过程中所执行的操作与用时等信息,单击"完成"按钮后,分区调整操作完成,如图 7-52 所示。

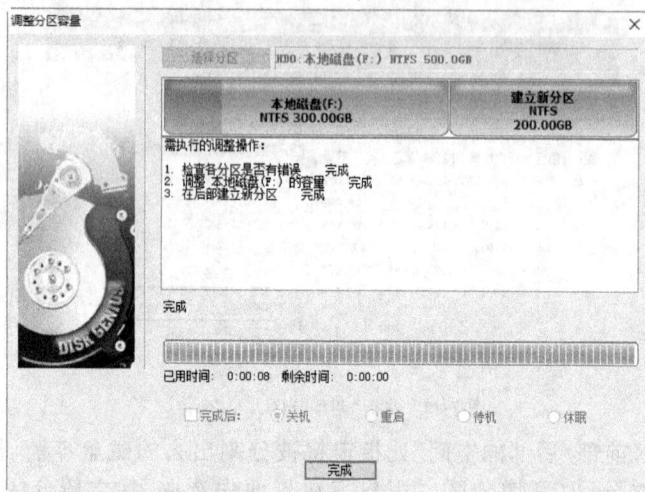

图 7-52　分区调整操作完成

7.3.3　隐藏硬盘分区

第 1 步:右击将要隐藏的分区,在快捷菜单中执行"隐藏/取消隐藏 当前分区"命令,如图 7-53 所示。

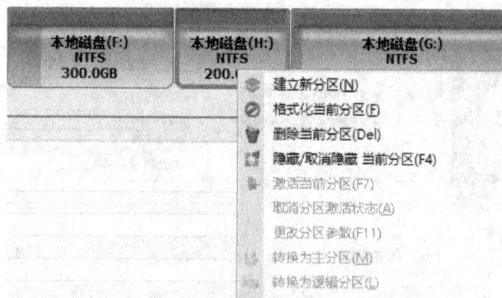

图 7-53　执行"隐藏/取消隐藏 当前分区"命令

第 2 步:对话框提示是否卸载分区(卷),单击"确定"按钮,如图 7-54 所示。

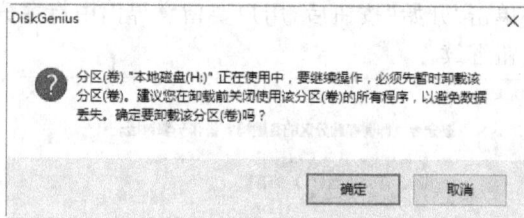

图 7-54　确认卸载分区(卷)

第 3 步:当前分区显示"分区(8)NTFS(隐藏)"等内容,表明该分区已成功设置为隐藏属性,如图 7-55 所示。

图 7-55　分区已设置为隐藏属性

7.4 实战训练

1. 使用 Disk Genius 工具按要求分别创建 MBR 与 GPT 结构分区。
2. 总结 MBR 与 GPT 两种分区格式的区别。
3. 利用操作系统与 Disk Genius 工具实现无损分区操作。
4. 将某个分区隐藏,并在操作系统中演示隐藏分区是否可正常使用。
5. 恢复已隐藏的分区。

第8章

系统安装盘的制作

本章主要介绍利用常用的工具软件制作系统安装盘的方法。目前 U 盘的使用基本普及，并且光盘系统安装盘已被 USB 启动盘所替代，本章将着重介绍 U 盘启动盘的常用制作方法。

8.1 USB 系统安装盘的制作

USB系统安装盘的制作

目前使用的计算机都可以利用 U 盘来安装操作系统，U 盘系统安装盘平时可以作为普通的 U 盘使用，当计算机需重新安装操作系统时又可以作为安装盘。

当前常用的 USB 启动盘的制作软件较多，如老毛桃 U 盘启动制作工具、通用 U 盘启动制作工具等。U 盘启动盘制作工具在使用时较为简单，自动完成制作过程。本节将以复制方式与老毛桃 U 盘启动制作工具为例介绍两种 USB 启动盘的制作

8.1.1 复制方式操作系统安装 U 盘

复制方式制作操作系统安装 U 盘前，需提前下载操作系统安装包，解压之后进行复制操作，具体操作步骤如下：

第 1 步：将 Windows 操作系统安装包，解压到某一分区，如图 8-1 所示。

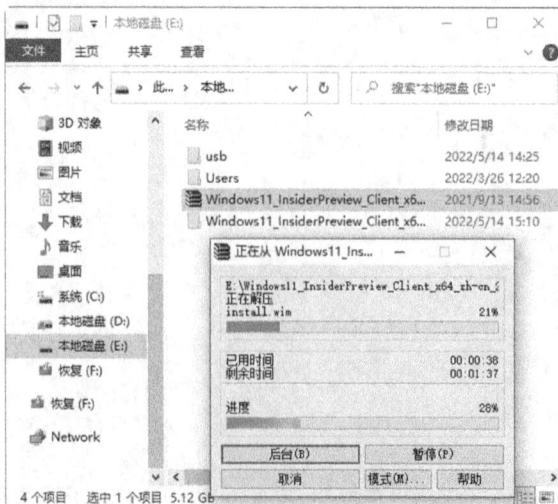

图 8-1 解压 Windows 操作系统安装包

第2步：打开 Windows 操作系统安装文件所在文件夹，按"Ctrl+A"键选取所有文件并执行复制命令，如图 8-2 所示。

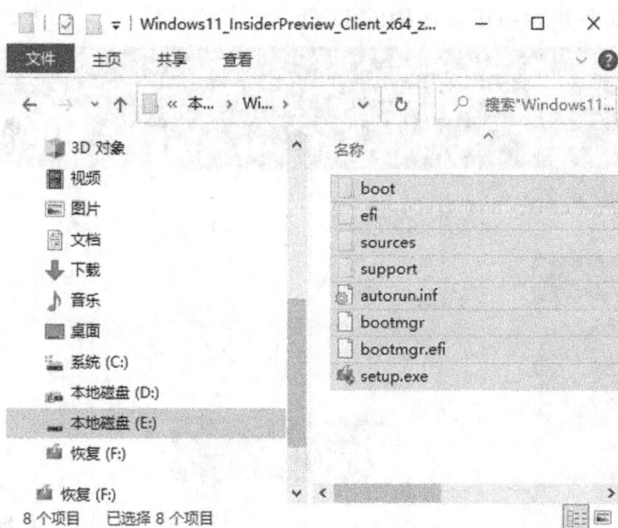

图 8-2 按"Ctrl+A"键选取所有文件

第2步：切换到 U 盘，执行粘贴命令，至此 Windows 操作系统安装 U 盘制件完成，如图 8-3 所示。在日后的操作系统安装前，可直接插入此 U 盘启动计算机并进行操作系统的安装。

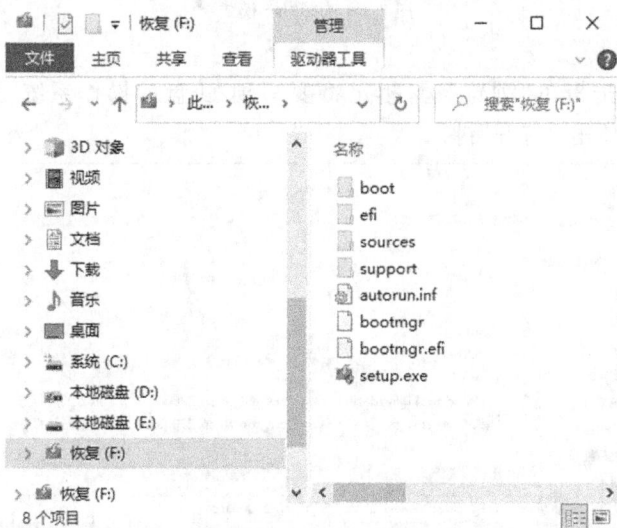

图 8-3 安装源文件复制到 U 盘

8.1.2 老毛桃 U 盘启动制作工具

目前，老毛桃 U 盘启动制作工具是制作 U 盘系统安装盘的常用工具之一。利用该工具，除了在 U 盘中写入操作系统源文件外，还可加载各种常用的维护工具，如分区管理、GHOST 等。计算机由 U 盘引导后可以利用 U 盘所带的各种工具实现系统的自由替换，如原版系统安装与还原系统等操作。

用户在老毛桃官方网站可以免费下载并安装该工具。本节将以老毛桃 UEFI 版 U 盘启动盘制作工具为例，介绍该工具的使用。具体操作如下：

第 1 步：将 U 盘插入计算机 USB 接口，运行老毛桃 U 盘启动盘制作工具。打开工具主窗口后，在窗口左侧选择"iso 模式"，如图 8-4 所示。

注：容量在 4G 以上并能够正常使用的 U 盘

图 8-4　选择"iso 模式"

第 2 步：鼠标单击橙色"浏览"键，指定将要写到 U 盘的操作系统，如图 8-5 所示，选取 Windows 11 后鼠标单击"打开"键。

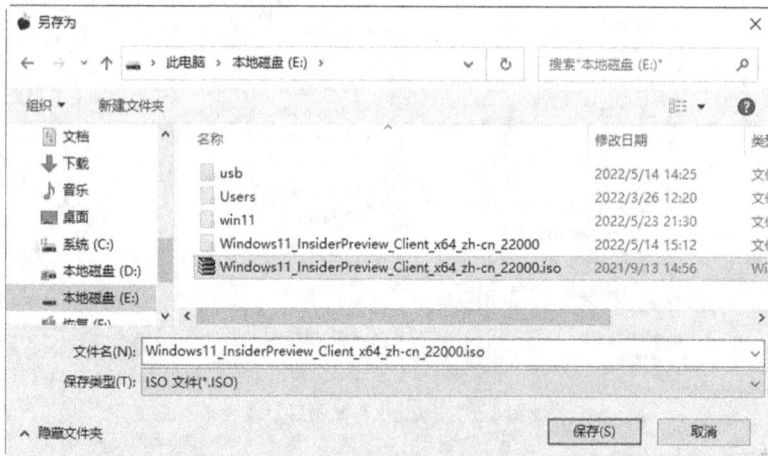

图 8-5　选取 Windows 11 安装程序

第 3 步：此时"浏览"键前方显示 Windows 11 安装包的路径，鼠标单击"一键制作启动 U 盘"键，如图 8-6 所示。

第 4 步：在"写入硬盘映像"窗口，用户指定将被写入的 U 盘及写入方式后，鼠标单击"写入"键，如图 8-7 所示。

图 8-6　单击"一键制作启动 U 盘"键

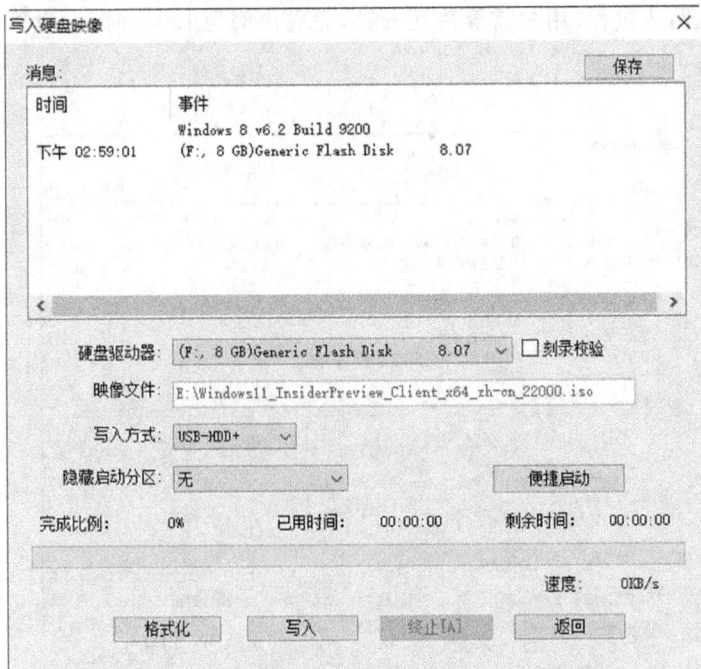

图 8-7　执行写入功能

　　第 5 步：U 盘写入数据前需清除原有数据，鼠标单击"是"键确认该项操作，如图 8-8 所示。

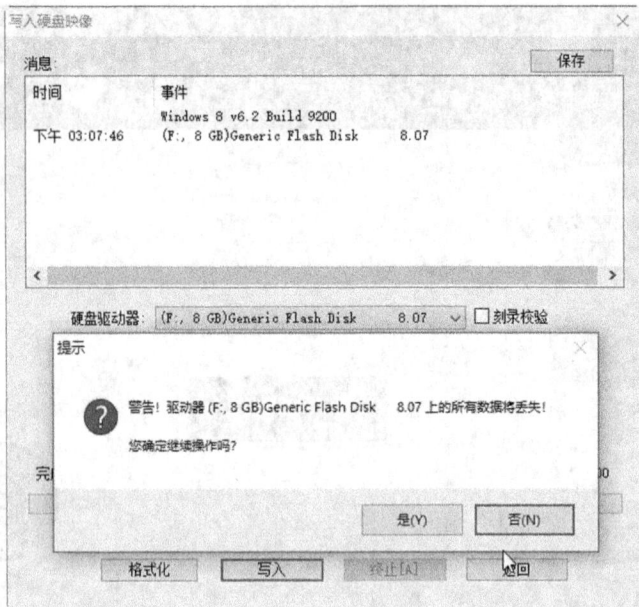

图 8-8 确认操作

第 6 步：数据写入过程，用户需等待几分钟，完成比例为 100％时，U 盘系统安装盘制作完成，如图 8-9 所示。

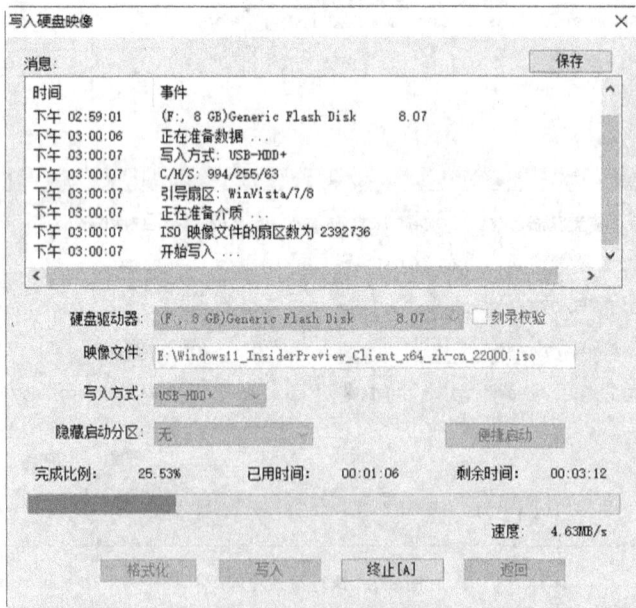

图 8-9 U 盘系统安装盘制作进度

第 7 步：打开 U 盘如图 8-10 所示，用户能查看到 Windows 11 的安装原程序。

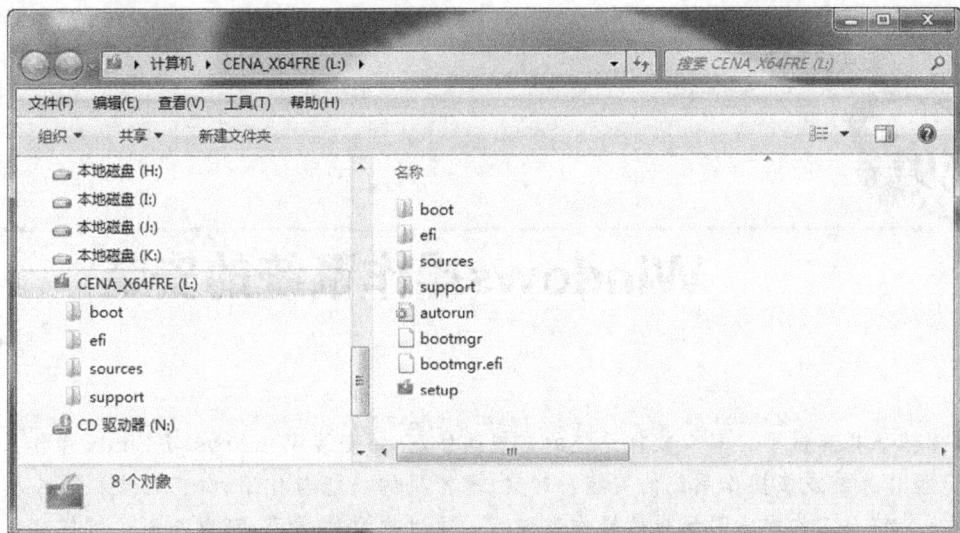

图 8-10 查看到 Windows 11 的安装程序

8.2 实战训练

1. 使用老毛桃 U 盘启动制作工具创建操作系统安装盘
2. 分别采用以上两种工具创建的系统安装盘安装操作系统,并对比总结各自的优势。
3. 将备份文档记录到光盘。

第9章

Windows操作系统的安装

本章依照搭建微型计算机软件系统的常规顺序,介绍安装 Windows 与 Linux 操作系统的方法;双操作系统或多操作系统的安装及卸载;虚拟机的功能与作用;如何在虚拟机中模仿裸机环境安装符合工作或学习场景的操作系统等。通过本章的学习,可以全面了解搭建微型计算机软件系统的基础知识,掌握自主搭建软件环境的方法。

9.1 安装 Windows 11 操作系统

操作系统(Operating System,简称 OS)是直接运行在"裸机"上的最基本的系统软件,任何其他软件都必须在操作系统的支持下才能运行。它是用户和计算机的接口,同时也是计算机硬件和其他软件的接口。通过操作系统,用户可以管理计算机系统的硬件、软件及数据资源,控制程序运行,改善人机界面,为其他应用软件提供支持,使计算机系统所有资源能够最大限度地发挥作用。

Windows 是微软公司研发的一套操作系统,该软件问世于 1985 年,随着计算机的普及,Windows 操作系统已被广大用户所接受。该操作系统采用了图形化模式 GUI,与微软公司早期的 MS-DOS 操作系统相比,Windows 操作系统比较简单易学,使用也更为人性化。随着计算机硬件和软件技术的不断提升,Windows 也不断升级。从架构的 16 位、32 位再到 64 位,系统版本从最初的 Windows 1.0 到大家熟知的 Windows 95、Windows XP、Windows 7、Windows 10、Windows 11 和 Windows Server 服务器企业级等,不断地持续更新。

9.1.1 安装前准备

由于硬件的迅速发展,传统式的(Legacy)BIOS 逐渐被 UEFI(Unified Extensible Firmware Interface)可扩展固件接口所替代。市面主流计算机的 BIOS 均提供了 Legacy 与 UEFI 两种工作模式。用户可根据需求,在安装 Windows 操作系统时,结合硬盘容量与 BIOS 的工作模式,在 BIOS+MBR 与 UEFI+GPT 两种模式中选择一种。如果硬盘容量为 2 TB 以内,且在 Legacy 的 BIOS 工作模式下,需选择使用 BIOS+MBR 模式;若硬盘容量为 3 TB 以上的,使用 UEFI+GPT 模式。本章将以 UEFI+GPT 模式为例,介绍 64 位 Windows 11 操作系统的安装。具体安装前的准备如下:

(1)将 Windows 操作系统的安装原程序拷贝到 U 盘,创建 Windows 系统安装盘。

(2)参照本书第 7 章,将硬盘转为 GPT 格式后进行分区与格式化。

(3)进入 BIOS,设置模式为 UEFI。

9.1.2　安装过程

第1步:通过 U 盘启动计算机,可看到 Windows 11 的安装首页,如图 9-1 所示。然后在图 9-2 中设置"要安装的语言""时间和货币格式"以及"键盘和输入方法"等选项,设置完成单击"下一页"按钮。

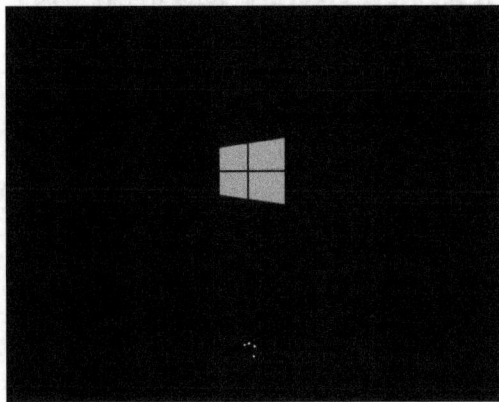

图 9-1　Windows 11 的安装首页

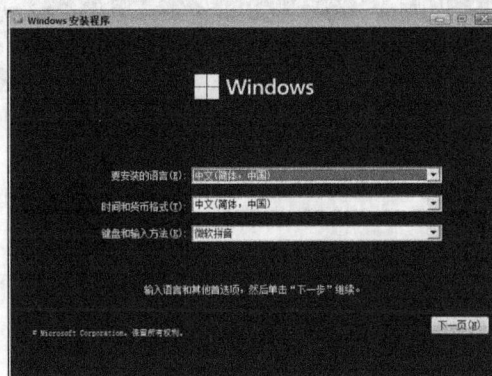

图 9-2　设置语言、时间等参数

第2步:在图 9-3 中单击"现在安装"按钮,进入图 9-4,选中"我接受 Microsoft 软件许可条款"复选框,单击"下一页"按钮。

图 9-3　开始安装 Windows 11

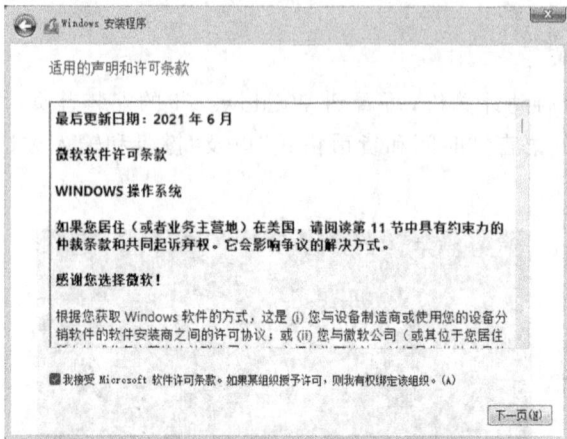

图 9-4　Windows 11 安装许可条款

注意：在图 9-3 左下角有"修复计算机"选项，该选项的功能是可以在 Windows 11 的后期维护中用来修复被破坏的系统。

第 3 步：在图 9-5 所示的对话框中选择"自定义：仅安装 Windows（高级）"类型。在如图 9-6 所示的对话框中可对硬盘进行分区和格式化操作。

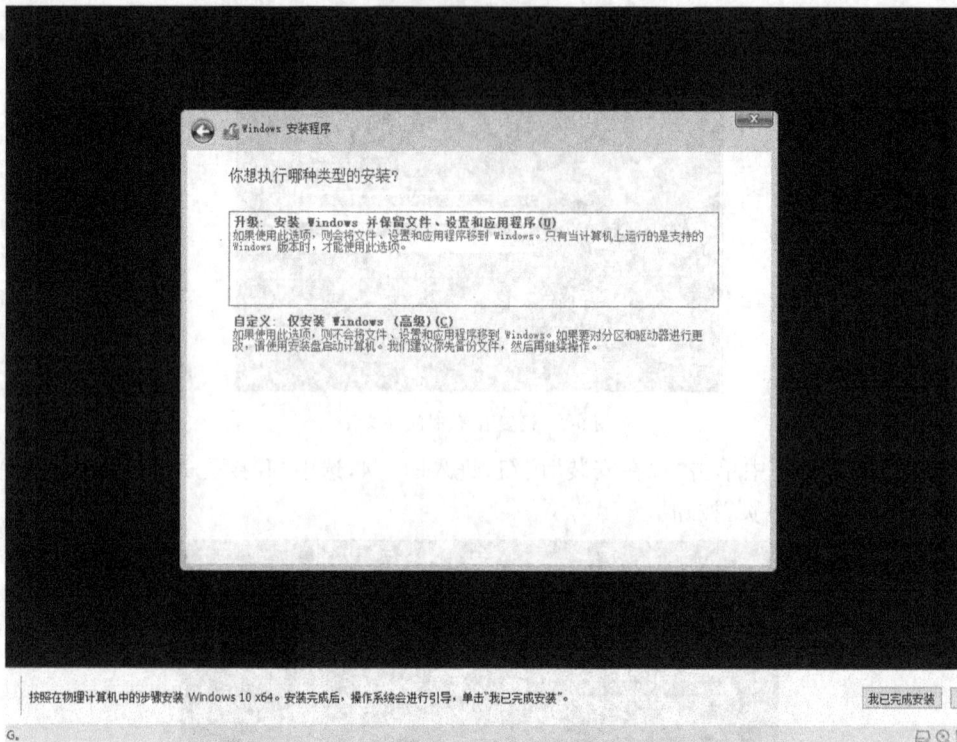

图 9-5　选择安装类型

第 4 步：通过图 9-6 下方的"删除""格式化""新建"等选项，可以对磁盘进行删除和格式化等操作。创建分区时单击"新建"，调整分区容量大小，单击"应用"按钮，如图 9-7 所示。第一个主分区创建完成后，安装程序会自动创建"系统分区与 MSR（保留）"分区，如图 9-8 所示。

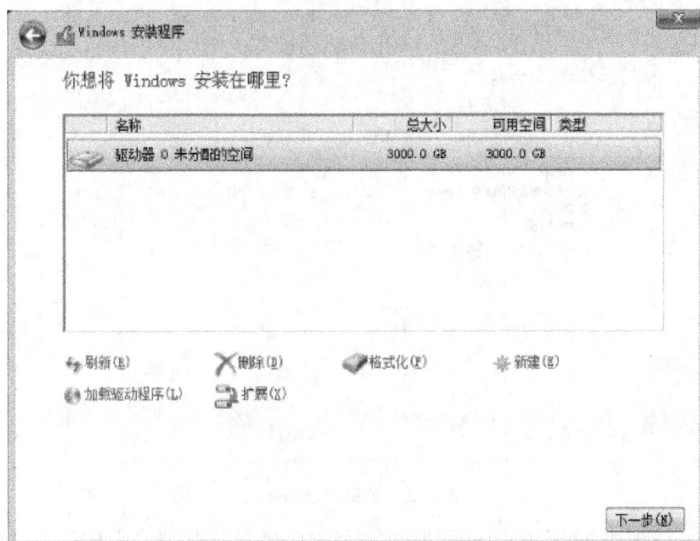

图 9-6　选择磁盘分区

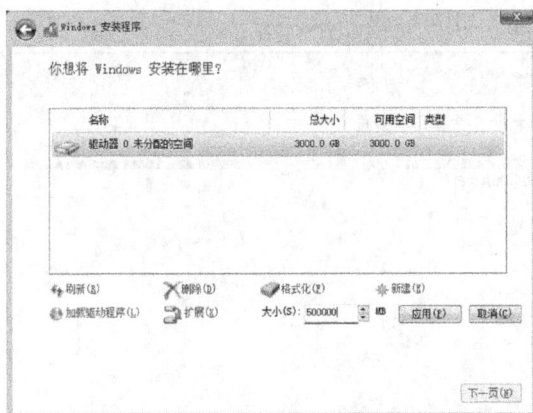

图 9-7　创建分区

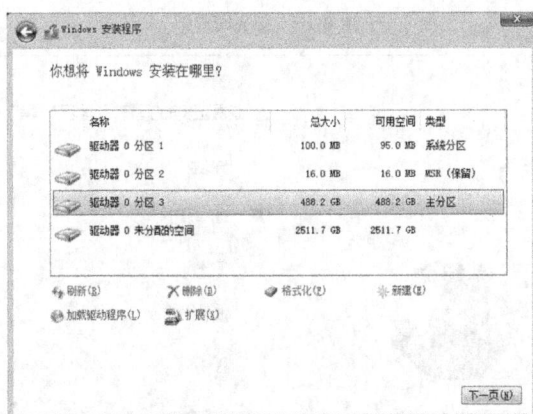

图 9-8　默认创建系统分区与 MSR(保留)分区

　　第 5 步:单击"下一页"按钮,进入如图 9-9 所示的"正在安装 Windows"界面。安装完成后计算机会自动重启,此时安装程序会进入"重启"状态,如图 9-10 所示。

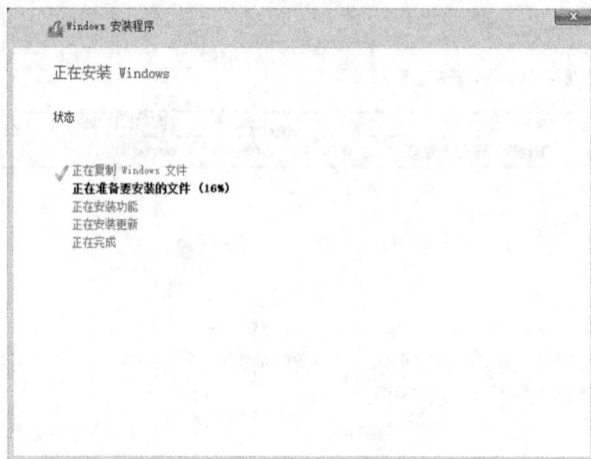

图 9-9　安装 Windows

第 6 步：在"这是正确的国家(地区)吗？"界面中，确认国家为"中国"后，单击"是"按钮，如图 9-11 所示。在"此键盘布局或输入法是否合适？"界面，按用户需求单击"微软拼音"或"微软五笔"选项后，单击"是"按钮，如图 9-12 所示。

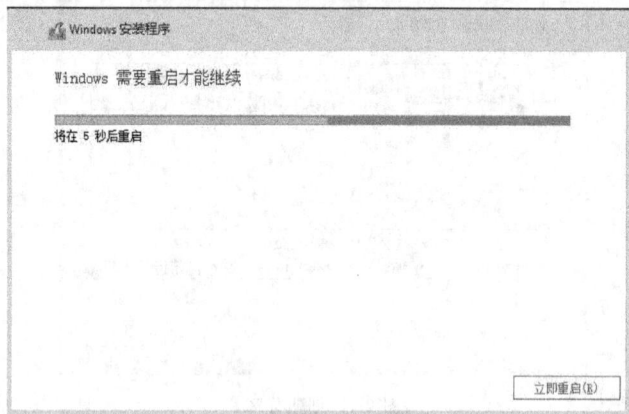

图 9-10　安装完成

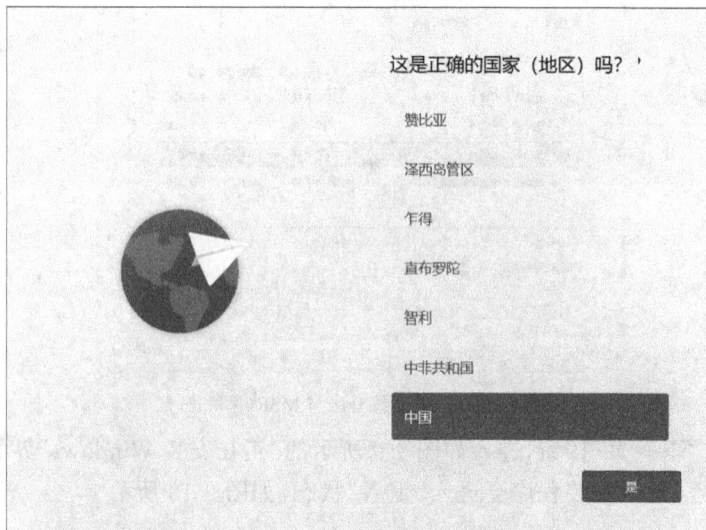

图 9-11　确认国家

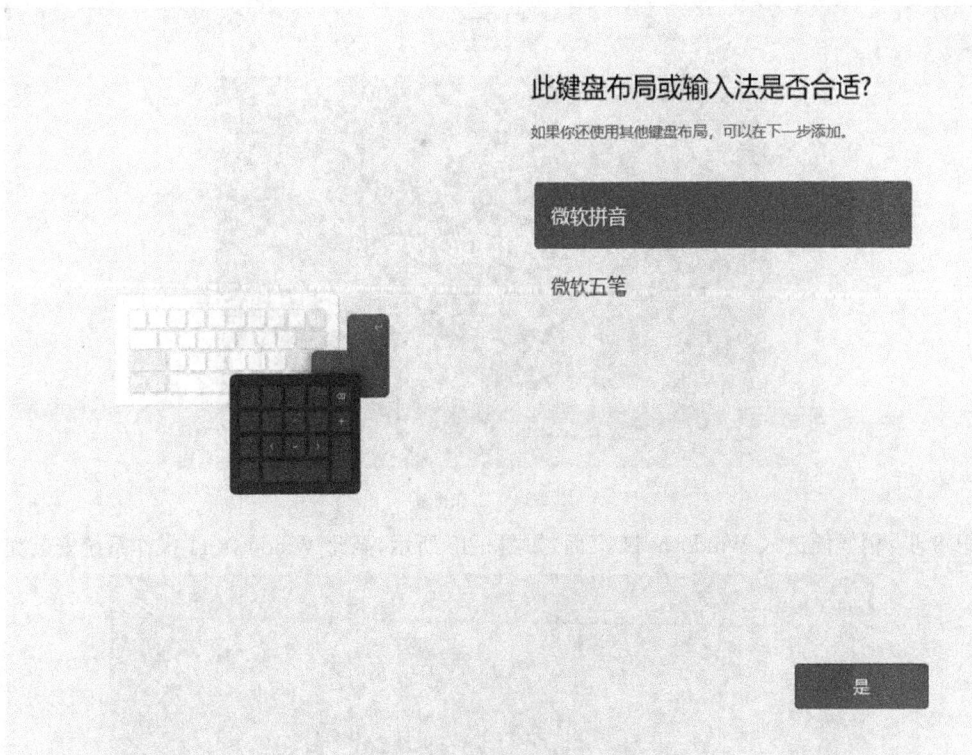

图 9-12　选择输入法

第 7 步：在如图 9-13 所示的界面中，用户需设置 PIN 密码，勾选"包括字母和符号"后，在输入框中输入登录密码，单击"确定"按钮。稍后会出现要求输入 PIN 密码的界面，单击"下一页"按钮后，出现如图 9-14 所示的"正在更新"界面。

图 9-13　设置用户密码

图 9-14　正在更新

第 8 步：稍候便进入 Windows 11 桌面，如图 9-15 所示，至此 Windows 11 操作系统安装完毕。

图 9-15　Windows 11 桌面

9.2　安装双操作系统

在一台计算机上安装双操作系统（双系统）或多操作系统，可以满足用户多样化的需求。例如，可以安装 Windows 和 Linux 双系统或 Windows 和 Windows Server 双系统，Windows 系统可以作为日常办公、娱乐使用，Linux、Windows Server 系统可以支持用户的编程开发或服务器管控。同一台计算机具有多种不同的操作系统，每个操作系统可提供不同的工作平台，这样可充分利用计算机，发挥其能效。

安装双系统时，应将两个操作系统安装在不同的硬盘分区中，如 Windows 11 安装在主分区 C 盘，Windows Server 2022 安装在分区 D 盘或其他主分区。

9.2.1　安装 Windows 10 与 Windows Server 2016 双系统

多数用户先安装 Windows 11 系统后,再安装 Windows Server 2022 系统。双系统的安装方法与常规单系统 Windows 的安装过程基本相同,只需在安装前准备一个主分区作为 Windows Server 的安装分区,具体安装步骤如下:

第 1 步:已在 C 盘安装 Windows 11 系统,预备在 E 盘安装 Windows Server 2022 系统。

第 2 步:创建 Windows Server 2022 系统 U 盘启动盘,设置 BIOS 从 U 盘启动,进入如图 9-16 所示的界面,设置"要安装的语言""时间和货币格式"等选项后,单击"下一页"按钮,之后进入安装界面,如图 9-17 所示,单击"现在安装"按钮。

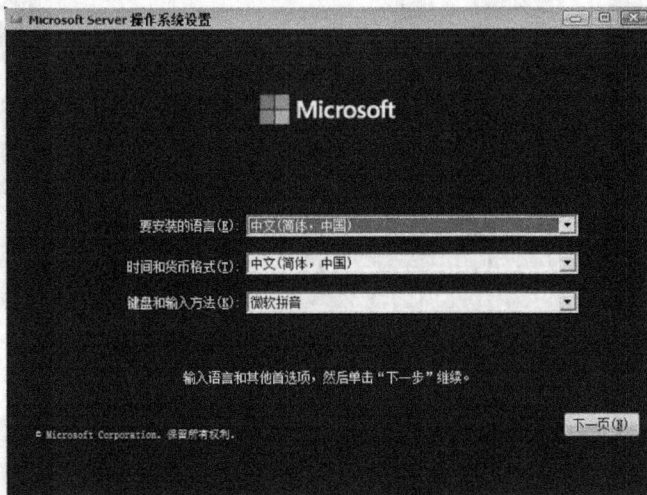

图 9-16　选择语言、时间系统参数

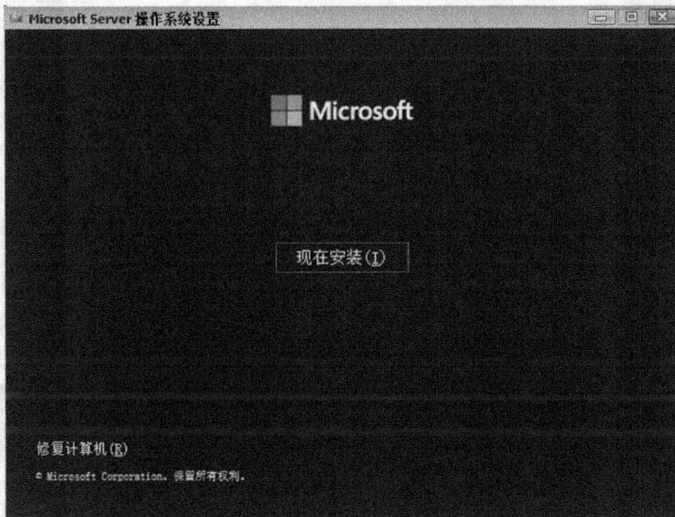

图 9-17　开始安装 Windows Server 2022

第 3 步:在"适用的声明和许可条款"窗口中,阅读相关声明选择"我接受许可条款"复选框,单击"下一页"按钮。在图 9-18 中,选择将安装的操作系统,单击"下一页"按钮。在图 9-19 中,选择安装类型"自定义:仅安装 Microsoft Server 操作系统" 单击"下一页"按钮。

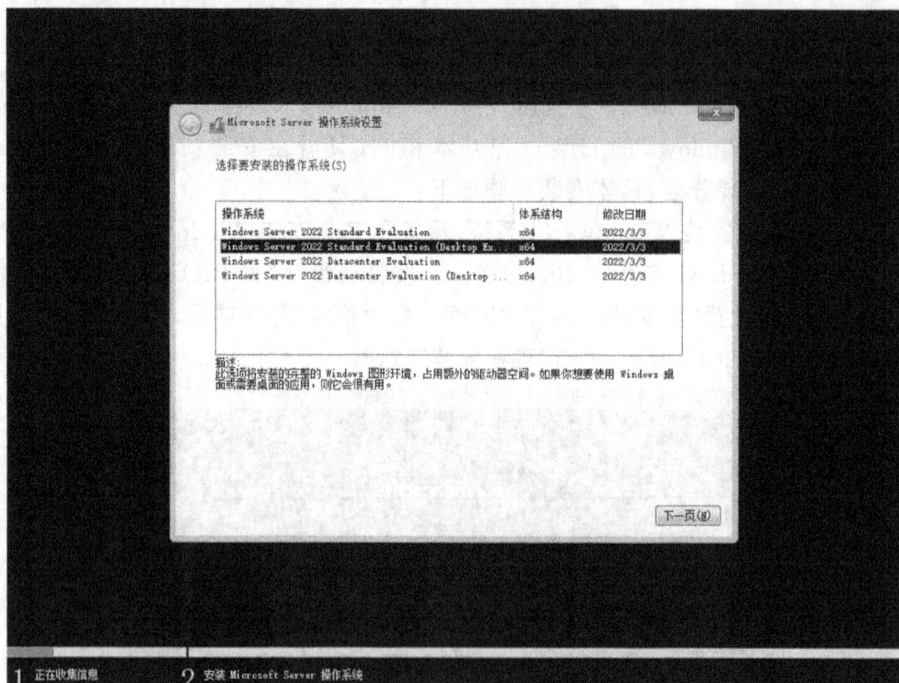

图 9-18　Windows Server 2022 安装许可条款

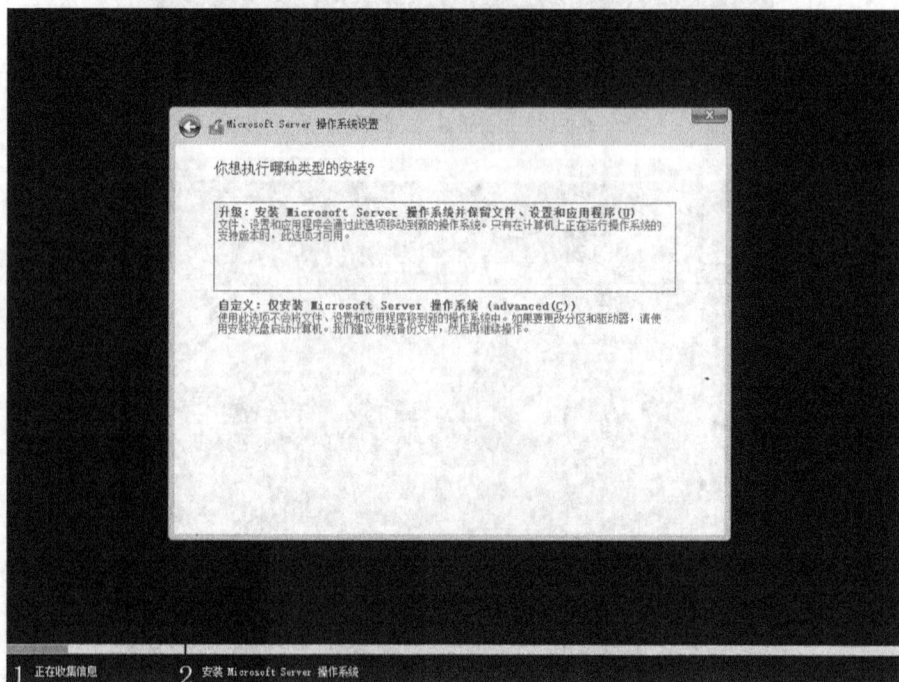

图 9-19　选择安装类型

　　第 4 步：在图 9-20 中选中分区 5，单击"下一页"按钮。此处是安装双系统的关键步骤，第一个主分区，即分区 3 已安装了 Windows 11 系统。将第二个主分区，即分区 5 分配给将安装的第二个操作系统 Windows Server 2022。

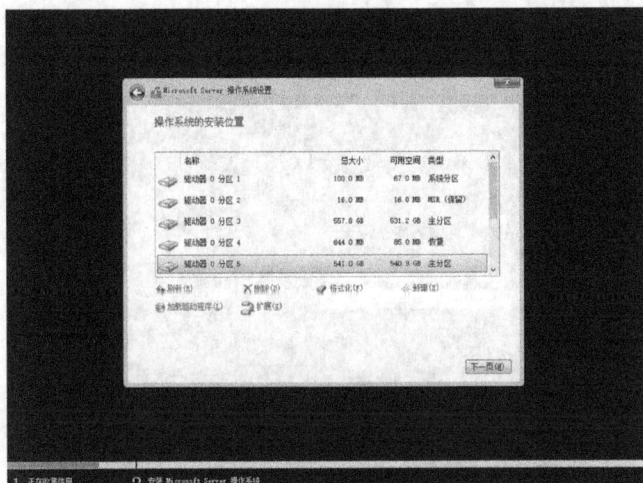

图 9-20　选择安装 Windows Server 2022 系统的分区

第 5 步：完成上述操作之后，开始安装 Windows Server 系统，如图 9-21 所示。在安装过程中会有几次重启。安装完成后，即可看到 Windows 11 与 Windows Server 2022 的双系统的启动菜单，如图 9-22 所示。选择某一系统后按"Enter"键进入。

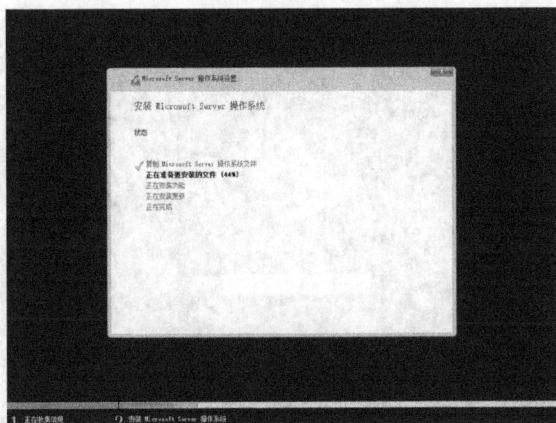

图 9-21　安装 Windows Server 2022 系统

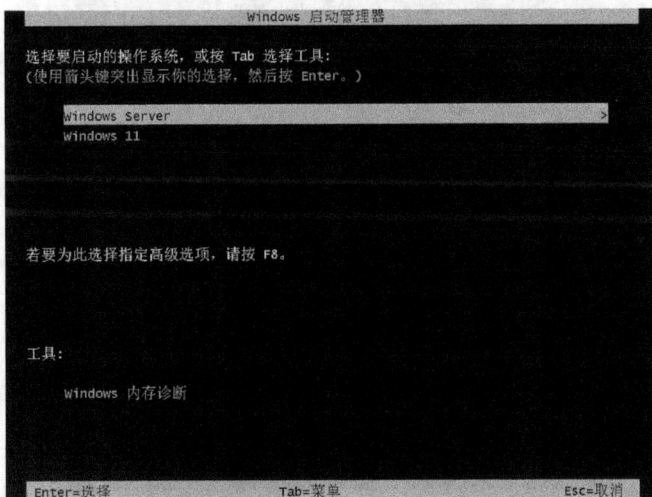

图 9-22　Windows 启动菜单

第6步：稍后进入"自定义设置"界面，设置用户名及密码，单击"完成"按钮。如图 9-23 所示。

图 9-23　设置用户名及密码

第7步：在图 9-24 中输入密码后，直接进入 Windows Server 系统的"服务器管理器"窗口，用户可在此窗口配置本地服务器，如图 9-25 所示。

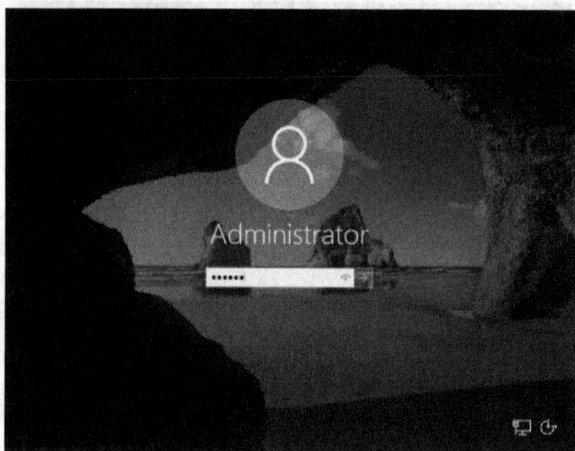

图 9-24　输入用户密码

图 9-25　配置本地服务器

9.2.2 在双系统中卸载某个操作系统

如果要在双系统中卸载某个操作系统,首先需要处理双系统的引导启动菜单,去掉双系统共享使用的启动管理器,再将被卸载系统的所在分区进行格式化即可完成。本节以 Windows 11 与 Windows Server 2022 双系统为例,介绍具体实现的方法。

第 1 步:首先进入 Windows 11 操作系统,按 Windows+R 组合键,打开"运行"对话框,如图 9-26 所示,在文本框内键入"msconfig"命令,单击"确定"按钮。

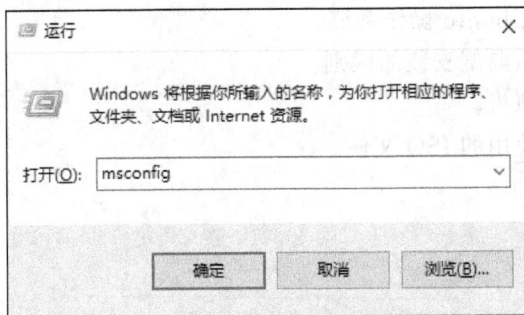

图 9-26 "运行"对话框

第 2 步:在图 9-27 所示的"系统配置"对话框中,单击"引导"选项卡,将 Windows 11 系统设为默认值,再到列表框中选择"Windows Server 系统",单击"删除"按钮,将相应启动项删除。

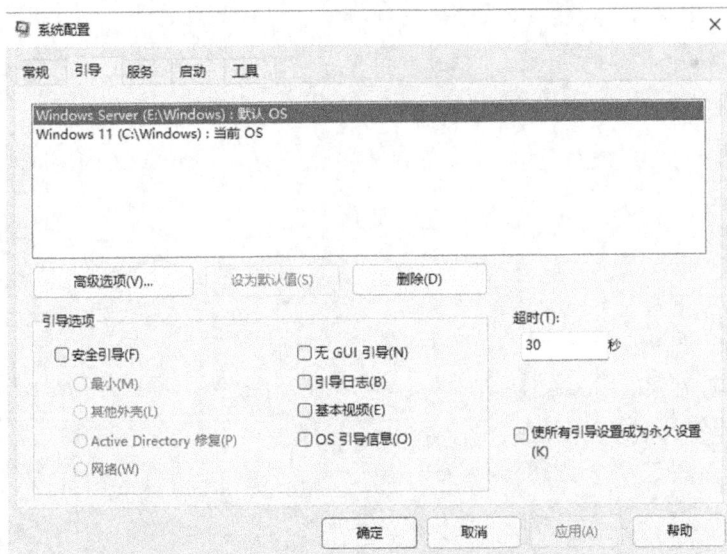

图 9-27 设置引导系统

第 3 步:重新启动计算机,直接进入 Windows 11 操作系统,将 Windows Server 2022 操作系统所在分区格式化,至此 Windows Server 2022 操作系统卸载完毕。

9.3 实战训练

1. 独立完成 Windows 操作系统的安装。
2. 了解 Windows 安装的类型及区别。
3. 按要求安装双操作系统。
4. 卸载双系统。
5. 在虚拟机中安装 Ubuntu 操作系统。
6. 虚拟机中自定义与典型安装的区别。
7. 打开或删除某虚拟机。
8. 创建在虚拟机中使用的 ISO 文件。

第10章

系统环境配置

本章主要介绍计算机系统软件环境的安装与调试。通过本章的学习，可使用户独立配置操作系统环境，使系统处于最佳的工作模式。

10.1 设备驱动程序简介

安装完操作系统后的计算机还不能正常使用，需要安装设备驱动程序。本节将从驱动程序的作用、分类、获取方法、安装顺序等方面简要介绍。

10.1.1 驱动程序的作用与分类

1. 驱动程序的作用

驱动程序是硬件厂商根据操作系统为设备编写的程序，用于向操作系统提供访问该硬件设备的接口。该程序是实现操作系统和硬件设备之间通信的桥梁，它的主要作用是向系统传送外部设备信息和系统向硬件设备下达命令。

(1) 向系统传送外部设备信息

驱动程序能够解释各种 BIOS 不支持的硬件设备，在安装新硬件时，驱动程序负责告诉系统该硬件设备的作用。

(2) 系统向硬件设备下达命令

当操作系统需要通过硬件设备实现某个功能时，首先将指令传达给驱动程序，然后驱动程序再调用硬件以完成该任务。

从理论上讲，所有的硬件设备都需要安装相应的驱动程序才能正常工作。但有些驱动程序并不需要特别安装，因为这些硬件设备是由操作系统和 BIOS 直接支持的，也可以说这些驱动程序内置于操作系统和 BIOS 中，如 CPU、内存以及键盘等设备。

2. 驱动程序的分类

驱动程序服务于不同的硬件设备，根据硬件设备类型的不同，可以将驱动程序分为主板驱动程序、显卡驱动程序、声卡驱动程序、网卡驱动程序、打印机驱动程序和扫描仪驱动程序等，有些键盘和鼠标还需要专用的驱动程序才能发挥其特定的功能。

主板驱动程序、显卡驱动程序、声卡驱动程序是安装完操作系统必须安装的，只有这样计算机才能正常工作。

10.1.2 驱动程序获取的方法

相关硬件设备的驱动程序获取方法主要有以下 3 个途径。

1. 使用操作系统提供的驱动程序

Windows 系统附带了大量的通用驱动程序,当安装完操作系统后,无须单独安装驱动程序就能使这些硬件设备正常运行。

但是 Windows 系统附带的驱动程序总是有限的,这时只能手动来安装驱动程序。

2. 使用附带的驱动程序盘中提供的驱动程序

一般情况下,各种硬件厂商都会针对自己的硬件设备开发专门的驱动程序,并通过光盘的形式免费提供给购买硬件设备的用户。这些由设备厂商直接开发的驱动程序具有很强的针对性,其性能也更强。

3. 通过网络下载

有很多硬件厂商还会将相关的驱动程序放到网上供用户下载。建议用户下载最新的硬件驱动程序,以便对系统进行升级。

10.1.3 驱动程序的安装顺序

在安装驱动程序时,一定要注意驱动程序的安装顺序。如果不能按顺序安装,有可能会出现频繁的非法操作、部分硬件不能被操作系统识别或出现资源冲突,甚至会黑屏、死机等现象。

在安装驱动程序时应先安装主板的驱动程序,这样可以开启主板芯片组内置功能及特性。然后安装显卡、声卡、网卡等驱动程序。如果用户的计算机上接有打印机、扫描仪、摄像头等外部设备,需要最后安装相应的驱动程序。

10.1.4 查看硬件驱动程序

在安装驱动程序之前,用户首先需要查看已经安装了哪些驱动程序,还需要安装哪些驱动程序。下面以 Windows 10 操作系统为例,介绍在"设备管理器"中查看驱动程序信息的方法。

第 1 步:右击桌面左下角的"开始"图标,从弹出的快捷菜单中单击"设备管理器",进入如图 10-1 所示的窗口。

图 10-1 "设备管理器"窗口

第2步：在"设备管理器"窗口中，可以查看各种硬件设备的驱动程序信息。如果硬件设备驱动程序安装错误、没有安装或者发生了资源冲突，则会在硬件设备名称的前面出现黄色叹号标记；如果硬件设备没有找到与之相匹配的驱动程序，则会显示在"其他设备"选项中，并在硬件设备名称的前面出现黄色问号标记，用户可以根据这些标记判断硬件驱动程序是否安装正确。

注意：如果在上述窗口中出黄色问号标记，表示驱动程序没有安装；黄色叹号标记，表示驱动程序安装不正确或不能正常工作；红色叉号标记，表示驱动程序被禁用。出现此3种情况时，都必须重新安装或更新硬件的驱动程序。

第3步：在"设备管理器"窗口中还可以查看各种硬件设备的详细驱动程序信息，例如查看声卡驱动程序。单击"声音、视频和游戏控制器"选项左侧按钮，然后在声卡驱动程序上右击，从弹出的快捷菜单中选择"属性"，如图10-2所示。

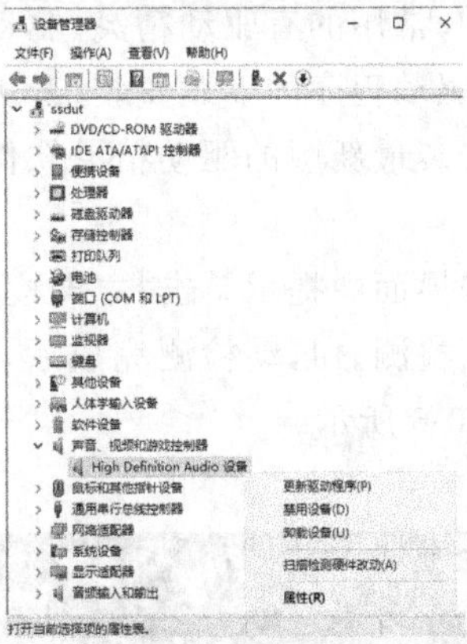

图 10-2　查看驱动程序属性

第4步：在弹出的声卡驱动程序属性对话框中，切换到"驱动程序"选项卡，可以查看驱动程序提供商、日期、版本以及数字签名者等信息，如图10-3所示。单击"驱动程序详细信息(I)"按钮，弹出"驱动程序文件详细信息"对话框，在"驱动程序文件"列表框中可以查看驱动程序文件的存放位置，如图10-4所示。

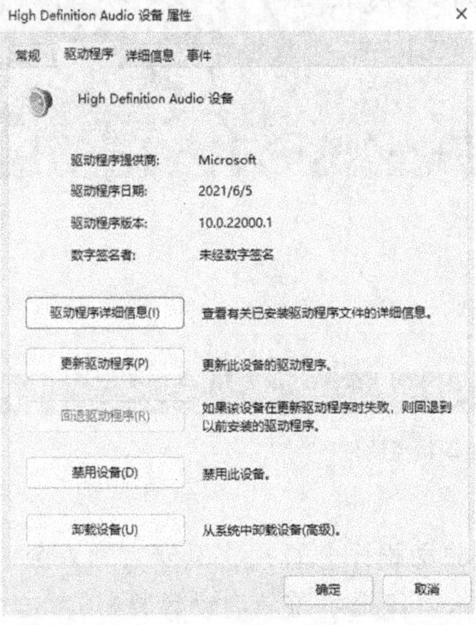

图 10-3　"驱动程序"选项卡 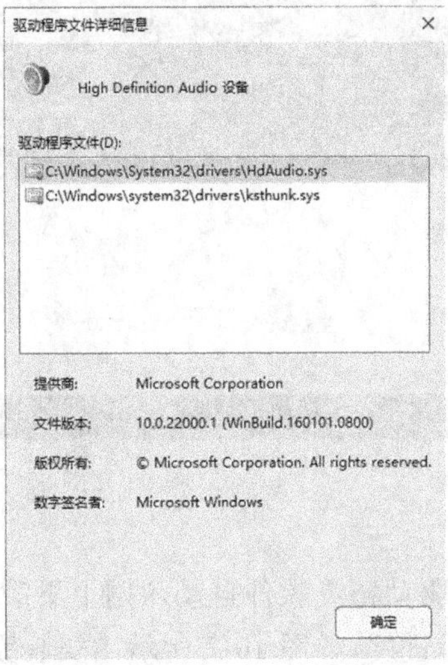　　　　图 10-4　"驱动程序文件详细信息"对话框

10.1.5 安装驱动程序

在购买计算机硬件时,可以同时获得硬件的驱动程序光盘,也可以通过官方网站下载相应的驱动程序。对于主板、声卡、显卡等一定要安装正确的驱动程序才能正常工作。

1. 安装驱动程序的常用方法

(1)利用可执行驱动程序

可执行驱动程序一般有两种,一种是单独一个驱动程序文件,只需要双击该文件就会自动安装相应的硬件驱动程序;另一种则是在文件夹中有扩展名为"exe"的可执行文件,如"setup.exe""install.exe",双击此类文件,也会自动将驱动程序安装到系统内。

(2)利用工具软件

目前驱动程序管理软件有多种,常用的有驱动精灵、驱动人生等软件。下面就以驱动精灵软件为例,介绍利用工具软件进行驱动程序的下载安装、升级与备份等操作。

用户可以到官方网站下载并安装最新版的驱动精灵软件。

2. 驱动程序的下载与安装

第1步:启动驱动精灵软件,按界面中提示单击"立即检测"按钮,如图10-5所示。针对当前计算机进行有关设备驱动的全面检测。自动检测完成后,窗口列出需要安装或升级驱动程序的设备,单击"安装"按钮,如图10-6所示。

图 10-5　启动驱动精灵软件

第2步:驱动精灵软件自动从网上下载相应驱动程序并直接将其安装到系统中,在安装过程中可以查看进度,如图10-7所示。安装完成后,窗口提示重新启动计算机,单击"立即重启"

图 10-6　需要安装或升级驱动程序的设备

按钮，如图 10-8 所示，至此该设备的驱动程序安装完毕。

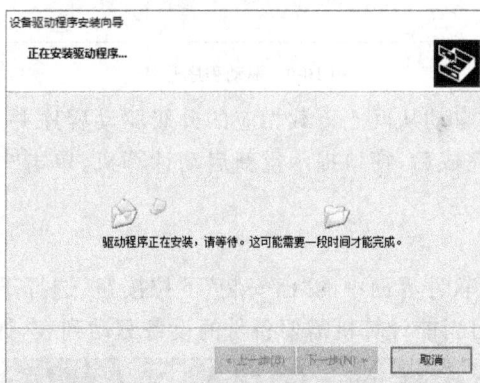

图 10-7　设备驱动程序安装向导

图 10-8　重新启动计算机

3. 驱动程序的升级

第1步：窗口列出驱动程序需要升级的设备，单击某一设备所对应的"升级"按钮进行升级，如图10-9所示。

图10-9　驱动程序升级

第2步：驱动精灵软件自动从网上下载相应的升级驱动程序并直接将其安装。在升级过程中可以查看进度。安装完成后，窗口提示重新启动计算机，单击"立即重启"按钮，至此该设备的驱动程序升级完毕。

4. 备份驱动

第1步：单击驱动精灵软件界面中的"已安装"下拉按钮，选择下拉菜单中的"备份"命令，如图10-10所示。之后弹出当前计算机需要备份的设备驱动列表，如图10-11所示。

图10-10　选择"备份"命令

图 10-11　需要备份的设备驱动列表

注意：驱动精灵软件对独立安装的驱动与系统自带驱动进行了区分。大多数情况下，系统自带驱动无须备份。

第 2 步：若备份所有驱动程序，用户只需单击"一键备份"按钮。仅备份某一设备的驱动程序时，则需用户单击某一设备所对应的"备份"按钮即可。备份完成，需要用户确认或指定驱动程序存放位置，如图 10-12 所示。

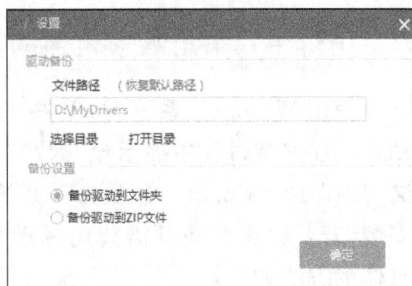

图 10-12　选择备份文件存放位置

5. 还原驱动

第 1 步：在图 10-11 中单击"还原驱动"选项卡，选择需要还原驱动程序的硬件，单击"还原"按钮，如图 10-13 所示。

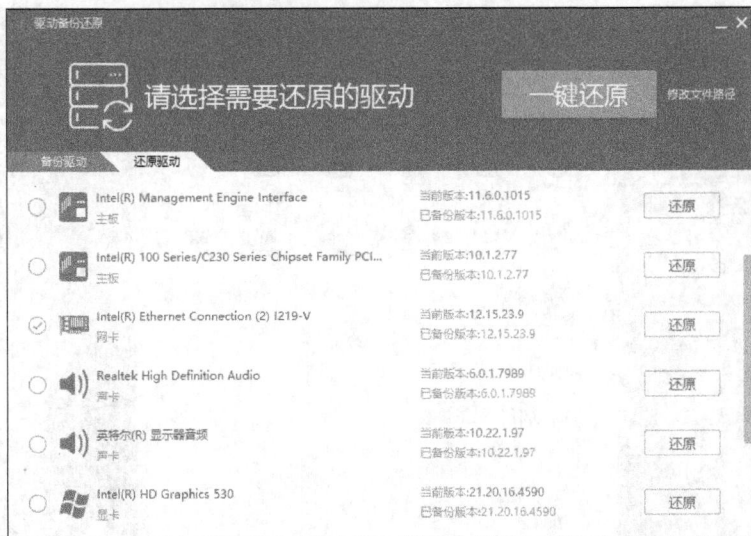

图 10-13　选择需要还原的驱动

第 2 步：如图 10-14 所示，界面显示"还原完成，重启后生效"后，驱动程序还原操作完成。

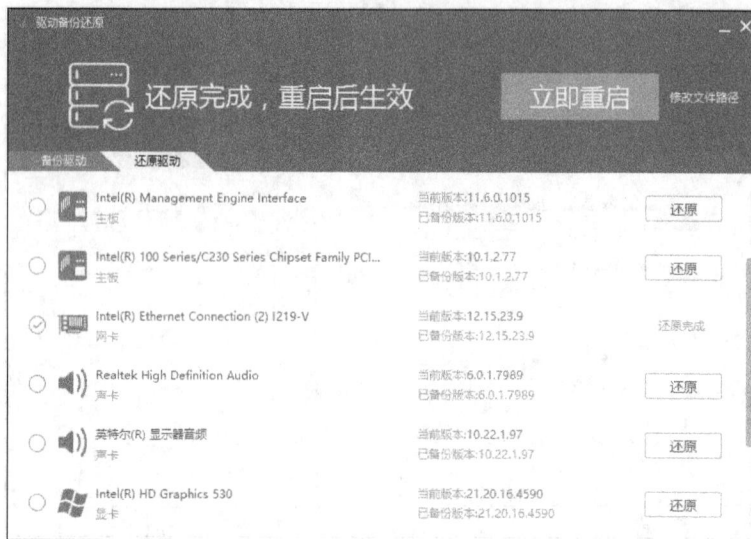

图 10-14　驱动程序还原操作完成

10.1.6　禁用驱动程序的数字签名

使用 Windows 系统时,某些未经认证或较特殊的驱动程序在安装过程中提示没有数字签名,驱动无法正常安装,如图 10-15 所示。这是为了系统的安全而阻止驱动的安装,若要解决此问题需禁用驱动程序的数字签名需求,具体的方法如下:

第 1 步:单击"开始"菜单,按住 Shift 键选择"重启",如图 10-16 所示。重新启动后,出现如图 10-17 所示的界面,单击"疑难解答"选项。

图 10-15　提示需要安装数字签名的驱动程序

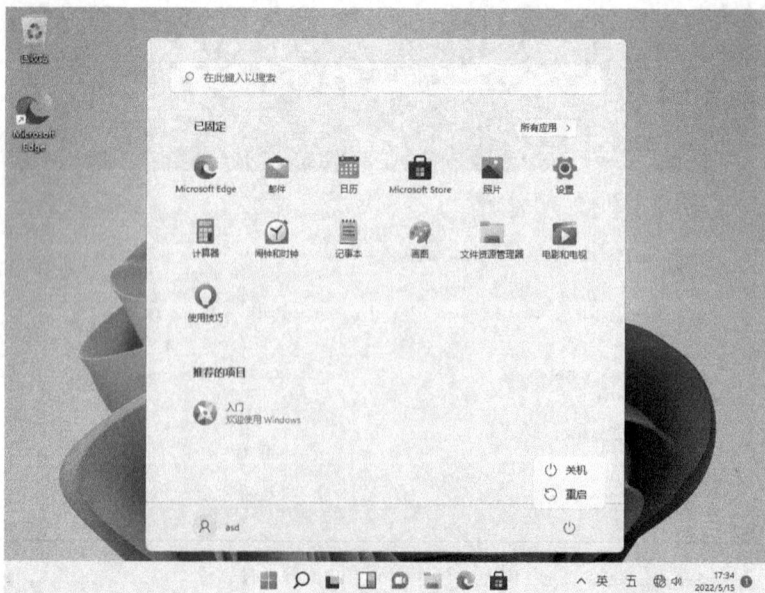

图 10-16　按住 Shift 键选择"重启"

图 10-17　选择"疑难解答"选项

第 2 步：进入"疑难解答"界面后，单击"高级选项"，如图 10-18 所示。接下来，在"高级选项"界面内，单击"启动设置"，如图 10-19 所示。

图 10-18　"疑难解答"界面

图 10-19　"高级选项"界面

第 3 步:在"启动设置"界面中,用户可以看到多个选项,此时不能进行选择操作,Windows 需要重新启动计算机来激活这些选项。单击界面中的"重启"按钮,如图 10-20 所示。重启后,用户可以看到每一选项前方的序号对应键盘上的 F1 至 F9 键的提示,如图 10-21 所示。按键盘上的 F7 键选择"禁用驱动程序强制签名"模式,计算机会再次重启,成功安装驱动程序后将再无数字签名提示。

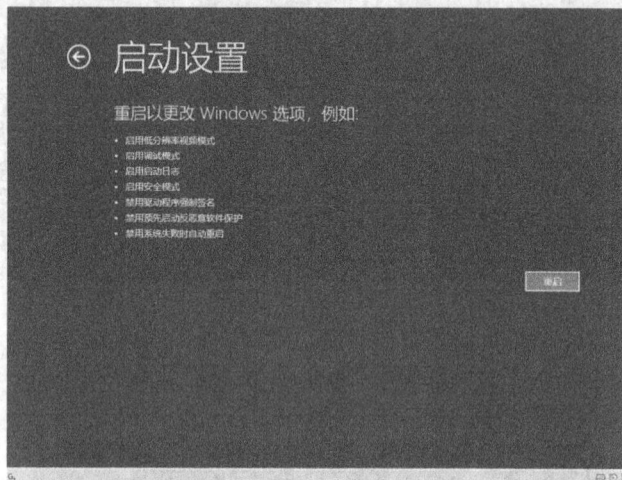

图 10-20 "启动设置"界面

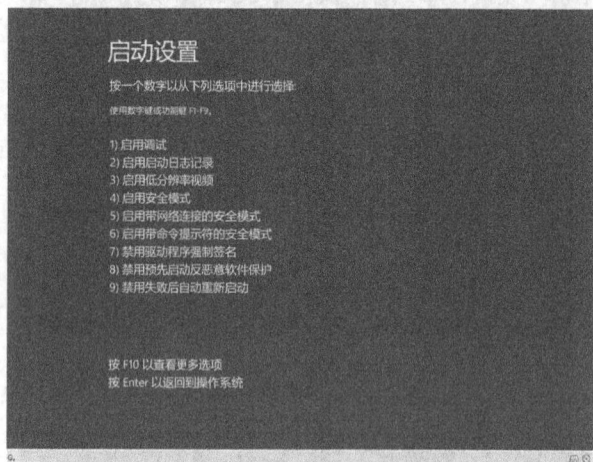

图 10-21 计算机重启后的"启动设置"界面

10.2 网络环境设置

有线网络是采用同轴电缆、双绞线和光纤来进行连接的计算机网络。无线网络是采用无线通信技术实现的网络,与有线网络最大的区别在于传输媒介不同。

计算机要连接到网络,首先要有网络适配器。连接到有线网络,需要安装有线网络适配器,也称网卡;连接到无线网络,需要安装无线网络适配器,即无线网卡。其次,这些硬件设备需要安装驱动程序,否则设备将不能正常使用。因此在接入网络之前,用户需先检查网卡与驱动程序是否正常工作,具体方法如下:

第1步：在桌面上右击"此电脑"图标，在快捷菜单中选择"管理"。

第2步：在"计算机管理"窗口中单击"设备管理器"，打开"网络适配器"，用户将看到本机上已经安装的网络适配器，如图10-22所示。

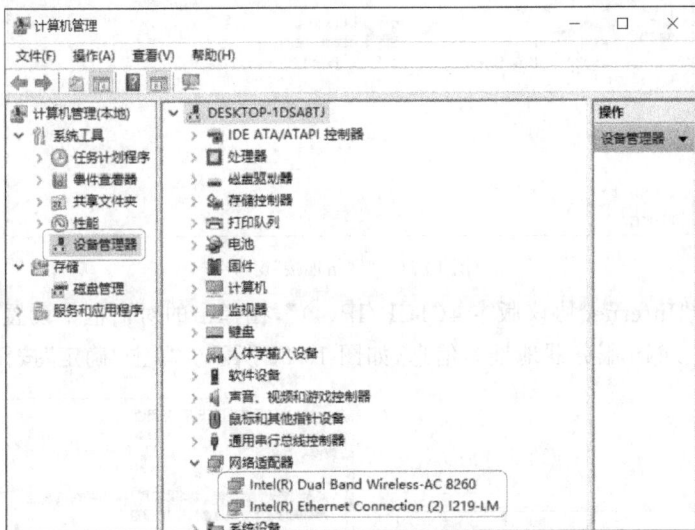

图10-22　查看网络适配器

在上图中用户可以看到，本机已安装两块网卡，即以太网卡（Ethernet）与无线网卡（Wireless），且驱动程序处于正常的工作状态。此时，用户可以连接有线网络或无线网络。

10.2.1　有线网络连接

下面将以使用 Windows 10 操作系统连接网络为例，介绍计算机连接有线网络的步骤。

第1步：用普通双绞线（网线）将计算机连接到交换机或集线器，连接没有问题时，用户会看到指示灯亮。

第2步：右击桌面上的"网络"图标，在快捷菜单中选择"属性"，打开"网络和共享中心"窗口，如图10-23所示。该窗口可查看当前网络连接的情况。

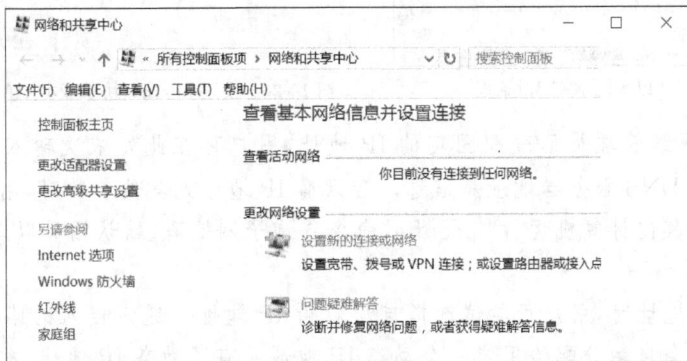

图10-23　"网络和共享中心"窗口

第3步：在图10-23中单击左侧的"更改适配器设置"，弹出"网络连接"窗口，如图10-24所示。若以太网图标出现"×"标记，则表明网线没有接好，需要检查网线是否正常连接。

第4步：右击"以太网"图标，在快捷菜单中选择"属性"。弹出"以太网 属性"对话框，设置以太网属性，如图10-25所示。

图 10-24 "网络连接"窗口

第 5 步：双击"Internet 协议版本 4（TCP/IPv4）"，在弹出的对话框中设置 IP 地址、子网掩码、默认网关以及 DNS 服务器地址等信息，如图 10-26 所示。单击"确定"按钮关闭对话框。

图 10-25 "以太网 属性"对话框

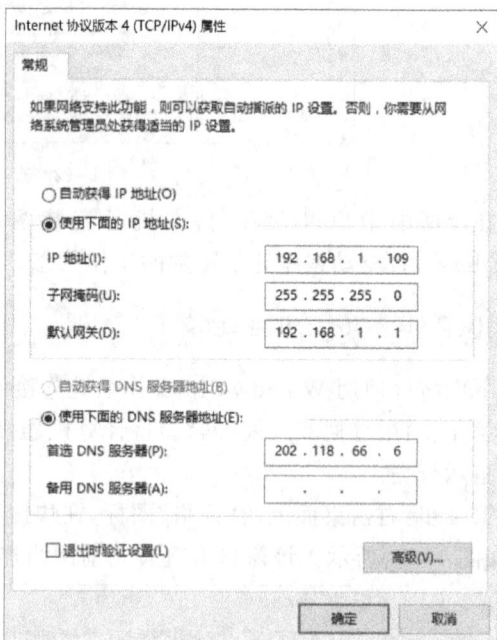

图 10-26 设置 Internet 协议版本 4（TCP/IPv4）属性

注意：若网络管理员已分配固定的 IP 地址，用户可在此处依次输入 IP 地址、子网掩码、默认网关以及 DNS 服务器地址等信息。若只有 IP 地址无其他参数时，用户可在本机所处的局域网中，借用其他计算机运行"ipconfig"命令查询子网掩码、默认网关以及 DNS 服务器地址等信息。

无固定的 IP 地址时，用户可尝试选择自动获得 IP 地址。通常接入的路由器设有 DHCP 服务功能，该功能会自动分配给用户一个动态 IP 地址。有了动态 IP 地址，本机可顺利接入计算机网络。

第 6 步：经过上述操作后，用户可在浏览器中输入某一网址来验证网络是否已连接。

10.2.2 无线网络连接

无线网络连接的具体操作步骤如下：

第1步:打开"网络和共享中心"窗口,单击窗口左侧的"更改适配器设置"选项后弹出"网络连接"窗口,检查无线网卡状态,如图 10-27 所示。窗口提示无线网卡处于禁用状态,右击"WLAN"图标,在快捷菜单中选择"启用",如图 10-28 所示,启用该无线网卡。

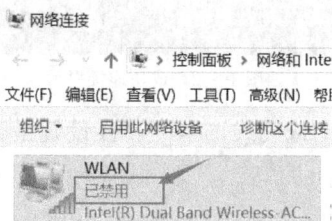

图 10-27　检查无线网卡状态

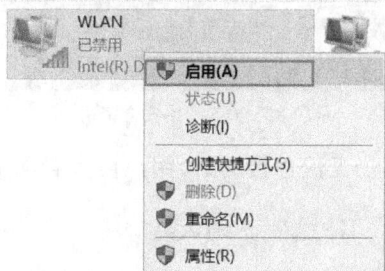

图 10-28　启用网卡

第2步:启用无线网卡后,Windows 会自动搜索当前可用的无线网,单击桌面右下角的网络连接图标,可以看到当前可用的无线网络,单击选择某个信号较好且安全的网络进行连接,如图 10-29 所示。

第3步:在图 10-30 中,单击"连接"按钮,此时提示用户"输入网络安全密钥",如图 10-31 所示。单击"下一步"按钮。若输入的密码正确,将出现"已连接,安全"的状态提示,如图 10-32 所示。此时,用户的计算机已顺利连接到无线网络。

第4步:经过上述操作后,用户可在浏览器中输入某一网址来验证网络是否已连接。

图 10-29　搜索并连接可用的无线网络

图 10-30　连接无线网络

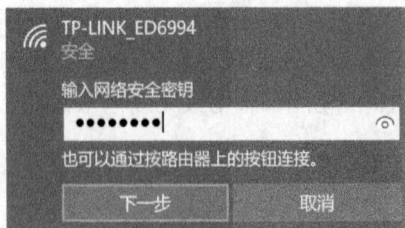

图 10-31 输入网络安全密钥

图 10-32 成功连接提示

如果本机仍无法连接网络,用户可查看网卡驱动或无线网卡的属性设置是否正确。

10.2.3 局域网资源共享

如何在局域网共享和发现资源,具体操作如下。

1. 开启网络发现

Windows 操作系统可以配置专用网络和公用网络,Windows 可为每个网络创建单独的配置文件,为安全起见,建议用户使用专用网络。

第 1 步:右击桌面上的"网络"图标,在快捷菜单中选择"属性",单击"高级共享设置",打开"高级共享设置"窗口,如图 10-33 所示。

第 2 步:选中"启用网络发现""启用文件和打印机共享",单击"保存更改"按钮。

通过上述操作后,网络上的其他计算机便可查看并使用本机的共享资源。

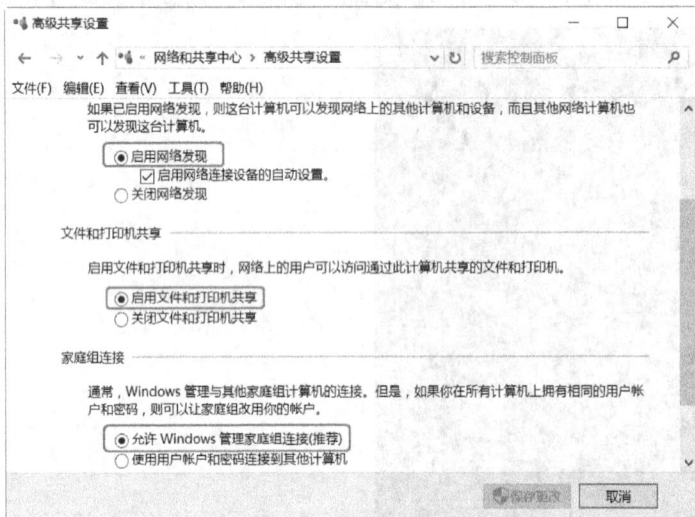

图 10-33 "高级共享设置"窗口

2. 共享资源

下面以某个文件夹设置为共享文件为例,介绍共享资源的设置过程。

第 1 步:右击选中的文件夹,在快捷菜单中单击【共享】|【特定用户】,如图 10-34 所示。

第 2 步:在"选择要与其共享的用户"窗口中,添加将要共享的用户。如果允许所有的用户共享该文件夹,此处可添加"Everyone",单击"添加"按钮完成,如图 10-35 所示。

第 3 步:设定"Everyone"的权限为"读取/写入",然后单击"共享"按钮,文件夹的共享设置完成。

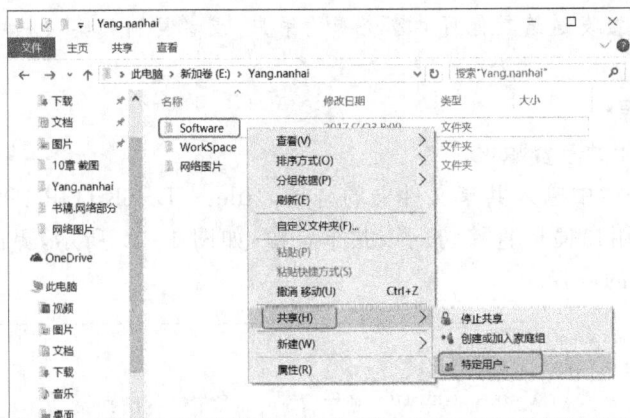

图 10-34　设置共享

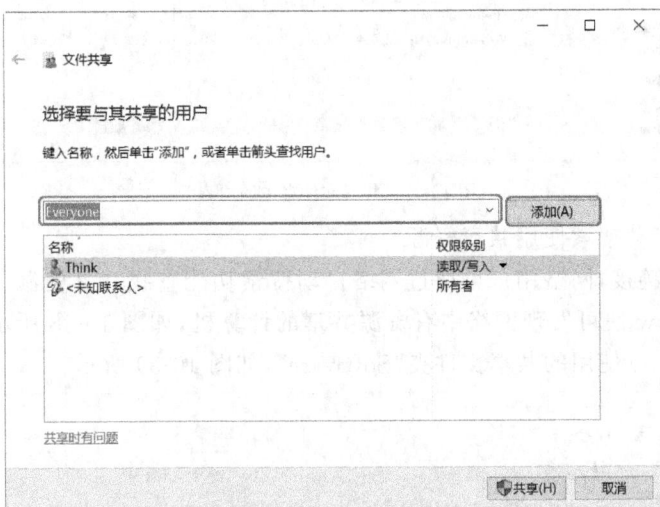

图 10-35　添加"Everyone"

第 4 步：窗口出现"你的文件夹已共享"的提示，如图 10-36 所示。用户可看到该文件夹的共享链接，单击"完成"按钮关闭对话框。

图 10-36　文件夹已共享

注意：将此链接发送给其他可共享资源的用户，或者复制到某文档中保存，以便日后使用该链接。

3.访问共享资源

(1)利用链接使用共享资源

在浏览器的地址栏中输入共享文件夹的链接，"file://DESKTOP-1DSA8TJ/Software"，按回车键后，网络中用户便可直接访问该共享资源，如图 10-37 所示，界面显示共享文件夹"Software"中所包含的内容。

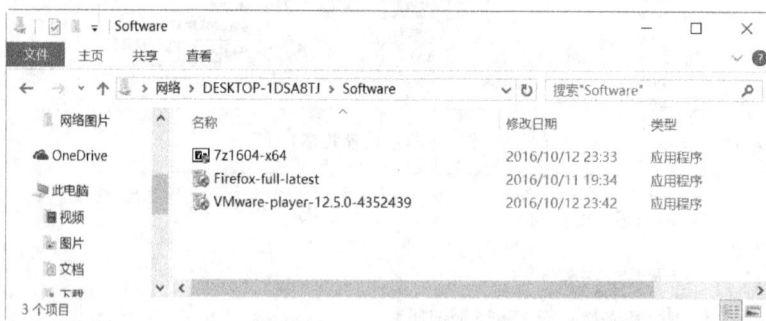

图 10-37　共享文件夹中的内容

(2)通过网络自动搜索使用共享资源

如果没有共享链接，网络用户可通过网络自动搜索功能查找共享资源。首先双击桌面的"网络"图标，Window 便可发现网络中有资源共享的计算机，如图 10-38 所示。双击该计算机图标，便可看到用户可使用的共享文件夹"Software"，如图 10-39 所示。

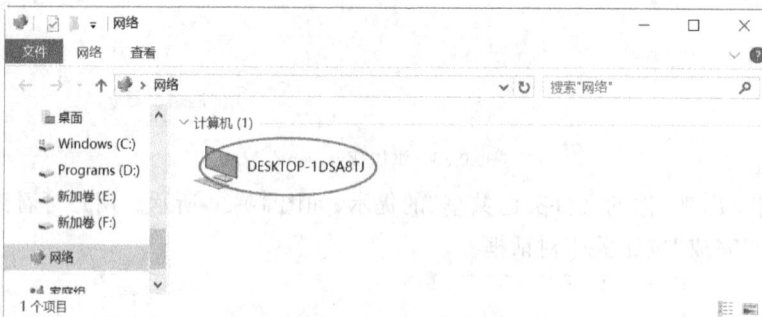

图 10-38　搜索共享资源

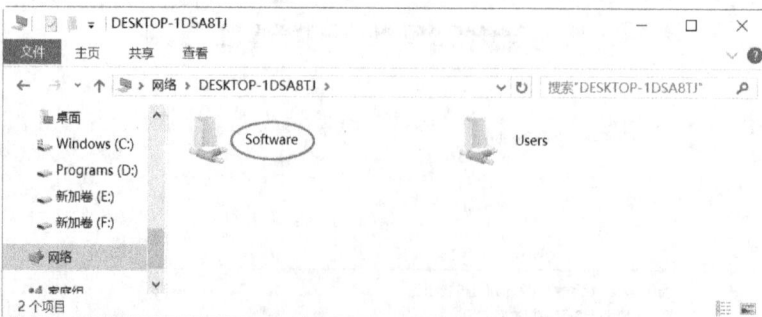

图 10-39　可使用的共享文件夹

4. 停止资源共享

停止某共享资源只需要右击该文件夹，在快捷菜单中单击【共享】|【停止共享】。在图 10-40 中单击"停止共享"选项便可终止网络用户访问该文件夹。

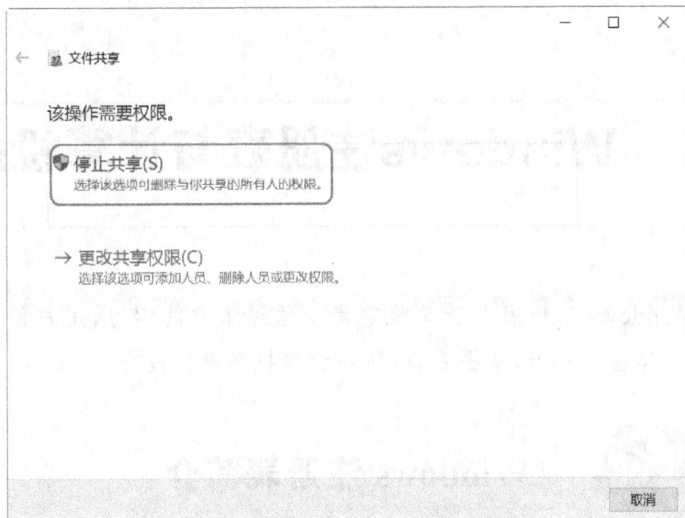

图 10-40　终止网络用户访问共享文件夹

10.3　实战训练

1. 安装用户本机声卡与显卡驱动。

2. 备份用户本机声卡与显卡驱动（可任选一种工具软件）。

3. 卸载、还原用户本机声卡、显卡驱动（可任选一种工具软件）。

4. 拟定 IP 地址为 $10.10.1.n(1\sim255)$，配置有线连接到网络。

5. 设置本机 E 盘为共享资源，验证其他网络用户是否能通过链接或网络搜索功能访问共享资源。

6. 停用 E 盘的共享资源。

7. 设置本机外挂打印机为共享资源，验证其他网络用户是否能正常使用。若无法实现打印操作，应采用何种办法解决？写出具体解决方案。

8. 下载并安装某一款免费软件，并尝试将其彻底卸载。

第11章

Windows注册表与计算机病毒

本章将介绍 Windows 注册表与计算机病毒。通过本章的学习,用户能够了解 Windows 注册表、计算机病毒等基础知识,掌握查杀、防护计算机病毒的技巧。

11.1 Windows 注册表简介

在 Windows 操作系统,注册表是各种硬件设备及安装的各种应用程序能够正常运行的核心。几乎所有的软件、硬件设备以及系统设置问题都与注册表息息相关,Windows 操作系统是依靠注册表统一管理系统中的各种软件、硬件资源的。当安装新的应用程序或添加硬件设备时,安装程序或设备驱动程序便向注册表增加新的配置信息。而 Windows 操作系统在启动时,需要加载所有硬件设备的驱动程序。

操作系统就是通过注册表查找所有硬件设备的驱动程序,将其全部加载到系统。加载后,硬件设备的驱动程序将一直运行。如果用户需要启动某个应用程序,注册表将为 Windows 操作系统提供与该应用程序运行相关的环境信息,操作系统根据注册表提供的相关信息,完成配置的检查并运行该应用程序。

Windows 操作系统将所有注册表内容存储在 Windows 目录下的 System. dat 与 User. dat 两个文件中,具有隐藏、系统与只读属性且无法用文本编辑器打开查看。System. dat 包含硬件与设备驱动程序等配置信息。User. dat 包含桌面设置、墙纸等用户个性设置信息。

11.1.1 注册表基本结构

注册表由键(项)、子键(子项)和值项构成。一个键就是分支中的一个文件夹,而子键就是该文件夹当中的子文件夹,子键同样是一个键;一个键可以有一个或多个值项,每个值项的名称各不相同,如果一个值项的名称为空,则该值项为该键的默认值,如图 11-1 所示为注册表基本结构。

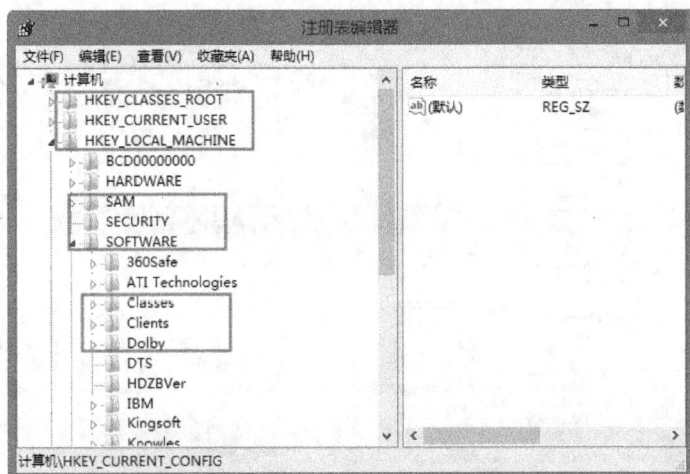

图 11-1　注册表基本结构

11.1.2　注册表的基本术语

（1）根键

在注册表树型结构的顶层且首字符串为"HKEY_"，称之为根键或简称为主键。

（2）键（key）

键的作用与文件夹的作用相似，其中包含若干个子键，每个子键又可包含多个值。

（3）子键（subkey）

在某一个键下面出现的键称为子键。

（4）值项（value entry）

每个键都包含一个值项，每个值项均由名称、数据类型和数据三部分组成。

①名称除不能包含反斜杠外，可由任意字符、数字、转义字符和空格组成。注册表中不同键的值项可使用相同的名称，同一键中的值项不能使用相同的名称。

②注册表中的值项可保存不同的数据类型，如字符串、二进制数等。

③值项的数据可占用 64 KB 的空间。如果系统或应用程序给某个值项分配了空值，则该值项的值长度为 0。

（5）分支（branch）：代表一个特定的子键。一个分支可以从每个注册表的顶端开始，通常用以说明一个键和其所有内容。

（6）Default（默认值或缺省值）：每一个键至少包括一个值项，称为缺省值，它总是一个字符串。

11.1.3　注册表的数据类型

注册表通过键和子键来管理各种信息。但是，注册表中的所有信息是以各种形式的值项保存下来。在注册表编辑器右窗格中，保存的都是值项。这些值项的数据类型有多种，最基本的有以下三种类型。

（1）字符串数值（REG_SZ）

字符串数值一般用来表示文件的描述、硬件的标识等，长度不超过 255 个字符。如图 11-2 所示，"softmgrlite"即为数值名称"pid"的数值数据，它是一种字符串数值类型。通过数值名称、数值数据就可以组成一种键值项。

（2）二进制数值（REG_BINARY）

在注册表中，二进制数值是没有长度限制的，可以是任意字节长。在注册表编辑器中，二

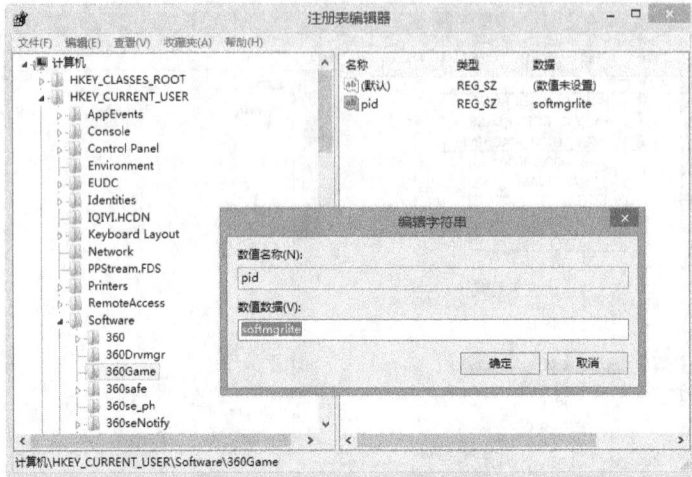

图 11-2　字符串数值类型

进制数值以十六进制数值的方式显示出来,如图 11-3 所示。在"编辑二进制数值"对话框中,在编辑框的左边输入十六进制数时,其右边将会显示相应的 ASCII 码。

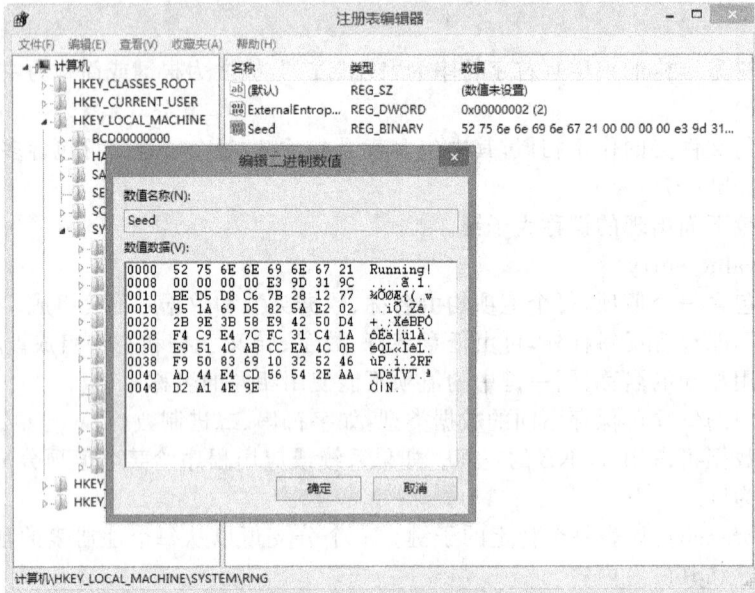

图 11-3　二进制数值类型

(3)双字数值(REG_DWORD)

双字数值是一个 32 位(4 个字节,即双字)长度的数值。在注册表编辑器中,系统会以十六进制数值的方式显示双字数值,如图 11-4 所示。在编辑 DWORD 值时,可以选择用十进制还是十六进制的方式进行输入。

注册表工具可对不支持的数据类型进行编辑,包括显示为 REG_UNKNOWN 类型的数据。但是在编辑时,用户仅能在二进制模式下进行。这需要用户了解并熟悉数据对象的格式,特别是手工编辑注册表的用户,必须了解数据类型与数据的存储格式。注册表中常见的数据类型,见表 11-1。

图 11-4 双字数值类型

表 11-1 注册表中常见的数据类型

类 型	字节个数	说 明
REG_BINARY	0 至多个字节	可包含任何数据的二进制对象
REG_DWORD	4 字节	DWORD 值
REG_SZ	0 至多个字节	以一个 null 字符结尾的字符串
REG_COLOR_R GB	4 字节	颜色描述
REG_DWORD_BIG_ENDLAN	4 字节	一个 DWORD 值的逆序存储形式
REG_DWORD_LITTLE_ENDLAN	4 字节	DWORD 值
REG_EXPAND_SZ	0 至多个字节	包含环境变量占位符的字符串
REG_FILE_NAME	0 至多个字节	文件名
REG_FILE_TIME	未知	文件时间
REG_FULL_RESOURCE_DEXCRIPTOR	未知	硬件资源列表
REG_LINK	0 至多个字节	命名一个符号链接(symbolic. link)的 Unicode 串
REG_MULTI_SZ	0 至多个字节	以 null 字符分隔的字符串集合,集合中的最后一个字符串以两个 null 字符结尾
REG_NONE	未知	此类型的对象无须分类,与 REG_UNNONE 类型不同
REG_RESOURCE_LIST	未知	设备使用的资源列表
REG_RESOURCE_REQUIREMENTS_LIST	未知	驱动程序需要的资源列表
REG_UNNONE	未知	因数据类型索引无效而无法确定的对象类型

11.1.4 注册表的根键

在注册表中,所有的数据都是通过一种树状结构以键和子键的方式组织起来,类似于目录结构。每个键都包含了一组特定的信息,每个键的键名都和它所包含的信息是相关的。如果这个键包含子键,则在"注册表编辑器"窗口中,这个键的文件夹的左边将有"▷"符号,以表示这个文件夹中有更多的内容。如果这个文件夹被用户打开了,那么这个"▷"符号就会变成"◢"符号。注册表由以下五个分支组成:

(1)HKEY_USERS

该根键保存了所有用户的相关信息,包括默认用户、当前登录用户以及没有登录的用户信息及每个用户的预配置信息。另外,HKEY_USERS 是远程计算机中访问的根键之一。

(2)HKEY_CURRENT_USER

该根键存放当前登录的用户信息,包括用户名、密码、环境变量、个人程序组、桌面设置、网络连接、打印机、应用程序设置等。

（3）HKEY_CURRENT_CONFIG

该根键保存了系统启动时所需的硬件配置信息,其主要子键包括 Software 和 System,Software 子键存储了一些特殊硬件所专用的字体和软件。System 子键保存了当前配置文件的专用设置信息。

（4）HKEY_CLASSES_ROOT

该根键主要用于存放操作系统中所有数据文件的相关信息,不同文件扩展名与应用程序的对应关系。该根键主要是由两种类型的子键组成:一种是以". "开头的,表示已经注册的各种类型的扩展名;一种是以字母或文字开头的,表示各种文件类型的相关信息。

（5）HKEY_LOCAL_MACHINE

该根键主要用于存放有关计算机系统的信息,其中包括硬件和操作系统的信息,驱动程序、各类应用程序设置信息,其部分子键见表 11-2。

表 11-2　　　　　　　HKEY_LOCAL_MACHINE 根键中的部分子键

子 键 名	说 明
Hardware	包含计算机硬件的配置信息,如中央处理器、键盘、总线等
Security	有关计算机的网络安全供应商、管理共享等信息
Software	主要包含了系统软件、应用软件、用户等方面的信息,如软件版本号、应用路径、序列号、用户名称和组织名称等
System	系统启动所需要的设备配置信息

虽然注册表由五个根键组成,但事实上,HKEY_LOCAL_MACHINE 中存放的信息已包含了 HKEY_CLASSES_ROOT 与 HKEY_CURRENT_USER 根键中的所有内容。其中,HKEY_CLASSES_ROOT 的信息存放在 HKEY_LOCAL_MACHINE\SOFTWARE\Classes 中。而 HKEY_LOCAL_MACHINE\SYSTEM\Current Control 中的信息也就是 HKEY_CURRENT_CONFIG\SYSTEM\Current Control 中的内容。

另外,HKEY_CURRENT_USER 中存放的信息只是 HKEY_USERS 存放的信息的一部分。HKEY_USERS 中保存了默认用户和当前登录用户（HKEY_CURRENT_USER 根键）的用户信息。为了用户便于查看和编辑,系统专门把用户常用信息作为一个根键。

根据上面的分析,注册表中的信息可以分为 HKEY_LOCAL_MACHINE 和 HKEY_USERS 两大分支。

11.2　注册表备份与还原

Windows 操作系统运行时可自动读取注册表中硬件和软件的配置信息,不需要用户手动完成系统信息的配置。注册表是整个 Windows 操作系统的核心,由于在计算机使用过程中会对注册表进行各种改写和访问,为避免损坏注册表数据,用户需要及时对其进行备份,以便注册表出现故障时可以立即恢复,从而确保计算机系统正常运行。

11.2.1　注册表备份

第 1 步:打开"运行"对话框,输入"regedit",单击"确定"按钮,如图 11-5 所示。

第 2 步:在"注册表编辑器"窗口,单击菜单栏中的【文件】|【导出】,如图 11-6 所示。

第 3 步:在"导出注册表文件"对话框,指定注册表备份位置及名称,如图 11-7 所示。在"导出范围"处单击"全部"进行保存。

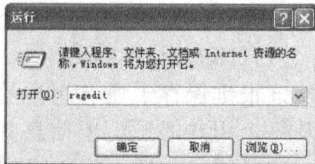

图 11-5　"运行"对话框

注意：如果选择"所选分支"，则备份的是选中的注册表分支，而不是整个注册表。

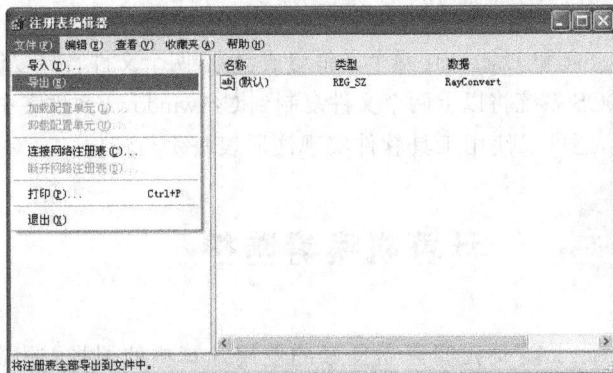

图 11-6 "导出"命令

图 11-7 "导出注册表文件"对话框

11.2.2 注册表还原

第 1 步：在"注册表编辑器"窗口，单击菜单栏中的【文件】|【导入】。

第 2 步：在"导入注册表文件"对话框，指定注册表文件备份位置，选取备份的注册表文件，单击"打开"按钮即可还原注册表，如图 11-8 所示。

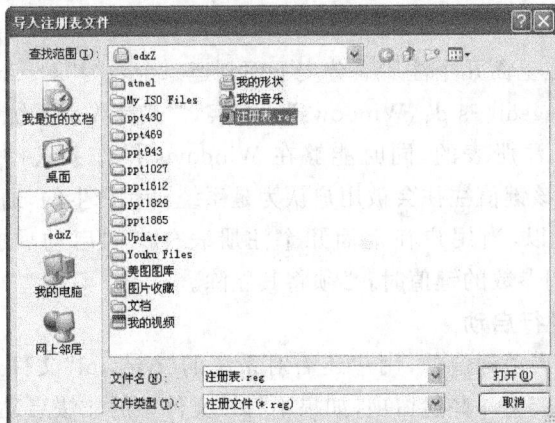

图 11-8 "导入注册表文件"对话框

11.2.3 使用复制功能备份、还原注册表

注册表由 System. dat 和 User. dat 两个文件组成,将这两个文件直接复制到某存放位置。当系统损坏时,可进入 DOS 系统将以上两个文件复制到 C:\windows 文件夹中,替换原有文件。

除了上述方法外,还可以使用工具软件实现注册表备份与还原。

11.3 计算机病毒防护

计算机病毒泛滥,除了需要我们建立良好的使用计算机的习惯,还需要选择好的杀毒软件。关于杀毒软件的使用方法不做详述,本节主要讲解如何利用注册表防范计算机病毒。

计算机发现病毒后用户多使用专业的杀毒软件清除病毒程序,但计算机系统重新启动后,已经被清除干净的病毒又被恢复。这主要是网络病毒被运行后,自动在注册表的启动项中遗留一些修复数据,待系统重新启动后这些病毒就能自动恢复到修改前的状态。

为了避免网络病毒恢复,用户可以手动将注册表中的病毒遗留选项及时删除,以确保计算机系统不再遭受病毒的攻击。

计算机病毒简介

1. 阻止通过网页形式启动

计算机系统感染了网络病毒后,一些用户可能会在注册表分支:

HKEY _ CURRENT _ USER \ Software \ Microsoft \ Windows \ CurrentVersion\RunOnce、HKEY_CURRENT_USER\Software\Microsoft\Windows\CurrentVersion\Run、HKEY_CURRENT_USER\Software\Microsoft\Windows\CurrentVersion\RunServices 等键值中,发现类似".html"或".htm"的文件,事实上这类启动键值的主要作用就是在计算机系统启动成功后,自动访问包含网络病毒的特定网站,如果不把这些启动键值及时删除,就很容易导致网络病毒重新发作。

为此,用户在使用杀毒软件清除计算机系统中的病毒后,还需要及时打开系统注册表编辑窗口,并在该窗口中逐一查看上面的几个注册表分支选项,查看是否包含".html"或".htm"类似的文件。若发现,则必须选中该键值将其删除,删除后按 F5 功能键刷新系统注册表。

2. 阻止通过后门进行启动

为躲避用户手动修复注册表,不少网络病毒会在系统注册表的启动项中进行一些伪装及隐蔽操作,不熟悉系统的用户往往不敢随意清除这些启动键值,这样一来病毒程序就能达到重新启动的目的。

例如,一些病毒会在上面几个注册表分支下面创建一个名为"system32"的启动键值,并将该键值的数值设置成"regedit -s d:\Windows"。其实,"-s"参数是系统注册表的后门参数,该参数的作用是用来导入注册表的,同时能够在 Windows 操作系统的安装目录中自动产生".vbs"格式的文件。而该键值往往会被用户认为是系统自动产生的,通过此键值,病毒就能实现自动启动的目的。所以,当用户在上面几个注册表分支的启动项中看到"regedit -s d:\Windows"这样的带后门参数的键值时,必须将其删除。

3. 阻止通过文件进行启动

除了要检查注册表启动键值外,用户还需对系统的"win. ini"文件进行检查,因为网络病毒会在这个文件中自动产生一些遗留项,如果不将该文件中的非法启动项删除,网络病毒也会

重新发作。

文件"win.ini"通常位于系统的 Windows 安装目录中,用户可查找并打开该文件,然后在文件编辑区域中检查"run＝""load＝"等选项是否包含可疑的内容,若出现异常,必须及时将"＝"后面的内容清除,之后再进入系统的"system"文件夹,将对应的病毒文件删除。

4.病毒经常修改的注册表键值

(1)IE 起始页的修改

HKEY_CURRENT_USER\Software\Microsoft\Internet Explorer\Main 右侧窗格中的 Start Page 就是用户当前设置的 IE 浏览器主页地址。

(2)Internet 选项按钮灰化 & 失效

HKEY_CURRENT_USER\Software\Policies\Microsoft\Internet Explorer\Control Panel 下的 DWORD 值"Setting"＝dword:1"Links"＝dword:1"SecAddSites"＝dword:1 全部改为 0 之后,再到 HKEY_USERS\.DEFAULT\Software\Policies\Microsoft\Internet Explorer\Control Panel 下的 DWORD 值"homepage"键值改为 0,则无法使用 Internet 选项修改 IE 设置。

(3)"运行"按钮被取消 & 失效

HKEY_CURRENT_USER\Software\Microsoft\Windows\CurrentVersion\Policies\Explorer 的"NoRun"键值被改为 1 了,改为 0 就可恢复。

(4)"关机"按钮被取消 & 失效

HKEY_CURRENT_USER\Software\Microsoft\Windows\CurrentVersion\Policies\Explorer 的"NoClose"键值被改为 1 了,改为 0 就可恢复。

(5)"注销"按钮被取消 & 失效

HKEY_CURRENT_USER\Software\Microsoft\Windows\CurrentVersion\Policies\Explorer 的"NoLogOff"键值被改为 1 了,改为 0 就可恢复。

(6)磁盘驱动器被隐藏

HKEY_CURRENT_USER\Software\Microsoft\Windows\CurrentVersion\Policies\Explorer 的"NoDrives"键值被改为 1 了,改为 0 就可恢复。

11.4 实战训练

1.总结注册表根键中各分支保存的信息。

2.在 HKEY_LOCAL_MACHINE 中查找 HKEY_CLASSES_ROOT 与 HKEY_CURRENT_USER 根键中的内容。

3.在 HKEY_USERS 根键中,查找 HKEY_CURRENT_USER 根键中的内容。

4.备份用户本机注册表到 D 盘。

5.还原用户本机注册表。

6.在虚拟机中修改注册表并演示阻止利用网页启动。

7.在虚拟机中修改注册表并演示阻止利用文件启动。

8.演示"运行""注销""关机"功能失效后应如何解决。

第12章

系统性能测试与优化

本章主要介绍系统性能测试与优化的方法,包括计算机硬件配置与系统性能的检测;修改启动项、系统服务项等实现系统优化的方法;利用常用工具软件提升系统性能的方法等。通过本章的学习,用户可以掌握检测、清理、优化系统的技能,使计算机系统能够长期稳定运行。

12.1 使用软件进行测试

在计算机系统中,硬件性能直接影响计算机的工作效率,所以硬件检测是一项很重要的工作。目前整机性能的测试主要利用软件来实现,通过软件可以进行综合测试。通过检测软件能实时针对关键性部件进行监控预警,提供全面的计算机硬件信息,有效预防硬件故障,能够让计算机免受困扰。下面将以"鲁大师"为例介绍几项常用的测试方式。

1. 硬件检测

第 1 步:在鲁大师官网下载软件并安装,完成后,启动鲁大师软件,如图 12-1 所示。

图 12-1 鲁大师主界面

第 2 步：软件启动过程中将自动检测当前计算机配置情况，在图 12-2 中单击"一键修复"
按钮，软件将自动修复本机存在的问题。切换到"硬件检测"功能区，用户可在此区域了解本机
的硬件配置信息，如图 12-3 所示。

图 12-2　自动检测计算机配置情况

图 12-3　硬件配置信息

第 3 步：在图 12-3 左侧单击"硬件健康"，此选项列出计算机主要部件的制造日期和使用的
累计时间，便于用户对所购买新计算机或者二手计算机的硬件信息进行查看，如图 12-4 所示。

图 12-4　硬件健康

第 4 步：在窗口左侧单击"处理器信息"，此选项列出处理器速度、数量、插槽类型等信息，如图 12-5 所示。同时检测到 CPU 的品牌，其品牌或厂商图标会显示在窗口右侧，单击这些厂商图标可以访问其官方网站。

图 12-5　处理器信息

第 5 步：在窗口左侧单击"主板信息"，如图 12-6 所示，此选项列出主板型号、芯片组型号、BIOS 版本信息和制造日期等信息。

图 12-6　主板信息

第 6 步:在窗口左侧单击"内存信息",如图 12-7 所示,此选项列出内存品牌、制造日期、型号等信息。

图 12-7　内存信息

"硬件检测"中还提供硬盘、显卡、显示器、电池等信息的检测项,在使用过程中可根据需要选择并查看相关信息,此处不做讲述。

2. 综合性能测试

第 1 步：在鲁大师软件窗口中单击"性能测试"选项卡，如图 12-8 所示，单击"开始评测"按钮，进行综合测试。

图 12-8 "性能测试"选项卡

第 2 步：测试过程中通过模拟计算机计算，获得 CPU 速度测评分数；模拟 3D 游戏场景，获得游戏性能测评分数等。综合计算机处理器、显卡、内存、磁盘 4 个主要配件测评分数，得出计算机综合性能评分，分值越高，硬件的综合性能越好，如图 12-9 所示。

图 12-9 综合性能评分

3. 温度监测

打开"温度管理"选项卡中的"温度监控"选项,如图 12-10 所示。该窗口显示计算机各类硬件的温度的变化曲线。如果设备在使用过程中温度过高,软件将自动报警,从而防止设备损坏。

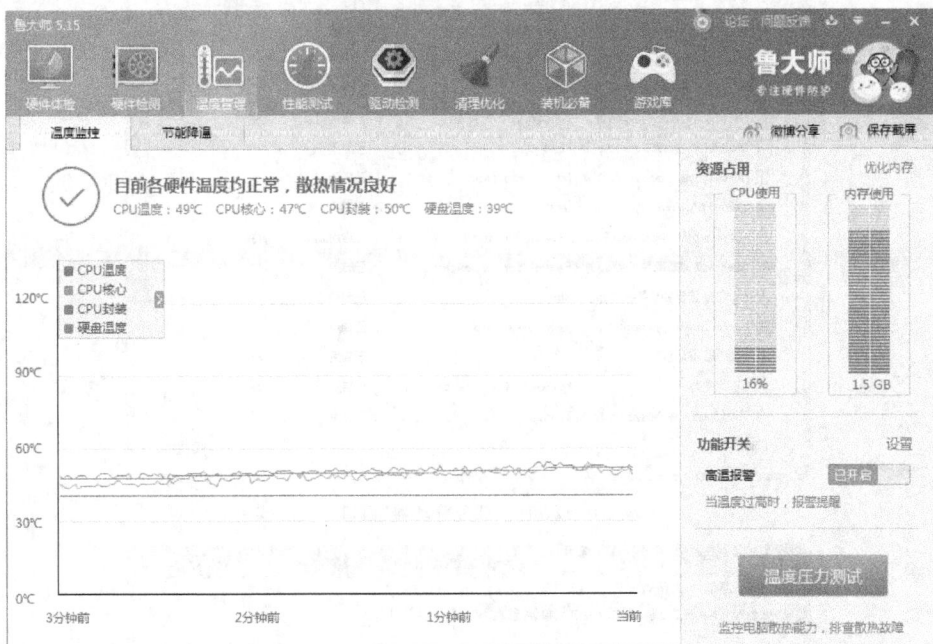

图 12-10　温度监控

12.2　使用操作系统进行优化

操作系统使用久了,系统的启动时间越来越长,运行速度越来越慢,这是因为用户在使用计算机过程中有意或无意添加了一些常驻系统的应用程序和系统服务,这些应用程序和系统服务进程占用了计算机系统资源,导致系统的工作效率降低。为了解决这个问题,要定期对操作系统进行优化,释放占用的资源,从而确保系统高效地运行。

使用操作
系统进行优化

系统的优化主要包括开机启动项、系统服务、磁盘文件清理等。本节将以 Windows 操作系统为例,具体介绍如何利用操作系统与相关工具软件进行系统优化。

12.2.1　开机启动项优化

有些应用程序在系统启动时会自动运行,这是由于应用程序在安装时被添加至系统启动项所致。如果自行启动的程序过多,计算机启动时间将会延长,启动后将占用系统资源。下面介绍减少启动加载项的方法,操作如下:

右击"开始",打开"任务管理器",单击"启动"选项卡,如图 12-11 所示。选取将要禁用的启动项,单击"禁用"按钮,如图 12-12 所示,第三个启动项"360 安全浏览器 服务组件"已禁用。

图 12-11 "任务管理器"窗口

图 12-12 禁用"360 安全浏览器 服务组件"启动项

12.2.2 系统服务优化

系统服务是应用程序的一种,但又不同于普通的应用程序。系统服务运行于操作系统的后台,为普通应用程序的正常运行提供服务。操作系统的很多功能都是以服务的方式来运行的,一些服务的运行并非是操作系统在使用时必须启用的,而系统服务运行又占用一定的系统资源,用户可禁用部分暂不使用的系统服务,来提高计算机的运行速度。

由于用户使用计算机的需求以及软件、硬件环境各不相同,需要被禁用的系统服务也不同。用户在禁用系统服务时需依据现有的使用情况设置。例如,不使用打印机的用户可将系统服务中的"Print Spooler"项禁用,而使用打印机的用户则需要此项服务。禁用系统服务的操作步骤如下:

第1步:单击图12-12中的"服务"选项卡,当前界面列出本机服务项,如图12-13所示。

图12-13　系统服务

第2步:单击图12-13左下角的"打开服务",进入系统服务管理界面,如图12-14所示。右击将禁用的服务项"Print Spooler",单击快捷菜单中的"属性"。

图12-14　系统服务管理

第 3 步：在"启用类型"处选择"禁用"，如图 12-15 所示。单击"确定"按钮后，打印机服务被禁用，如图 12-16 所示。

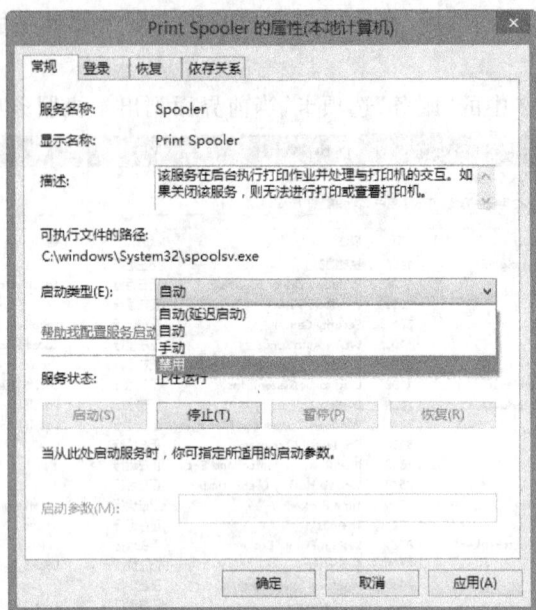

图 12-15 属性设置

图 12-16 "Print Spooler"项被禁用

"启动类型"中的三种启动方式主要功能如下：

自动：如果某项服务被设置为"自动"，该服务将随着系统一起启动。有些服务必须设置为自动，因为这些服务是与系统稳定性紧密相关的，否则系统会出现问题，用户需谨慎改变原有设置。

手动：如果某项服务被设置为"手动"，该服务不会随着系统启动，只在需要此服务时启动。某些非必要的服务由"自动"设置为"手动"，可以节省系统资源，提高系统运行速度。

禁用：如果某项服务被设置为"禁用"，表示该服务将不再启用，即使用户需要此服务也不会启动，如果某项服务真的没有用了，可以将其禁用。

在实际配置时，选择"手动"或者"禁用"都可以实现关闭该服务的目的，推荐使用手动功能，这样用户随时可以启动一些临时需要的服务。

12.2.3　服务的制定及设置

有些服务是 Windows 操作系统所必需的，不能关闭，否则将会造成系统崩溃。

1. 关系到系统安全的服务

系统安全是用户最关注的问题，除了病毒、恶意程序攻击以外，Windows 操作系统默认开启的服务也存在一些问题。

（1）Remote Registry

描述：使远程用户能修改此计算机上的注册表设置。如果该服务视频通话终止，只有此计算机上的用户才能修改注册表。如果该服务被禁用，任何依赖它的服务将无法启动。

进程名：svchost.exe

建议：这是一个很危险的服务，开启后其他用户可以修改本机的注册表，所以此服务经常被黑客利用。如不使用远程协助功能，建议将其改为"禁用"。

（2）Security Accounts Manager

描述：存储本地用户账户的安全信息。

进程名：lsass.exe

建议：容易被黑客利用，建议设置为"禁用"。

（3）Shell Hardware Detection

描述：为自动播放硬件事件提供通知。

进程名：svchost.exe

建议：是否关闭该服务还要看用户的使用习惯，从安全的角度出发，建议将其禁用，这样可避免硬件自启动程序捆绑恶意程序。

2. 关系到系统稳定、便捷的服务

（1）COM＋ System Application

描述：管理基于 COM＋ 组件的配置和跟踪。如果此服务被禁用，任何明确依赖它的服务都将不能启动。

进程名：dllhost.exe

建议：可以设置为"手动"，若被禁用，一些需要调用 COM＋ 组件的软件就无法启动。

（2）DCOM Server Process Launcher

描述：为 DCOM 服务提供加载功能。

进程名：svchost.exe

建议：将其设置为"自动"，原因是设置为"手动"的话，任何一个程序都不会在需要的时候自动开启该服务，而磁盘管理、磁盘整理等程序都需要它。将其禁用的话，重启系统后，屏幕右下角反映网络连接的图标就会消失。

（3）NET Logon

描述：支持网络计算机 pass-through 账户登录、身份验证事件。

进程名：lsass.exe

建议：很少有用户用到这个账户，但若设置为"禁用"，在个别计算机上会出现系统无法登录的现象。

（4）Plug and Play

描述：使计算机在极少的情况下能识别并适应硬件的更改。终止或禁用此服务会造成系统不稳定。

进程名：services.exe

建议：禁用此服务，在使用 U 盘、打印机时会出故障，建议设置为"自动"。

（5）Remote Procedure Call（RPC）

描述：提供终结点映射程序（end point mapper）及其 RPC 服务。

进程名：services.exe

建议：此服务是"冲击波"病毒的利用对象。不过，要将其禁用就不能正常进入系统，所以只有设置为"手动"。

（6）Windows Audio

描述：管理基于 Windows 程序的音频设备。如果此服务被终止，音频设备将不能正常工作。如果此服务被禁用，任何依赖它的服务将无法启动。

进程名：svchost.exe

建议：设置为"自动"。

（7）Windows Management Instrumentation

描述：提供共同的界面和对象，以便访问有关操作系统、设备、应用程序和服务的管理信息。如果此服务被终止，多数基于 Windows 的软件将无法正常运行。如果此服务被禁用，任何依赖它的服务将无法启动。

进程名：svchost.exe

建议：设置为"禁用"。

（8）Windows Installer

描述：添加、修改和删除基于 Windows 安装程序（＊.msi）的软件提供的应用程序。如果禁用此服务，任何完全依赖它的服务不会被启动。

进程名：msiexec.exe

建议：只在安装 Office、大型游戏、微软补丁等情况下会用此服务，建议设置为"手动"，需要的时候它会自动启动。

3. 操作系统非必需的服务

下列服务并不是系统正常工作一定要启动的，但却与我们日常应用息息相关。可以选择"启动"或"禁用"。

（1）Network Connections

描述：管理"网络和拨号连接"文件夹中的对象，在其中可以查看局域网和远程连接情况。

进程名：svchost.exe

建议：局域网用户建议将其设置为"手动"，开机时会自动启动，若禁用，将无法使用网上邻居。非局域网用户建议将其设置为"禁用"。禁用后，进程中的 svchost.exe 会减少一个。

（2）Network Location Awareness（NLA）

描述：收集并保存网络配置信息，并在信息改动时通知应用程序。

进程名：svchost.exe

建议：与 Network Connections 服务配套使用，设置原则相同。若禁用，进程中的 svchost.exe 也会减少一个。

（3）Performance Logs and Alerts

描述：收集本地或远程计算机基于配置的日程参数的性能数据，然后将此数据写入日志或触发警报。如果此服务被禁用,将不会收集性能信息,且任何依赖它的服务将无法启动。

进程名:smlogsvct.exe

建议:此服务的功能是系统预读,建议设置为"自动"。

(4)Print Spooler

描述:将文件加载到内存中以便稍后打印。

进程名:spoolev.exe

建议:要使用打印机或打印预览功能的用户,必须将此项服务设置为"自动"。无打印需求的用户,建议设置为"禁用"。

(5)Remote Access Connection Manager

描述:创建网络连接。

进程名:svchost.exe

建议:若是局域网,可以设置为"禁用",若是 ADSL 拨号的用户,就必须设置为"手动"或"自动",否则无法上网。

(6)Remote Procedure Call(RPC)Locator

描述:管理 RPC 服务数据库。

进程名:locator.exe

建议:设置为"手动",有需要时此服务会自动启用。

(7)Routing and Remote Access

描述:在局域网以及广域网环境中为企业用户提供路由服务。

进程名:svchost.exe

建议:此服务一般用户不需要,建议设置为"禁用"。

(8)Secondary Logon

描述:如果此服务被终止,此类型登录访问服务将不能使用;如果此服务被禁用,任何依赖它的服务将无法启动。

进程名:svchost.exe

建议:如果计算机上只有一个用户,建议设置为"禁用"。

(9)Server

描述:如果服务被终止,支持此计算机的文档、打印功能等不能使用;如果服务被禁用,任何直接依赖于此服务的服务将无法启动。

进程名:svchost.exe

建议:局域网内需要与其他计算机共享文档、打印机或使用别人共享的打印机,就必须启用这项服务,最好设置为"自动"。

(10)SSDP Discovery Service

描述:发现网络上的可用设备和服务。

进程名:svchost.exe

建议:若禁用该服务,则无法与激光打印机等设备正常联机,所以局域网用户将其设置为"手动"。

(11)Task Scheduler

描述:使用户能在计算机上制定自动任务的日程。如果此服务被终止,这些任务将无法在日程时间里运行;如果此服务被禁用,任何依赖它的服务将无法启动。

进程名：svchost. exe

建议：这是任务所用到的服务，同时也是黑客所青睐的服务，如果没有配置自动运行任务，建议设置为"禁用"。

（12）Telephony

描述：提供 TAPI 支持，以便程序控制本地计算机、服务器以及 LAN 上的电话设备和基于 IP 的语音连接。

进程名：svchost. exe

建议：这项服务是用来支持调制解调器的。若使用调制解调器上网，包括内/外置调制解调器、GPRS 等，将其设置为"手动"，开机时会自动启用。使用局域网或 ADSL 的用户，可设置为"禁用"，进程中会减少一个 svchost. exe。

（13）Themes

描述：为用户提供使用主题管理的经验。

进程名：svchost. exe

建议：如果用户追求性能指标，不介意界面风格单调，建议设置为"禁用"，可节省系统资源。

（14）Workstation

描述：创建和维护远程服务的客户端网络连接。如果服务被终止，这些连接将不能使用。如果服务被禁用，任何直接依赖于此服务的服务将无法启动。

进程名：svchost. exe

建议：局域网用户建议将其设置为"自动"，否则网络打印、文件共享时常会出现无法访问的提示，部分 OA 和 ERP 系统也需要启用它。

4. 很少用到的服务

下列服务很少用到，但并不能全部被禁用，要结合用户实际情况而定。

（1）Computer Browser

描述：维护网络上计算机的更新列表，并将列表提供给计算机进行浏览。如果服务被终止，列表不会被更新或维护。如果服务被禁用，任何直接依赖于此服务的服务将无法启动。

进程名：svchost. exe

建议：若不是在局域网内，这项服务可以设置为"禁用"。如果是在局域网内，设置为"手动"，需要使用该服务时会自动启动。

（2）System Event Notification

描述：跟踪系统事件，如登录 Windows、网络等。将这些事件通知给 COM＋事件系统订阅者。

进程名：svchost. exe

建议：记录系统事件。系统出问题时，可以从系统事件中找到答案，可以设置为"禁用"，建议有经验的用户将其设置为"自动"。

（3）WebClient

描述：使基于 Windows 的程序能创建、访问和修改基于 Internet 的文件。如果此服务被终止，将会失去这些功能。如果此服务被禁用，任何依赖它的服务将无法启动。

进程名：svchost. exe

建议：这个服务极少用到，建议设置为"禁用"。

（4）Windows Management Instrumentation Driver Extensions

描述：与驱动程序交换系统管理信息。

进程名：svchost.exe

建议：若禁用此服务会导致某驱动程序丢失，建议设置为"手动"。

5.基本不用的服务

（1）Application Layer Gaeway Service

描述：为 Internet 连接共享和 Windows 防火墙提供第三方协议插件的支持。

进程名：alg.exe

建议：设置为"禁用"。

（2）COM+ Event System

描述：支持系统事件通知服务（SENS）。如果停止此服务，SENS 将关闭，将不能提供登录和注销通知。如果禁用此服务，依赖此服务的其他服务将无法启动。

进程名：svchost.exe

建议：有些程序可能用到 COM+ 组件，如系统优化工具 BootVis。检查系统盘的目录"C:\Program Files\ComPlus Applications"，若此处有内容，可将此服务设置为"禁用"。

（3）Cryptographic Services

描述：提供三种管理服务。①编录数据库服务，它确定 Windows 文件的签字；②受保护的根服务，它从此计算机添加和删除受信根证书机构的证书；③密钥（Key）服务，通过注册，计算机获取证书。如果此服务被终止，这些管理服务将无法正常运行。如果此服务被禁用，任何依赖它的服务将无法启动。

进程名：svchost.exe

建议：Windows Hardware Quality Lab（WHQL）微软的一种认证服务，使用 Automatic Updates 升级驱动程序，将需要此服务，建议设置为"禁用"。

（4）DHCP Client

描述：通过注册和更改 IP 地址以及 DNS 名称来管理网络配置。

进程名：svchost.exe

建议：DHCP 客户端，没有固定 IP 的用户建议将其开启，否则无法连接网络。若有固定IP，建议设置为"禁用"。

（5）Distributed Link Tracking Client

描述：在计算机内，NTFS 文件之间保持连接或在网络中的计算机之间保持连接。

进程名：svchost.exe

建议：用于局域网更新连接信息，如在计算机 A 有个文件，在计算机 B 做了连接，如果文件移动，这个服务将会更新信息。此服务占用 4 MB 内存，无此服务需求的用户，建议设置为"禁用"。

（6）Distributed Transaction Coordinator

描述：协调跨多个数据库、消息队列、文件系统等资源管理器的事务。如果停止此服务，则不会发生这些事务。如果禁用此服务，依赖此服务的其他服务将无法启动。

进程名：msdtc.exe

建议：一般家庭用户基本用不到，除非启用 Message Queuing，建议设置为"禁用"。

（7）DNS Client

描述：为计算机解析域名系统（DNS）名称。如果此服务被终止，计算机将不能解析 DNS 名称。如果此服务被禁用，任何明确依赖它的服务将不能启动。

进程名：svchost.exe

建议：用户可依据实际使用情况，建议设置为"手动"。

（8）Remote Access Auto Connection Manager

描述：无论什么时候，当某个程序引用一个远程 DNS 或 NetBIOS 时，就创建一个到远程网络的连接。

进程名：svchost.exe

建议：如果当前计算机提供了网络共享服务就启动它，以避免网络断线后手动连接，否则建议设置为"禁用"。

12.2.4 磁盘文件清理

操作系统使用一段时间后，磁盘分区尤其在系统分区中会产生大量的垃圾文件。例如，卸载应用程序时产生的残留文件；应用程序运行时产生的临时文件；浏览器运行时产生的临时文件；Windows 回收站里的文件等，上述这些文件都被称为系统垃圾文件。垃圾文件既占用磁盘空间又影响系统的运行速度，用户需及时清理此类文件，以保证系统的正常运行。

Windows 操作系统运行过程中产生的垃圾文件，可以利用系统自带的清理工具通过以下步骤进行处理：

第 1 步：右击将清理的硬盘，选择"属性"，在"常规"选项卡中，单击"磁盘清理"按钮，如图 12-17 所示。

第 2 步：进入图 12-18 所示的界面后，在"要删除的文件"列表框中选择将要删除的文件，单击"确定"按钮，便可进行垃圾文件的清理。

图 12-17 磁盘清理　　　　　　　　　　图 12-18 清理垃圾文件

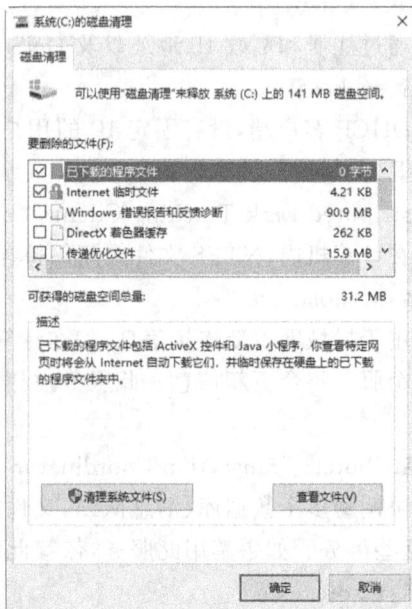

第 3 步：单击图 12-18 所示界面中的"清理系统文件"按钮，可删除 Windows 在安装和使

用过程中所产生的垃圾文件。选择要删除的文件,如图 12-19 所示,单击"确定"按钮。

第 4 步:在"其他选项"选项卡下单击"程序和功能"区域的"清理"按钮清理不需要的程序,如图 12-20 所示。为了对系统进行定期备份,用户会建立多个还原点,但还原点过多会占用大量的磁盘空间。单击"系统还原和卷影复制"处的"清理"按钮,可对系统还原点进行清理,在打开的"磁盘清理"提示界面,提示只会删除较早的系统还原点,而保留最新的系统还原点,确认删除单击"删除"按钮即可,如图 12-21 所示。

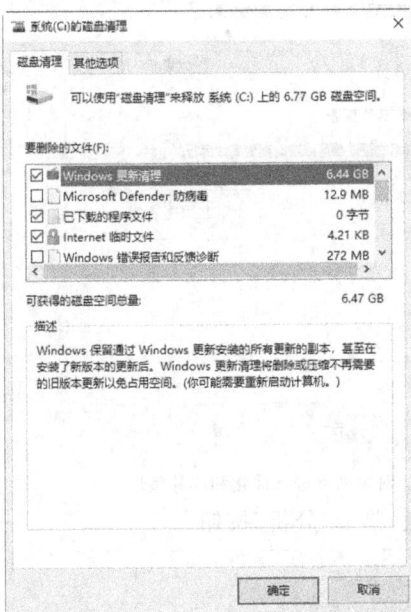

图 12-19　清理系统文件

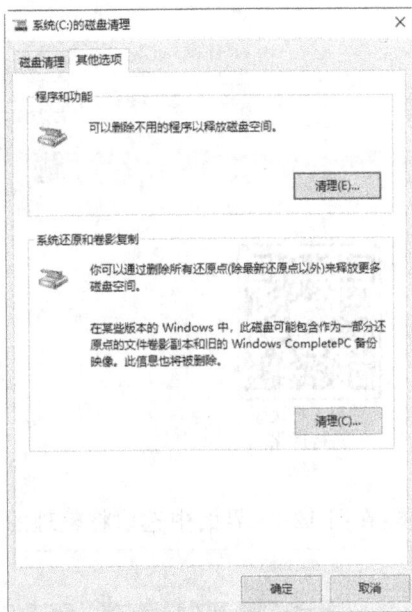

图 12-20　清理不需要的程序

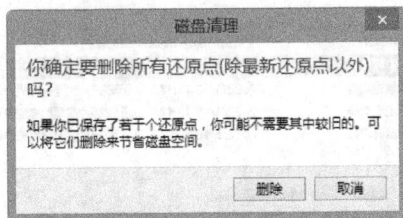

图 12-21　删除较旧的还原点

12.2.5　磁盘优化

磁盘优化又称碎片整理,由于用户长时间进行添加或删除程序、创建或删除文件等操作,就会造成磁盘中出现零星的小文件块,这些小文件块被称为文件碎片。文件碎片过多直接影响系统的运行速度,通过碎片整理功能可将磁盘中的文件进行移动,使碎片集中在一起以便减少系统读取数据的时间,提高使用效率。用户在文件碎片整理前需注意以下几项:

(1)将磁盘中的垃圾文件与垃圾信息清理干净。

(2)检查并修复磁盘中的错误。

(3)文件碎片整理前需关闭其他应用程序,不要对磁盘进行读写操作。

(4)整理文件碎片的频率不能过高,否则将会缩短磁盘的使用寿命,建议 1 个月左右整理一次文件碎片。

另外,在有限的磁盘空间进行添加和删除文件时,就会产生大量的文件碎片。而使用较大容量的磁盘时,产生的文件碎片相对少很多。用户可根据实际情况确定当前是否进行文件碎片整理及计划整理文件碎片的频率。下面介绍文件碎片整理过程:

第1步:单击磁盘属性界面的"工具"选项卡,单击"优化"按钮,如图12-22所示。

使用工具软件
进行优化

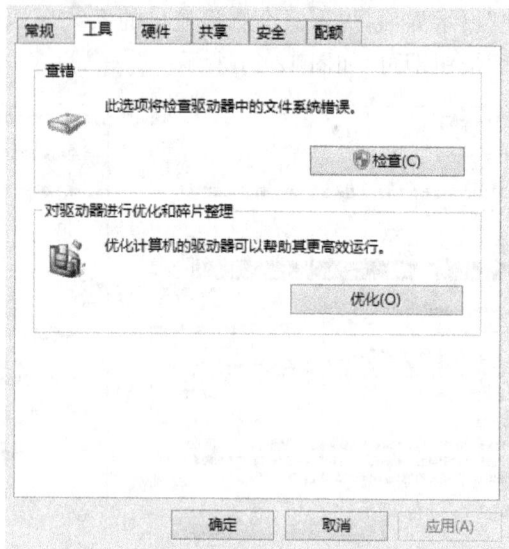

图 12-22　对驱动器进行优化和碎片整理

第2步:在图12-23界面中选取将整理的硬盘,单击"分析"按钮。

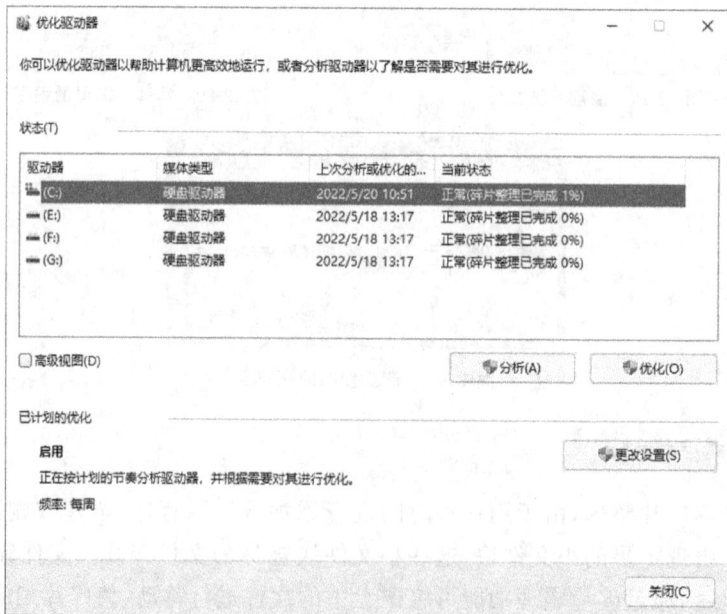

图 12-23　分析文件碎片

第3步:单击"更改设置"按钮,弹出"优化驱动器"对话框,如图12-24所示。用户可在此指定计划任务中文件碎片整理的频率,单击"确定"按钮。此项设定后,文件碎片整理可由操作系统按规定频率自动完成,用户不需要手动执行。

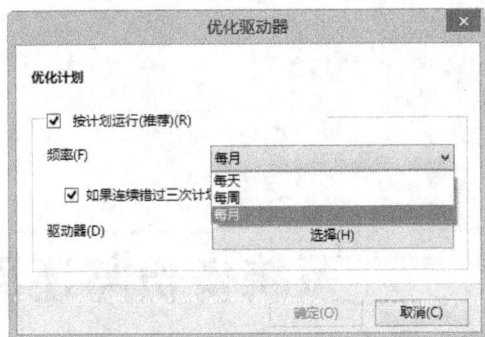

图 12-24　"优化驱动器"对话框

12.3　实战训练

1. 针对本机进行硬件检测，并做好各配件型号记录。
2. 使用操作系统优化开机启动项，清除如 QQ 等随机启动项。
3. 使用操作系统优化系统服务，测试禁用"Telephony"服务。
4. 查看当"关系到系统安全的服务"的状态，将"自动"启动改为"禁用"。
5. 使用操作系统的管理功能实现磁盘文件的清理与磁盘优化。
6. 下载并安装当前最新的系统优化软件，清理并优化本机系统。
7. 总结操作系统自身优化与工具软件优化的优缺点。

第13章

系统备份与还原

本章主要介绍 Windows 操作系统的系统备份与还原功能以及使用常用的工具软件，实现系统备份与还原的方法；通过本章的学习，可使用户掌握采用不同的工具如 DISM、Ghost 等进行系统备份与还原的技能，了解快速解决系统故障的技巧。

13.1 Windows 操作系统映像备份与恢复

用户在使用 Windows 操作系统时，多种因素可能导致系统出现故障，如死机、工作速度变慢、系统不稳定等情况。若用户重新搭建系统软件环境，操作烦琐且需要花费较长时间。因此在系统软件环境搭建完成后，用户需要对软件系统进行备份。当系统出现故障时，可使用系统的备份文件进行恢复。系统的备份可利用操作系统自带的功能或通过工具软件实现，如 Norton Ghost、一键还原精灵等，一些系统优化软件和杀毒软件也具有数据备份与还原的功能。

当出现系统异常或无法启动时，用户可尝试使用系统自带的还原功能来恢复系统。近几年 Windows 操作系统引入了一个映像备份机制，可以把包括 Windows 操作系统本身在内的整个系统完整地备份下来，可代替 Ghost 等镜像恢复工具使用。

13.1.1 Windows 操作系统映像备份

当用户认为当前系统运行状态良好，便可为本机系统做备份，以免系统无法正常使用时，利用此备份进行系统的恢复。

第 1 步：单击【开始】|【控制面板】|【系统和安全】|【通过文件历史记录保存你的文件备份副本】，如图 13-1 所示。在"保留文件的历史记录"界面，单击左下角"系统映像备份"按钮，如图 13-2 所示。

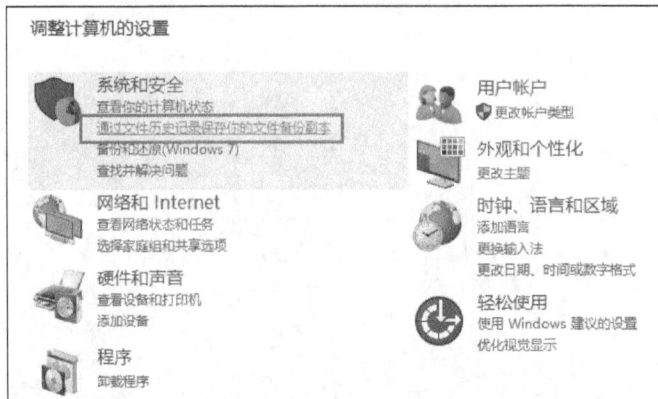

调整计算机的设置

系统和安全
查看你的计算机状态
通过文件历史记录保存你的文件备份副本
备份和还原(Windows 7)
查找并解决问题

网络和 Internet
查看网络状态和任务
选择家庭组和共享选项

硬件和声音
查看设备和打印机
添加设备

程序
卸载程序

用户帐户
更改帐户类型

外观和个性化
更改主题

时钟、语言和区域
添加语言
更换输入法
更改日期、时间或数字格式

轻松使用
使用 Windows 建议的设置
优化视觉显示

图 13-1　系统和安全

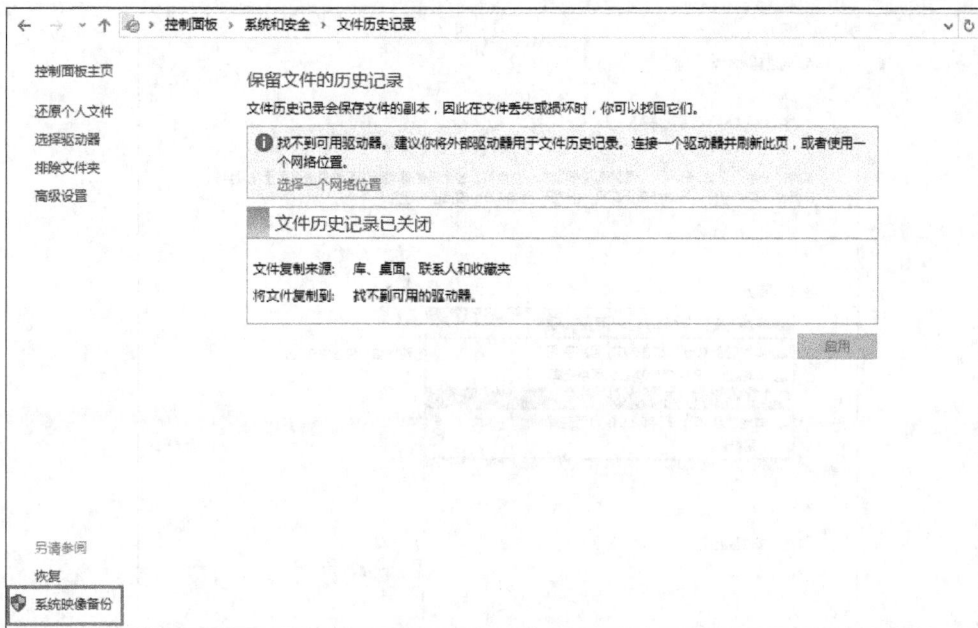

图 13-2　系统映像备份

第 2 步：单击图 13-3 界面左上角"创建系统映像"按钮，启动创建系统映像向导。在图 13-4 界面提示选择保存备份文件的位置，这里选择在硬盘上保存，并在下拉列表中选择合适的分区，单击"下一步"按钮 。

图 13-3　启动创建系统映像向导

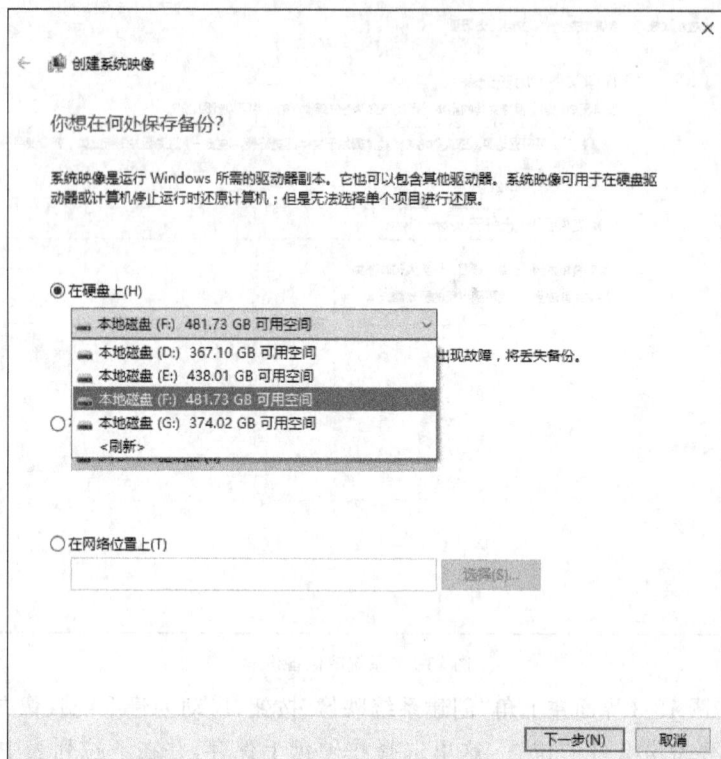

图 13-4　指定备份文件存放位置

第 3 步：在图 13-5 界面中选择将要备份的分区，默认选择"EFI 系统分区"与"（C：）（系统）"，单击"下一步"按钮。之后进入"确认你的备份位置"界面，显示系统备份位置及备份文件占用的磁盘空间大小，确认备份设置无误后，单击"开始备份"按钮，如图 13-6 所示。

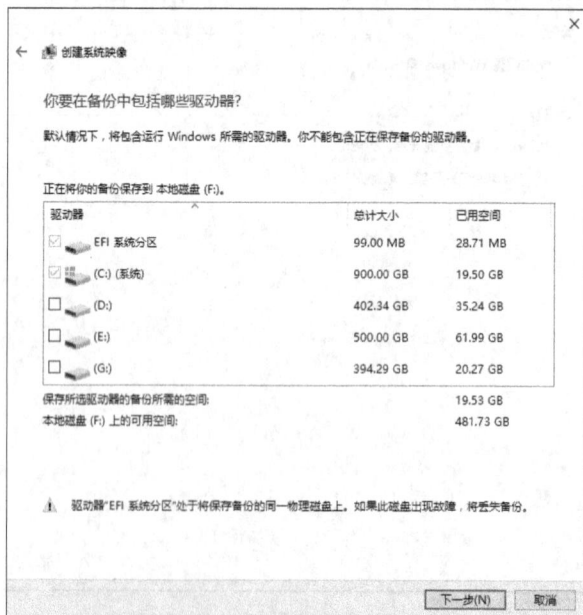

图 13-5　选择将备份的分区

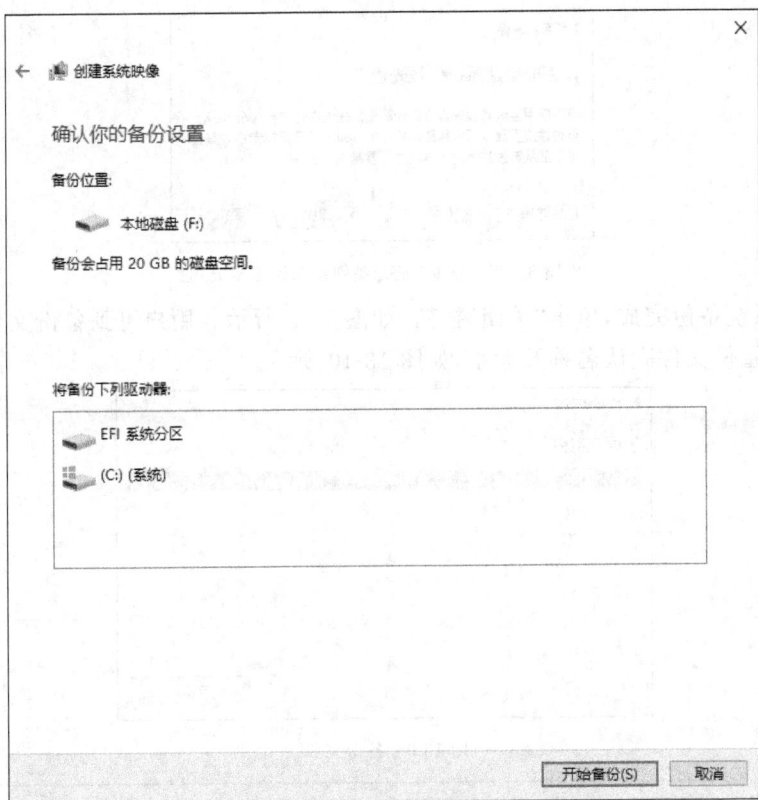

图 13-6 确认备份设置

第 4 步：如图 13-7 所示界面提示正在备份的进度。稍后弹出提示信息"是否要创建系统修复光盘"，单击"否"按钮，如图 13-8 所示。

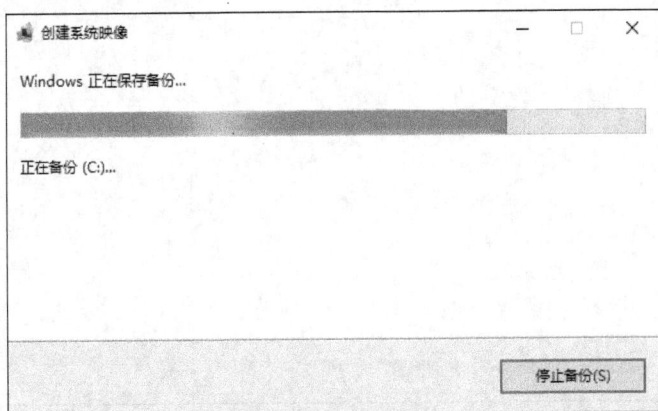

图 13-7 备份进度

注意：当系统彻底损坏，无法自行启动时，用户需借助外接 USB 设备（如 U 盘、移动硬盘）启动计算机，并运行 Win RE 工具，利用系统的备份文件来恢复当前系统。若当前用户无此工具，可通过在图 13-8 中单击"是"来创建。

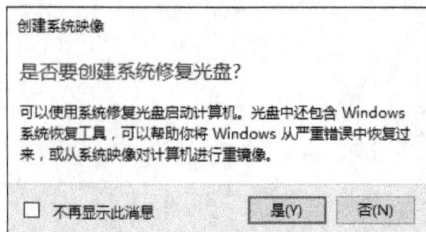

图 13-8　提示信息"是否要创建系统修复光盘"

第 5 步：系统备份完成，单击"关闭"按钮，如图 13-9 所示。用户可到备份文件存放的位置查看当前系统备份文件默认名称及大小，如图 13-10 所示。

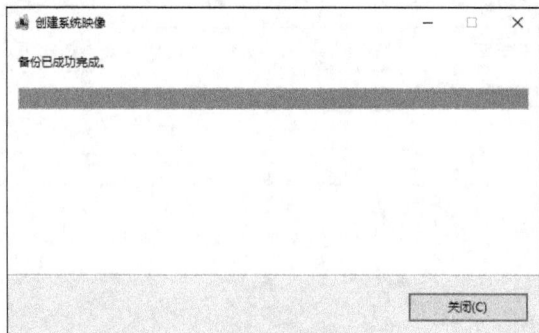

图 13-9　备份完成

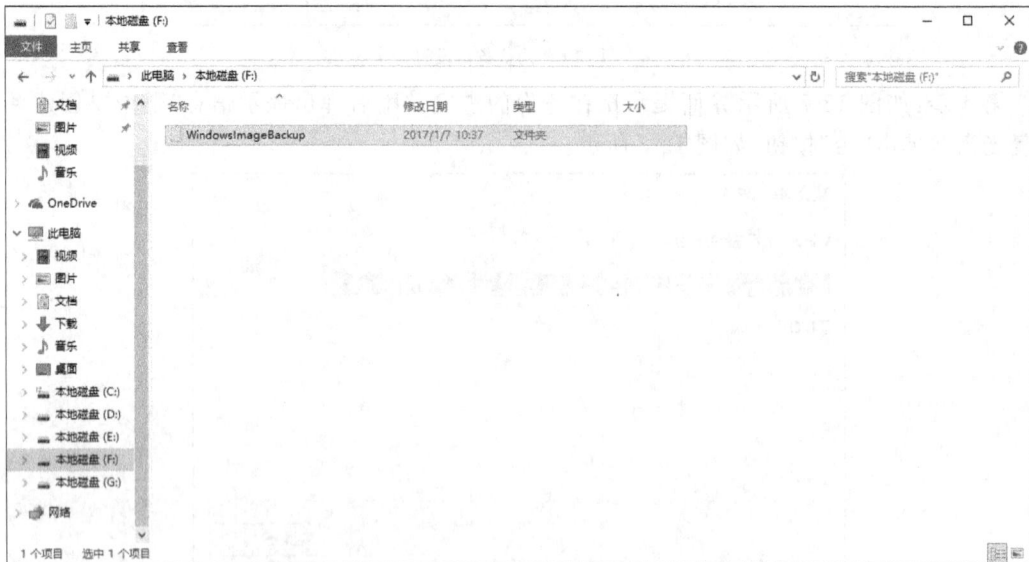

图 13-10　查看备份文件

13.1.2　Windows 操作系统映像恢复

当系统出现故障，无法正常使用时，用户无须重新安装系统，可使用预先做好的系统备份文件进行恢复。若系统损坏较为严重，无法自行启动，用户可使用操作系统安装盘引导并进入"系统恢复选项"界面或使用创建的系统恢复盘（Win RE 工具盘）完成恢复操作。下面以 Win RE 工具为例，介绍系统恢复的具体步骤，操作如下：

第 1 步:插入系统恢复盘,由 U 盘启动计算机。进入如图 13-11 所示的界面,单击"疑难解答"。之后在图 13-12 中单击"高级选项"。

图 13-11　选择一个选项

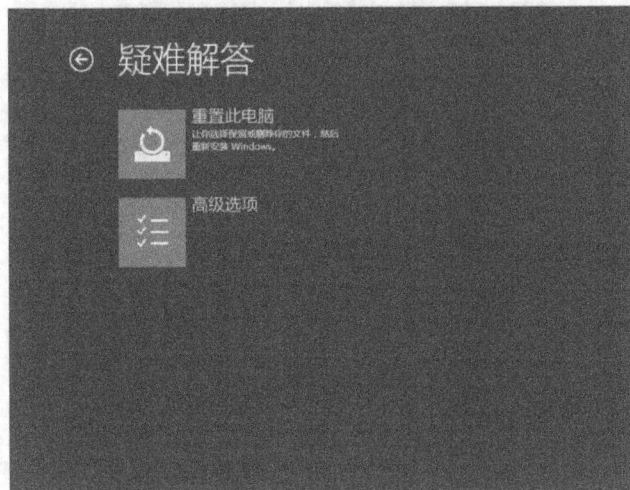

图 13-12　疑难解答

第 2 步:在图 13-13 中单击"系统映像恢复"。之后启动"对计算机进行重镜像"向导,默认选中"使用最新的可用系统映像"选项,将恢复到最近一次备份,单击"下一步"按钮,如图 13-14 所示。

图 13-13　高级选项

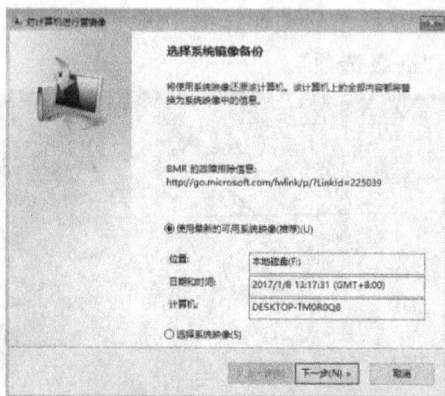

图 13-14　选择系统映像备份

注意: 如果已经进行了多个备份,可以单击"选择系统映像"指定其他映像文件。

第 3 步:指定所需要的还原选项,若选中"格式化并重新分区磁盘"项,将删除现有的分区并格式化硬盘,此项用户需要谨慎选择,此处选取默认选项,单击"下一步"按钮,如图 13-15 所示。用户确认还原文件无误后,单击"完成"按钮开始还原系统,如图 13-16 所示。

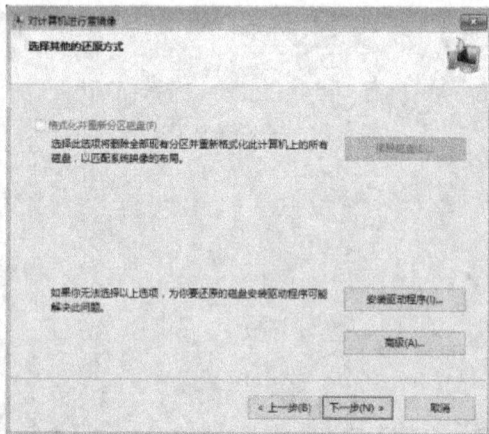

图 13-15　选择还原方式

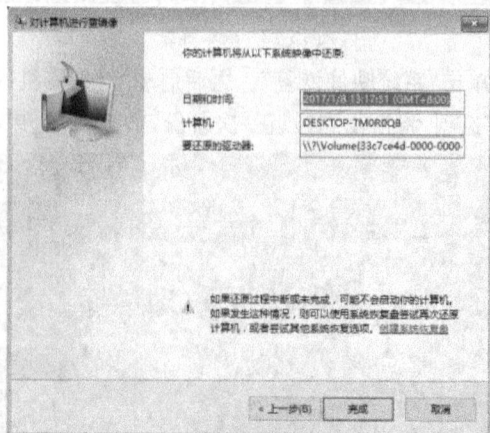

图 13-16　确认还原文件

第 4 步:稍后弹出提示对话框,询问是否确定继续,单击"是"按钮,如图 13-17 所示。还原完成后弹出提示对话框,询问是否重新启动计算机,如图 13-18 所示,重启后系统恢复完成。

图 13-17 确认是否继续

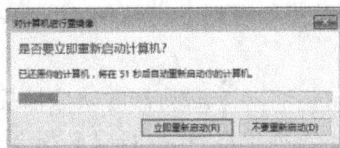
图 13-18 是否重新启动计算机

13.2 DISM 备份与还原

DISM 是一个部署映像服务和管理的工具,可以修复损坏的 Windows 映像,利用此功能还可实现系统的备份与还原。

13.2.1 DISM 备份

打开 MS-DOS 窗口,在提示符后输入如下内容:dism /capture-image /imagefile:f:\win10\win10.wim /capturedir:c:\ /name:win10backup /description:2017-01-08,按"Enter"键后,界面提示"操作成功完成",如图 13-19 所示。至此本机系统备份完成,用户可切换到 F盘,确认新生成的系统备份文件,如图 13-20 所示。

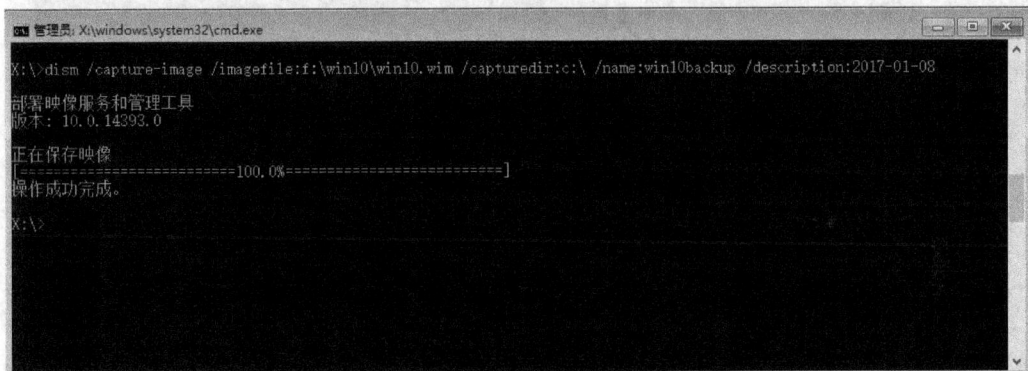
图 13-19 输入备份命令

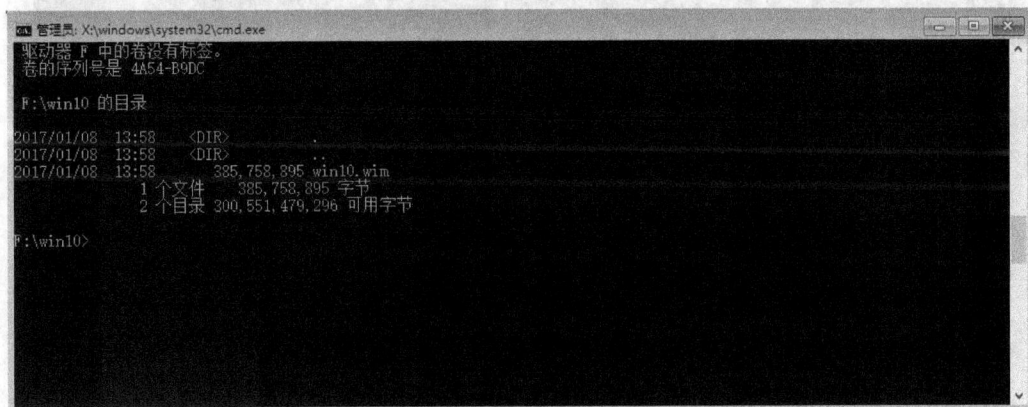
图 13-20 确认备份文件

执行目的：

把 C 分区的系统备份到 F 分区的 win10 文件夹中，备份文件名为 win10. wim。

命令解释：

/capture-image：将某个驱动器的映像捕捉到新的. wim 文件中。捕捉的目录包括所有子文件夹和数据。不能捕捉空目录，目录必须至少包含一个文件。

/imagefile：指定备份文件储存位置(f：\win10\win10. wim)。使用的文件夹必须提前建好，否则会出现错误提示。

/capturedir：指定将要备份的分区(C：)或系统盘分区。

/name：此参数必须有，为备份文件 wim 起一个名字(win10backup)，名字不能使用中文。

/description：指定描述。描述是为了说明这次备份的具体情况，这里用了时间(2017-01-08)，此项可省略。

13.2.2 DISM 还原

首先进入 Win RE 界面，打开 MS-DOS 窗口。在提示符后输入 dism/apply-image/imagefile：f：\win10\win10. wim/index：1/applydir：c：\，如图 13-21 所示。至此，系统还原操作完成，重新启动系统可正常使用。

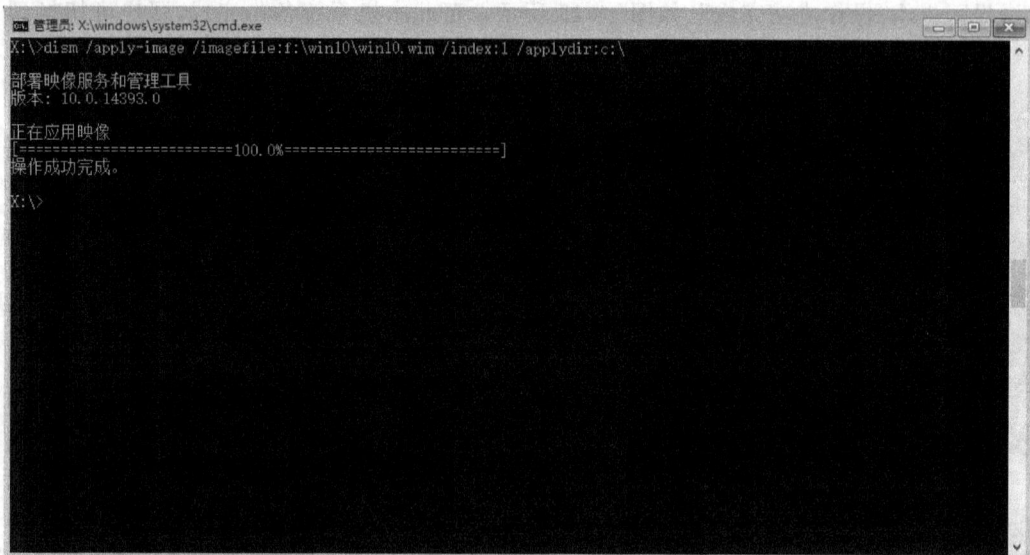

图 13-21　输入还原命令

执行目的 ：

将 F 分区的 win10. wim 映像文件，还原到 C 分区。

命令解释：

/apply-image：将映像应用于指定的驱动器。

/imagefile：映像、备份文件储存目录(f：\win10\win10. wim)。

/index：索引号，一般就是 1。

/applydir：还原的分区盘符(c：\)。

13.3 使用工具软件备份与还原系统

对于系统的备份与还原操作,用户可选用操作系统自身的功能实现,也可使用常用的工具软件来完成。本节将介绍通过"老毛桃 PE 装机工具"实现系统的备份与还原操作。

13.3.1 系统备份

第 1 步:首先利用老毛桃 U 盘启动盘启动计算机,当出现老毛桃主菜单页面后,选择菜单中的"老毛桃 WIN8 PE 标准版(新机器)"选项,按回车键确认。

第 2 步:进入 Win PE 系统桌面后,双击桌面上的"老毛桃 PE 装机工具",在工具主窗口单击【备份分区(Imagex)】|【浏览】,如图 13-22 所示。

图 13-22　选取备份分区

第 3 步:在"保存"对话框指定备份文件名及保存位置,如图 13-23 所示,单击"保存"按钮。

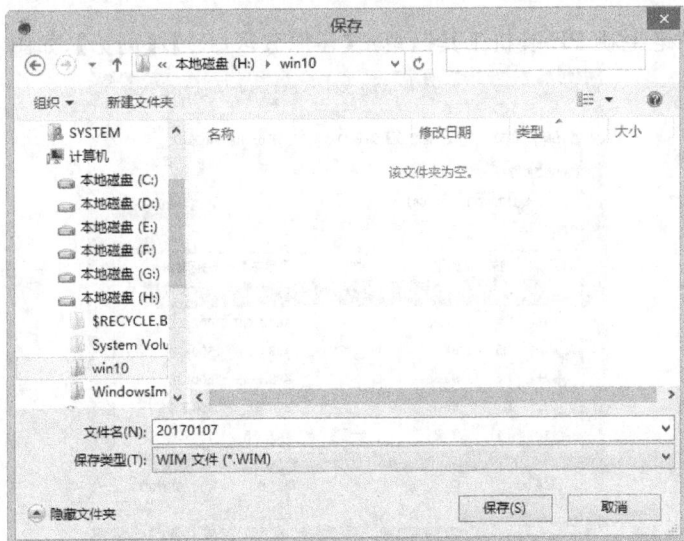

图 13-23　指定备份文件的保存位置

第 4 步:确认将备份的分区无误后,单击"确定"按钮,如图 13-24 所示。之后弹出备份进度提示框,备份完成后单击"完成"按钮。如图 13-25 所示。

图 13-24　确认备份分区

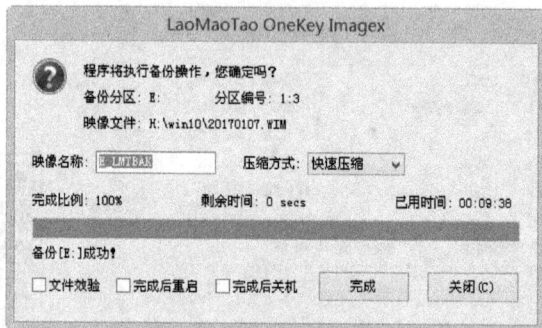

图 13-25　备份进度提示

13.3.2　系统还原

第 1 步:打开"老毛桃 PE 装机工具",单击【还原分区(R)】|【浏览】,如图 13-26 所示。

图 13-26　选取还原分区

第 2 步：在"打开"对话框中选取备份文件，单击"打开"按钮，如图 13-27 所示。之后弹出显示还原进度的提示框，如图 13-28 所示。

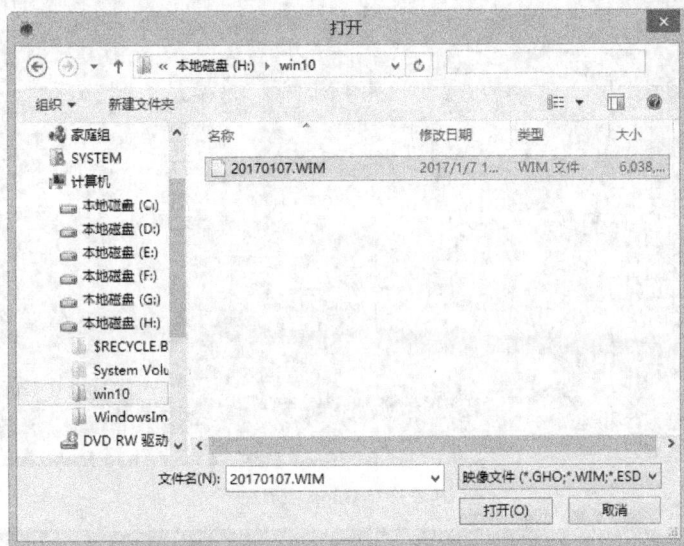

图 13-27 选取备份文件

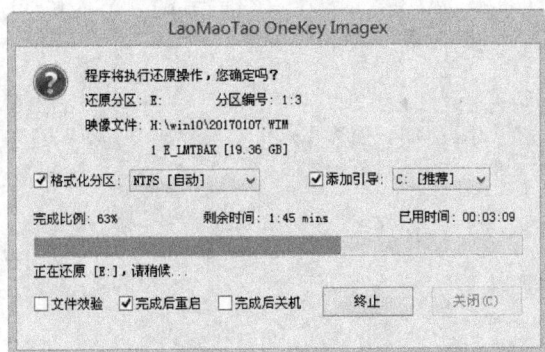

图 13-28 还原进度提示

13.4 Ghost 备份工具

Ghost 是一款应用广泛的系统备份工具，它通过对硬盘以克隆的方式进行系统升级、备份和恢复。只要事先对系统进行了备份，不管系统损坏到何种程度，只要备份文件存在，就可将系统恢复到初始状态。

13.4.1 系统备份

本例将对 C 盘分区备份，生成的镜像文件 CXP.gho 存放在第四分区根目录下。

第 1 步：启动 Ghost，主界面如图 13-29 所示。

第 2 步：在图 13-29 中单击"OK"按钮，即可进入 Ghost 的主菜单，如图 13-30 所示。

Ghost 主菜单有四个可选项

Local：本地硬盘备份；

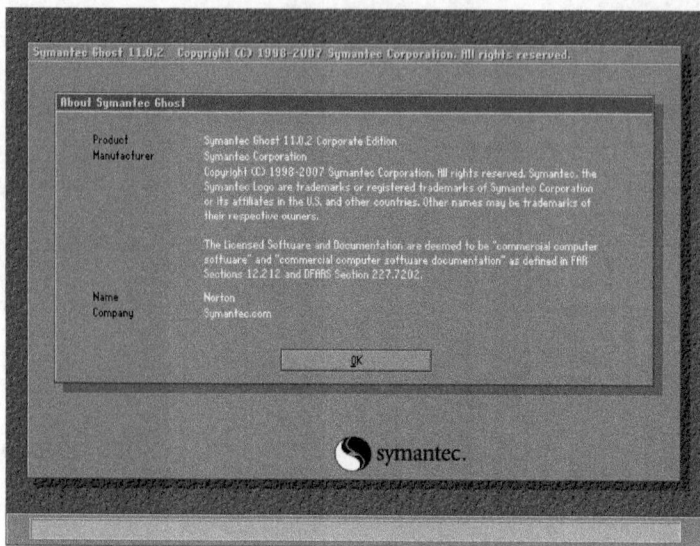

图 13-29　Ghost 主界面

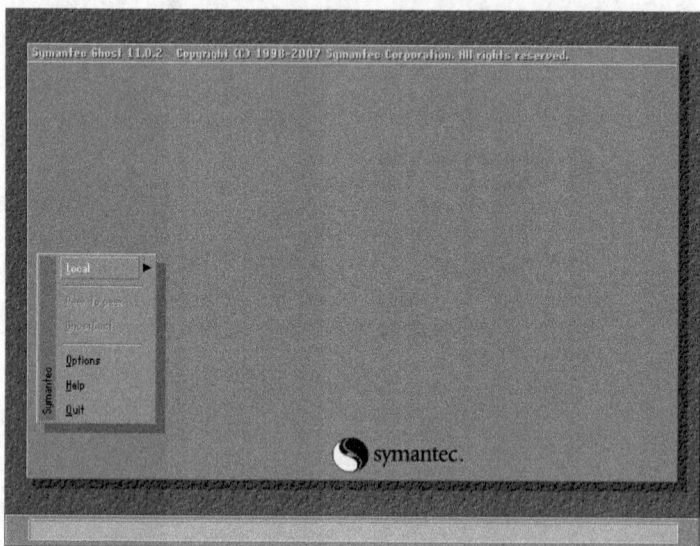

图 13-30　Ghost 主菜单

Options：设置；

Help：帮助；

Quit：退出。

第 3 步：在图 13-30 中单击"Local"选项，弹出的子菜单中含有三个子选项：

Disk：备份整个硬盘（硬盘克隆）；

Partition：备份硬盘的单个分区；

Check：检查硬盘或备份文件，是否因分区、硬盘被破坏造成备份或还原失败。

本例将对本地硬盘分区进行备份，在此单击【Local】|【Partition】|【To Image】，如图 13-31 所示。

第 4 步：执行"To Image"命令后，需要进行硬盘选择，因此处只有一块硬盘，直接按"OK"按钮即可，如图 13-32 所示。

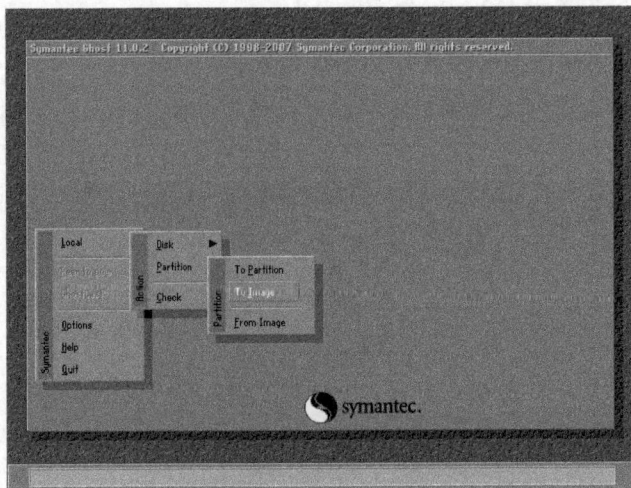

图 13-31 选择备份选项

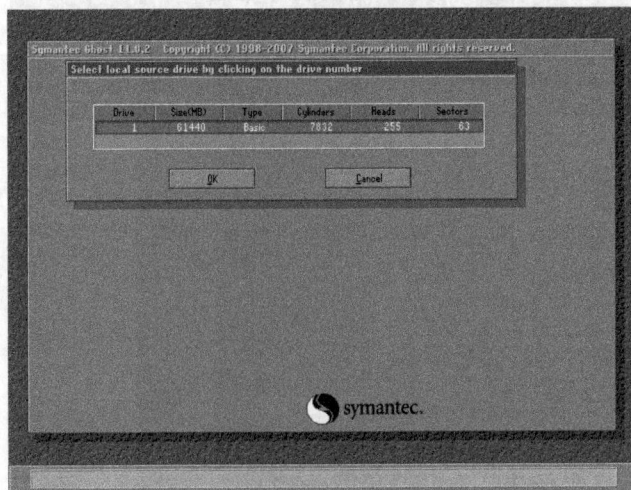

图 13-32 选择硬盘

第 5 步:选择将备份的分区(第一个主分区是 C 盘)后,按"OK"按钮,如图 13-33 所示。

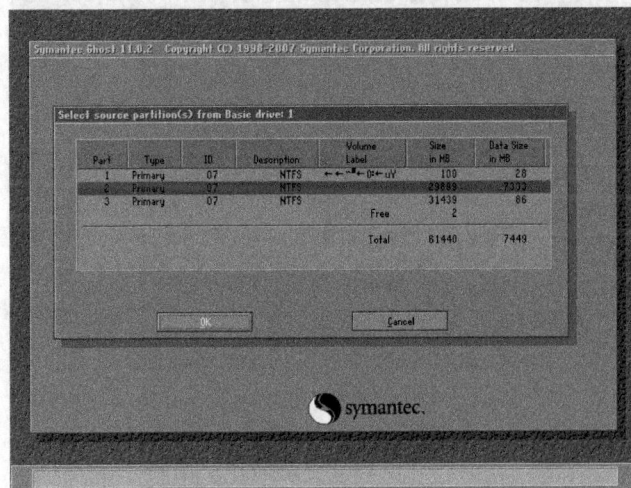

图 13-33 选择备份分区

第 6 步：在图 13-34 中的"Look in"处指定镜像文件的存放位置，在"File name"处输入镜像文件名，单击"Save"按钮保存设置，如图 13-34 所示。

注意：选择分区时需注意是否有足够的空间存放镜像文件。

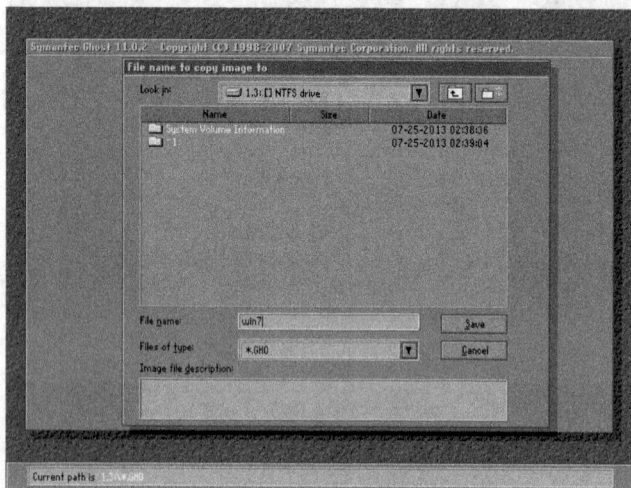

图 13-34　指定文件存放位置及名称

第 7 步：弹出提示对话框，询问是否要压缩备份数据，如图 13-35 所示。

压缩类型有三项选择：

No：不压缩；

Fast：压缩比例小而且备份速度较快（推荐）；

High：压缩比例高，但是备份速度慢。

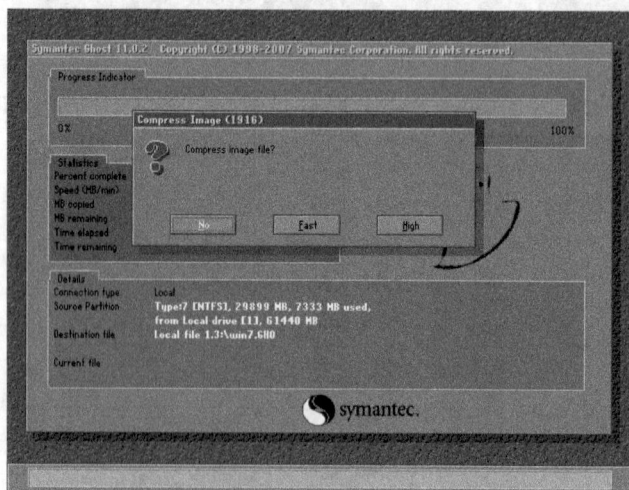

图 13-35　选择压缩类型

第8步:选择好压缩类型后,按回车键开始进行备份。整个备份过程的时间长短与分区的数据多少及硬盘速度等因素有关,完成后按回车键确认,如图13-36所示。

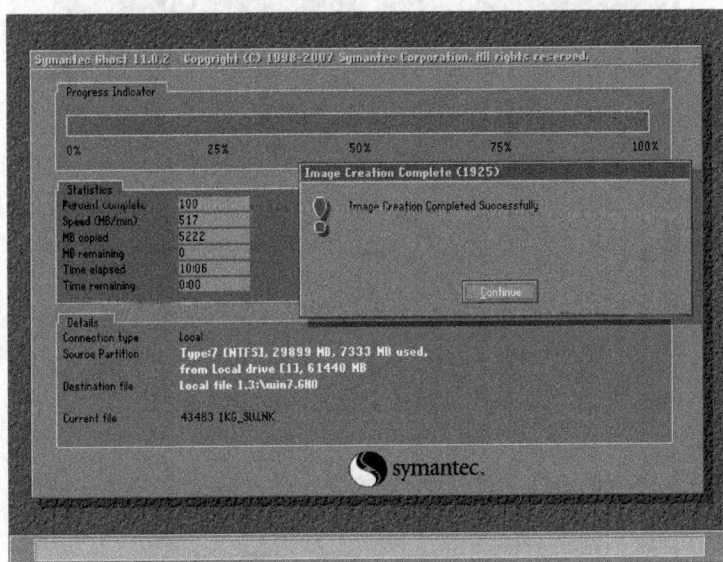

图13-36 提示完成备份

第9步:返回Ghost主菜单后,若直接退出Ghost程序,可执行"Quit"命令。弹出对话框询问是否退出,单击"Yes"按钮退出,如图13-37所示。

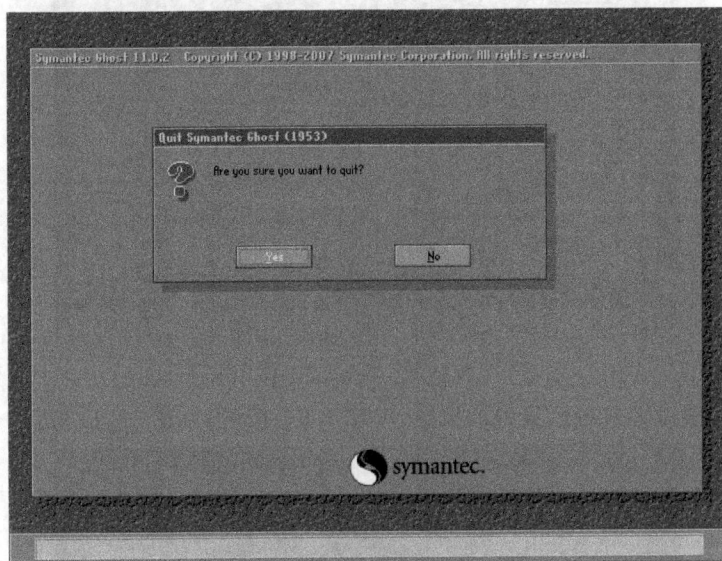

图13-37 确认退出

13.4.2 系统恢复

如果硬盘分区数据损坏,甚至系统被破坏而不能启动,可以用备份好的数据进行恢复,无须重新安装操作系统及应用程序。

第1步:进入Ghost主菜单。在主菜单中单击【Local】|【Partition】|【From Image】,如图13-38所示。

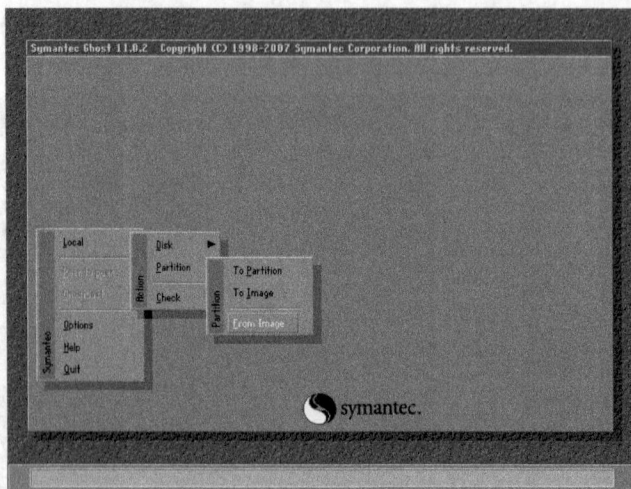

图 13-38　选择恢复选项

第 2 步：在图 13-39 中的"Look in"处指定镜像文件存放位置，选取镜像文件所在的分区，单击"Open"按钮，如图 13-39 所示。

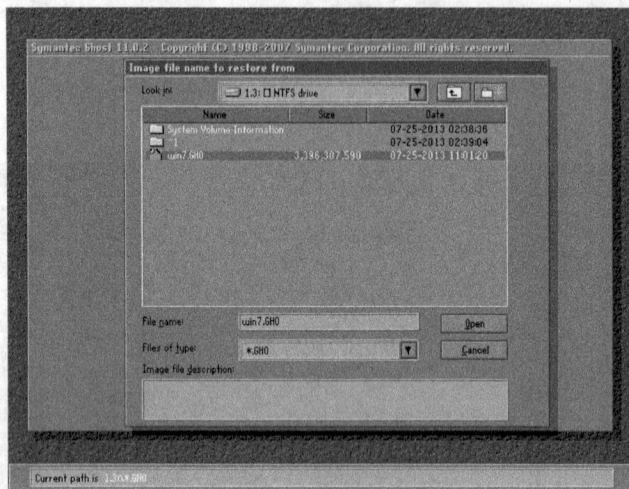

图 13-39　选择镜像文件

第 3 步：选择镜像文件将恢复到的硬盘，单击"OK"按钮，如图 13-40 所示。

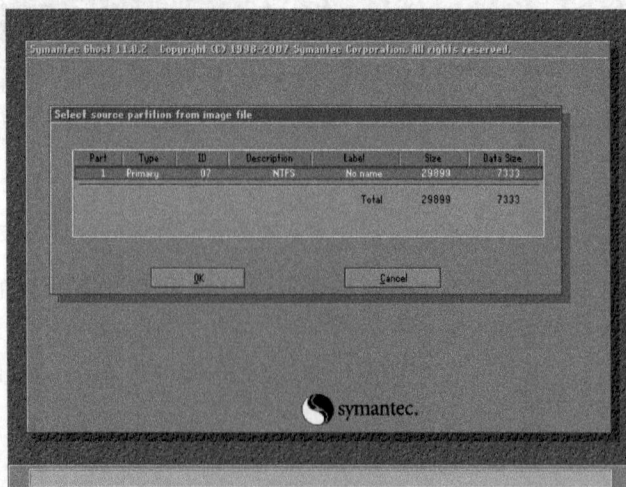

图 13-40　选择硬盘

第4步：在图13-41中选择镜像文件将恢复到的硬盘分区。单击"OK"按钮。

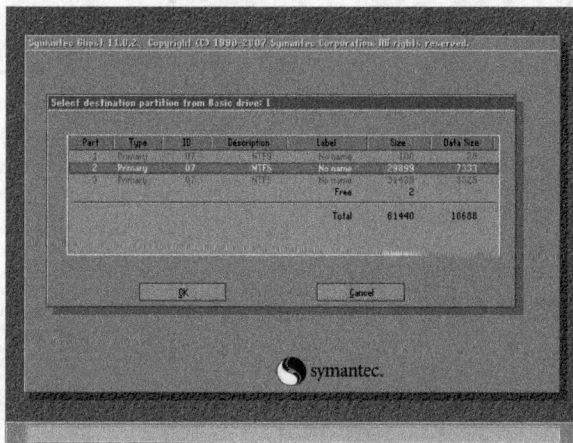

图13-41　选择硬盘分区

第5步：在弹出的"Question：(1823)"提示框中，提示将覆盖选中分区的所有数据，单击"Yes"按钮开始恢复，如图13-42所示。

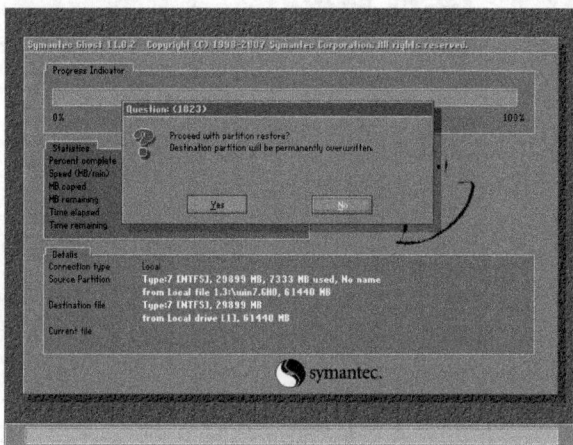

图13-42　确认恢复

第6步：在恢复过程中会看到恢复进度提示，如图13-43所示。恢复完成后，提示重启计算机或返回Ghost主界面，如图13-44所示。

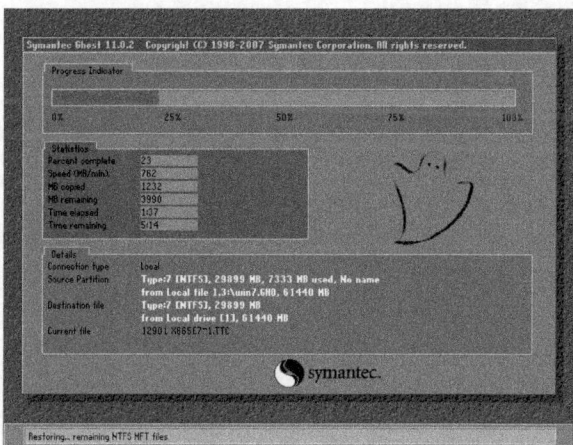

图13-43　进度提示

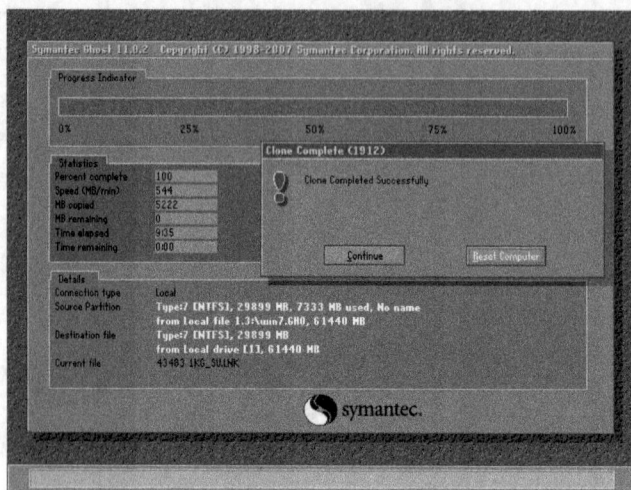

图 13-44　恢复操作完成

13.5　实战训练

1. 创建系统映像备份并保存到 D 盘。
2. 使用 Win RE 工具中的"系统映像恢复"功能，还原本机系统。
3. 使用 DISM 工具实现用户本机系统的备份与还原。
4. 使用装机工具实现系统的备份与还原。

第14章

系统安全

本章主要介绍操作系统账户的安全管理；用户密码设置与重置的方法；文件与硬盘加密等功能。通过了解本章内容，用户可掌握计算机系统安全的基础知识与保障用户使用权限的操作方法，提升计算机系统安全使用的技能。

14.1 管理员账户安全

用户账户是系统的重要组成部分，它在网络安全中占有非常重要的地位，获得了用户账户就等于敲开了系统的大门，而只要掌握相应权限的用户账户，非法用户便会轻易地打开并篡改系统。因此，系统账户特别是管理员账户需妥善管理，否则会为日后的系统安全埋下隐患。用户需针对系统进行较深一级的用户账户管理设置，用以保护系统的安全与稳定。

管理员账户安全

14.1.1 更改管理员账户名称

系统管理员是具有对系统进行一切管理权限的用户，以 Windows 为例，系统管理员可以管理 Windows 中所有的用户，可以安装和卸载系统内核级的程序，包括内置或第三方程序、网络设置、硬件驱动等，可以使用系统中所有的功能。由此可知，系统管理员的权限也就是系统的最高权限。

由于 Administrator 账户是系统安装后默认的管理员账户，非法用户经常利用此账户名称侵入系统，所以用户需及时更改管理员账户名称。具体方法如下：

在开始菜单中打开"计算机管理"窗口，单击【本地用户和组】|【用户】，右击"Administrator"，选择"重命名"，如图 14-1 所示。输入新用户名，如"vmware"，如图 14-2 所示。

注意：新用户名建议不要使用带有"Admin"或"Root"等字符的名称，否则仍会被非法用户利用。

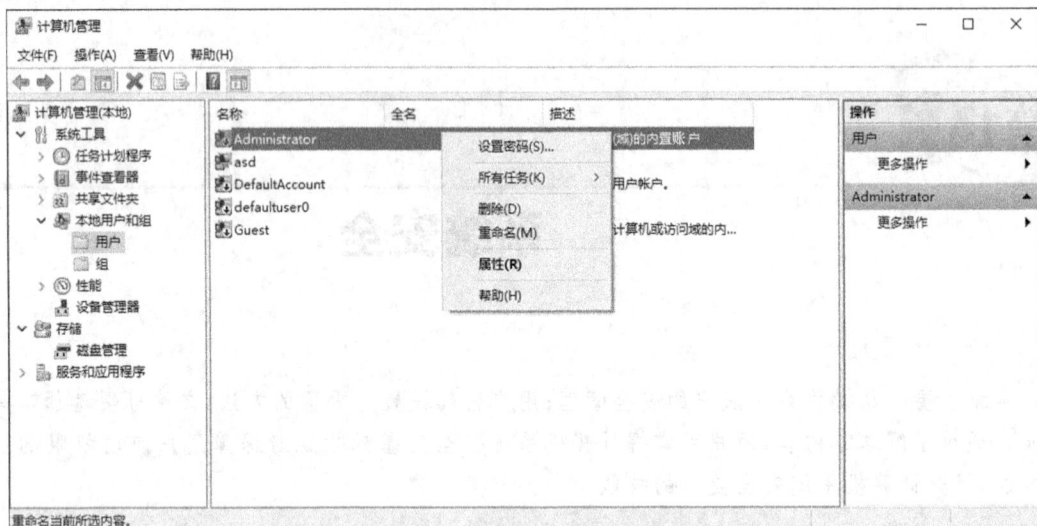

图 14-1　管理员账户重命名

图 14-2　"Administrator"改名为"vmware"

14.1.2　创建陷阱用户

创建一个"Administrator"的陷阱账号,不赋予任何权限,加上一个超过 10 位的超级复杂密码,这样可防止一些初级黑客的入侵,操作步骤如下:

第 1 步:在"本地用户和组"界面空白处右击,在快捷菜单中单击"新用户",如图 14-3 所示。在"新用户"对话框中设置"用户名""描述""密码"等内容,选择"用户不能更改密码""密码永不过期""账户已禁用"复选框,单击"创建"按钮,如图 14-4 所示。

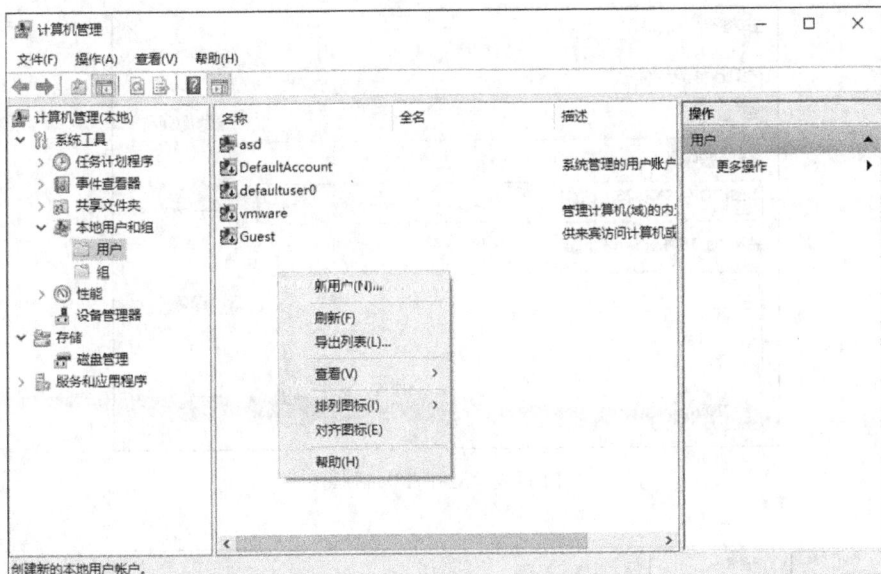

图 14-3　创建新用户

注意：创建"Administrator"账户后，若要该账户真正起到"陷阱"的作用，需将此账户加入 Guests 组中，使其具有普通账户的权限。

第 2 步：右击新用户名，在快捷菜单中单击"属性"，在"隶属于"选项卡功能区单击"添加"按钮，如图 14-5 所示。在"选择组"对话框中单击"高级"按钮，如图 14-6 所示。

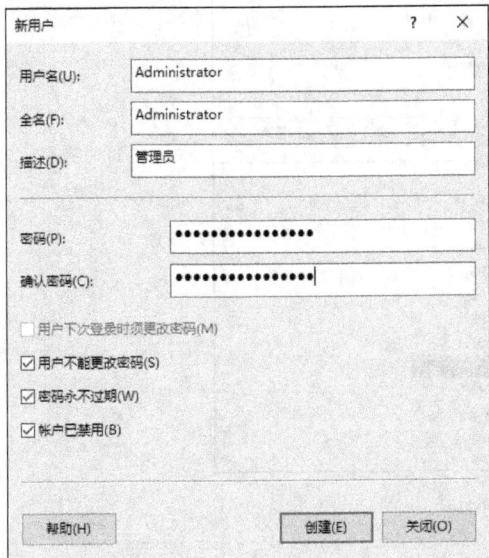

图 14-4　"新用户"对话框

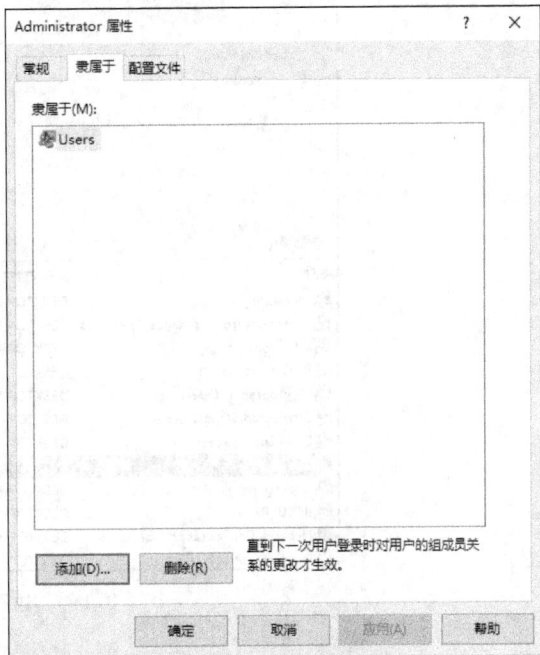

图 14-5　"隶属于"选项卡

注意：新创建的"Administrator"账户隶属于"Users"组。

第 3 步：在图 14-7 所示界面单击"立即查找"按钮，在搜索结果处选取"Guests"后，单击"确定"按钮。

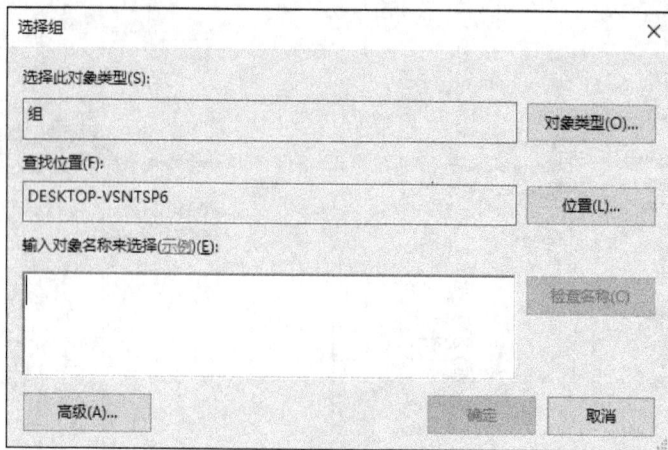

图 14-6　"选择组"对话框

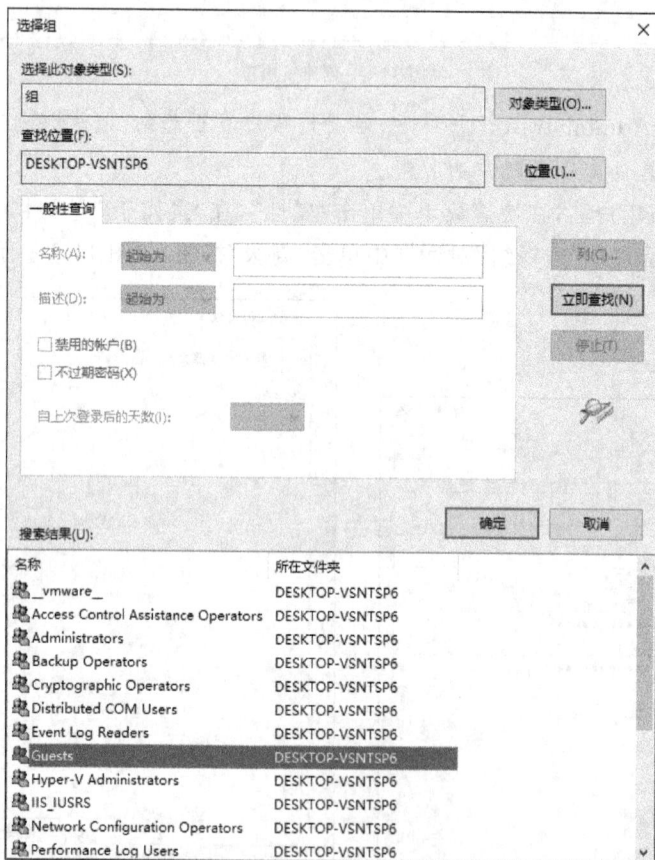

图 14-7　选取"Guests"

　　具有陷阱功能的"Administrator"账户已创建完成,如图 14-8 所示。但有经验的非法入侵者,可以通过某种方式查看本地用户的真实名称,如最后一次登录的用户名,之后便进行账户密码的破解,那么设置的陷阱账户对账户安全则无效。解决此问题的方法是不显示最后一次登录的用户名。

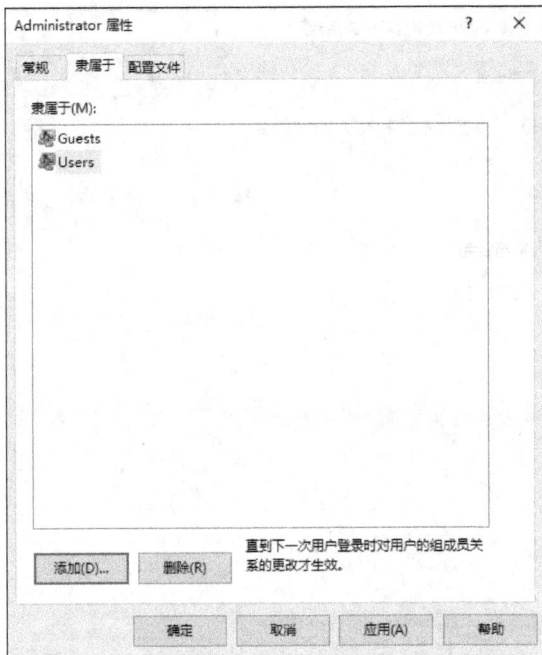

图 14-8　完成添加"Guests"

第 4 步：单击【开始】|【运行】，在"打开"处输入"gpedit.msc"，打开"本地组策略编辑器"窗口，单击【计算机配置】|【Windows 设置】|【安全设置】|【本地策略】|【安全选项】。在右侧工作区右击"交互式登录：不显示最后的用户名"选择"属性"，如图 14-9 所示。

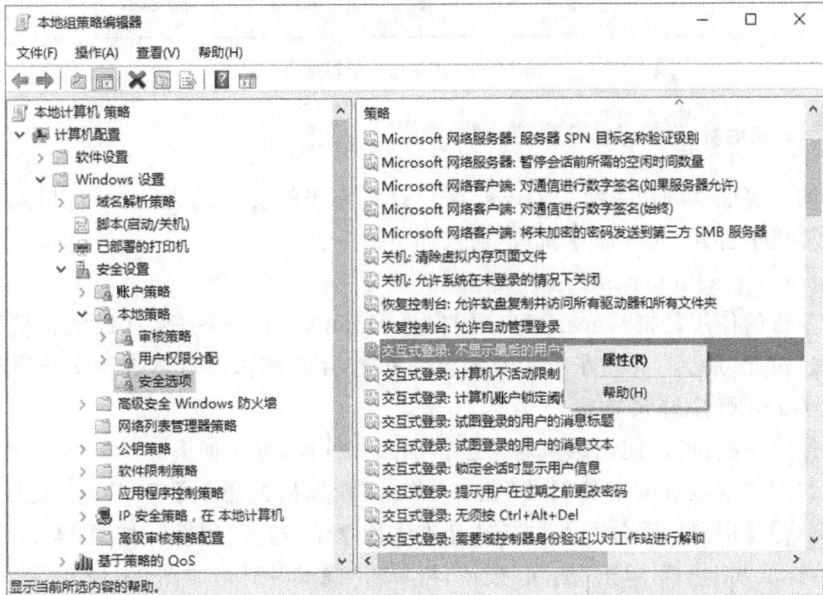

图 14-9　安全选项

第 5 步：在图 14-10 对话框中，选取"已启用"单选框，单击"确定"按钮。至此，针对"Administrator"创建的陷阱用户完成。

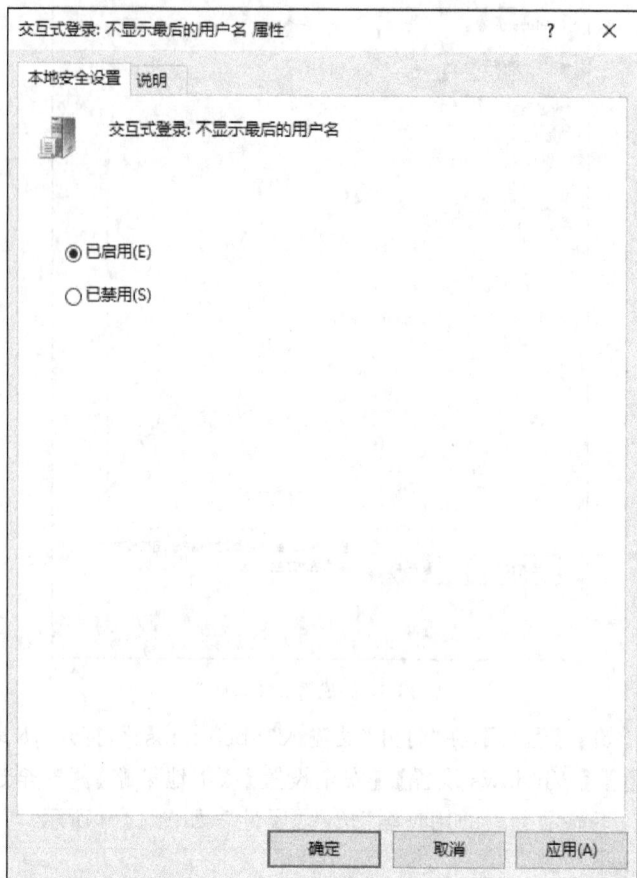

图 14-10　陷阱用户创建完成

14.1.3　Guest 账户的安全管理

有经验的黑客能够利用系统中 Guest 账户设置不当的安全隐患,入侵主机系统。他们会在自己的计算机中打开 DOS 命令窗口,输入如下命令:

Net localgroup administrators guest/add

上述命令行的作用是将 Guest 账户更改为 Administrators 账户,这样便轻易打开了用户的系统门户。由此可见,Guest 账户的安全至关重要,用户需重点对其进行安全管理。

1. 禁止 Guest 账户登录本机

为了更保险一些,可以使用组策略来进行加固式管理,方法如下 :

第 1 步:打开"本地组策略编辑器"窗口,单击【计算机配置】|【Windows 设置】|【安全设置】|【本地策略】|【用户权限分配】。右击"允许本地登录"选择"属性",如图 14-11 所示。

第 2 步:选取"Guest",单击"删除"按钮,再单击"确定"按钮,如图 14-12 所示。将"允许本地登录"中的"Guest"用户组删除。

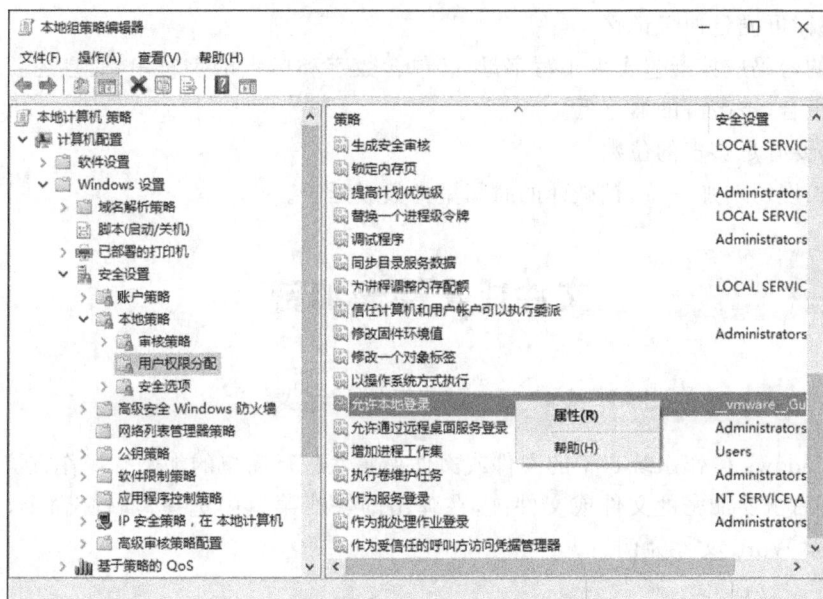

图 14-11　用户权限分配

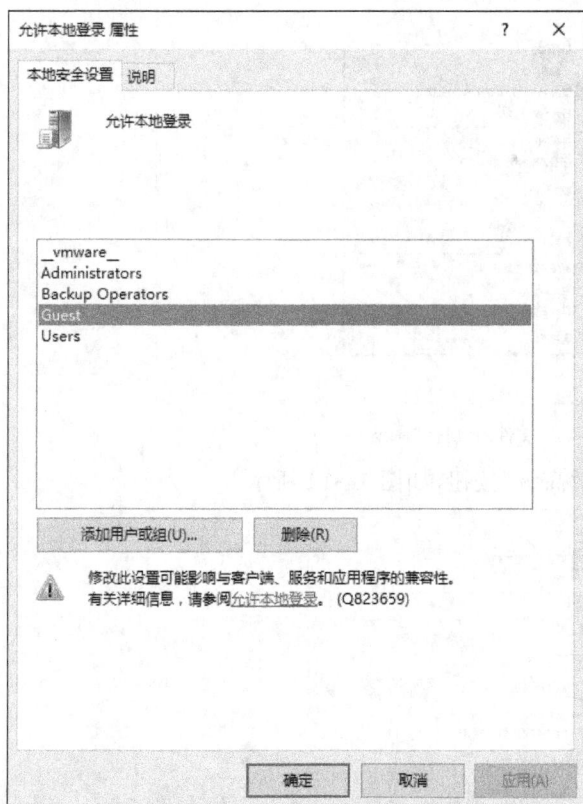

图 14-12　删除"Guest"用户组

设置用户密码　　重置用户密码

2. 牢记 Guest 账户密码的设置规则

密码设置的原则是：不规律的密码组合＋定期的密码更换。

相对安全的密码应该具有以下特征：

(1)无规律可循且便于记忆

所设置的密码应该既包含大小写字母,又包含数字和标点的字符串,而且还要便于记忆。这样的密码组合,被破解的概率低。

(2)密码要有足够多的位数

密码的长度每增加一位,被破译的时间呈指数级延长。

14.2 文件或文件夹加密

14.2.1 Windows 操作系统加密文件或文件夹

通过 Windows 操作系统自带的文件或文件夹属性进行简单的加密。操作方法如下:

第 1 步:右击要加密的文件或文件夹,在弹出的快捷菜单中选择"属性"命令,如图 14-13 所示。本例以 Word 文件为例。

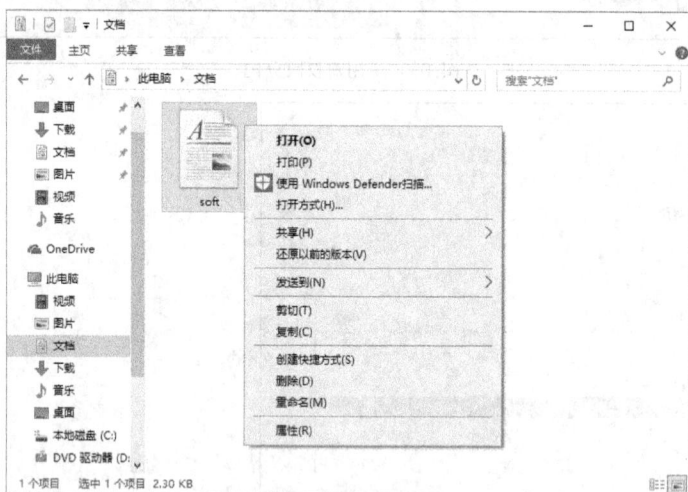

图 14-13　文件的"属性"命令

第 2 步:在文件属性对话框中,单击"高级"按钮,如图 14-14 所示。

图 14-14　文件"属性"对话框

第 3 步：在文件的"高级属性"对话框中，用户可勾选"加密内容以便保护数据"单选框，然后单击"确定"按钮，如图 14-15 所示。

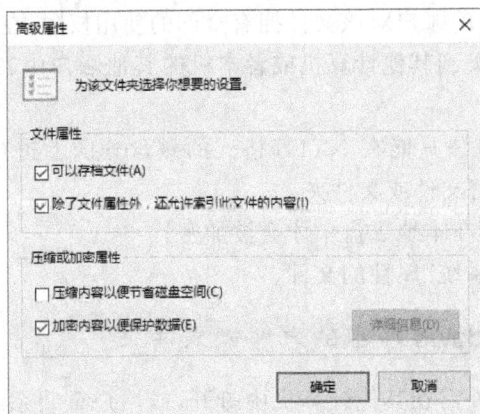

图 14-15 "高级属性"对话框

第 4 步：在图 14-16 对话框中提示用户是否加密父文件夹，用户选择此项后，所有添加进该文件夹中的文件或子文件夹，将在添加时被自动加密。至此文件加密操作完成，如图 14-17 所示。

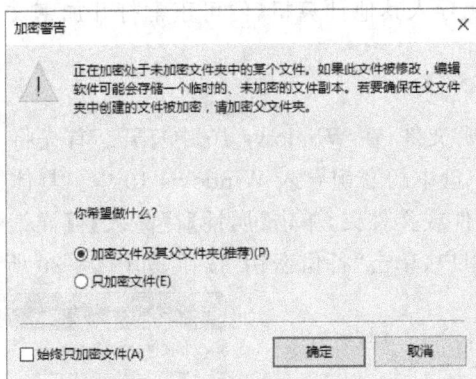

图 14-16 "加密警告"对话框

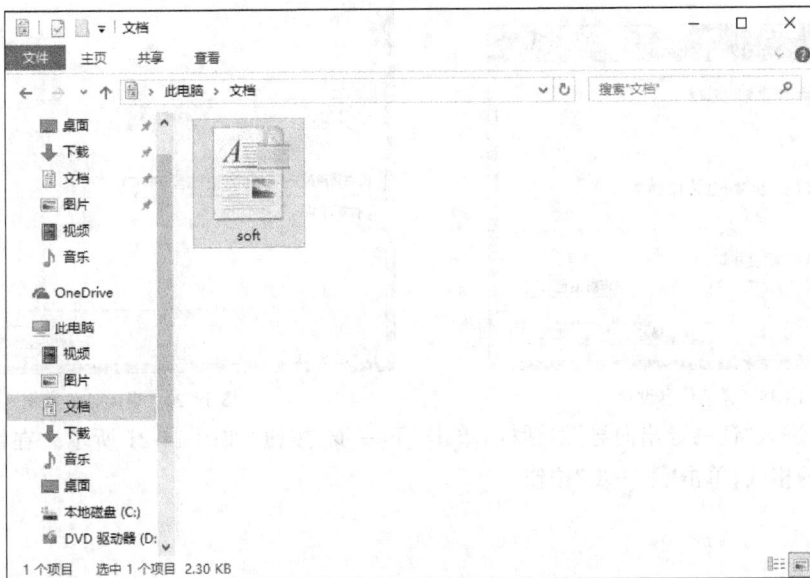

图 14-17 加密后的文件

用户在加密文件或文件夹时,需注意以下几点:

(1)文件加密过程中,不需要用户输入密码,系统将当前管理员用户的登录密码自动识别为加密文件的密码,所以当前账户对该文件拥有全部的使用权限,在不输入密码的情况下可以随意使用。如果将文件拷贝到其他计算机或者本机的其他账户中,需要输入正确密码方可正常使用。

(2)本节介绍的加密方法只能在 NTFS 格式的磁盘分区上进行操作,其他文件系统(如FAT 等)不能用该方法加密文件或文件夹。

(3)加密数据只有存储在本地磁盘中才会被加密。

(4)无法加密标记为"系统"属性的文件。

14.2.2 打开 Windows 加密的文件或文件夹

当加密的文件或文件夹需在其他计算机中打开,或用户重装系统后需要打开加密的文件或文件夹时,屏幕将出现"拒绝访问"提示框,如图 14-18 所示。其主要原因是加密文件系统(EFS)使用公钥证书对文件或文件夹进行加密,而与该证书相关的内容在其他计算机或当前计算机中无法正常使用。遇到此现象,用户只需将本机管理员账户密钥进行备份,在使用加密文件或文件夹之前将密钥导入其他计算机,便可正常打开加密文件或文件夹了。

图 14-18 "拒绝访问"
提示框

1. 备份密钥

将 Windows 7 中的加密文件,在 Windows 10 中打开。首先将 Windows 7 密钥备份到 U盘,在打开加密文件前将 U 盘中的密钥导入 Windows 10 中。具体操作步骤如下:

第 1 步:右击加密的文件或文件夹,单击【属性】|【高级】|【详细信息】|【确定】,如图 14-19所示。再单击选取管理员用户,单击"备份密钥"按钮,如图 14-20 所示。

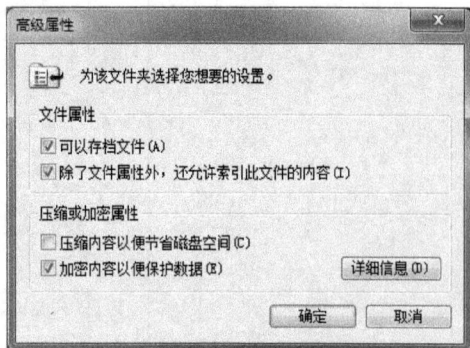

图 14-19 详细信息设置

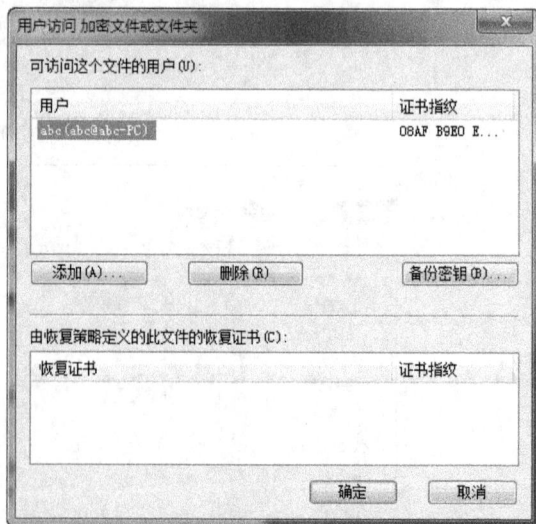

图 14-20 启动备份密钥

第 2 步:进入"证书导出向导"对话框,单击"下一步"按钮,如图 14-21 所示。在图 14-22 中,选择要使用的格式,单击"下一步"按钮。

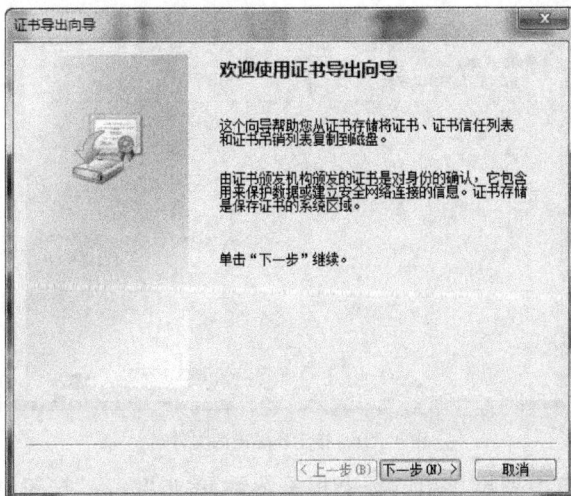

图 14-21　启动"证书导出向导"

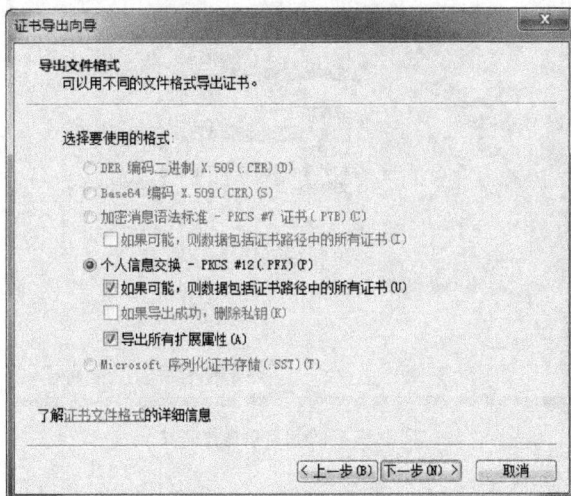

图 14-22　选择要使用的格式

　　第 3 步:在"输入并确认密码"文本框中输入保护密钥的密码,单击"下一步"按钮,如图 14-23 所示。在图 14-24 中单击"浏览"按钮,指定要导出的文件名。单击"下一步"按钮。

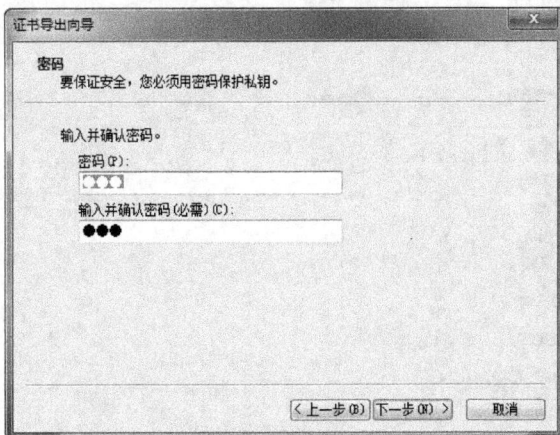

图 14-23　设置密码

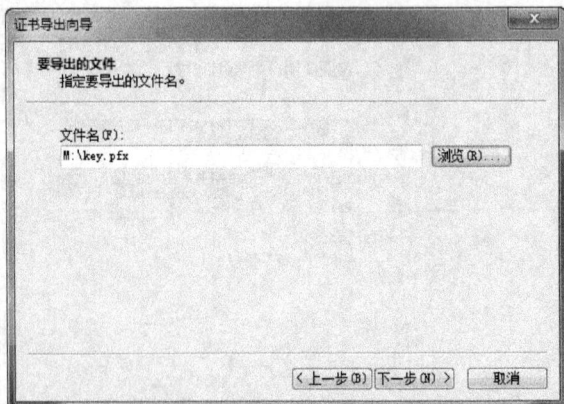

图 14-24　指定要导出的文件名

第 4 步：在图 14-25 中列出导出的证书相关设置，单击"完成"按钮，密钥备份操作完成。

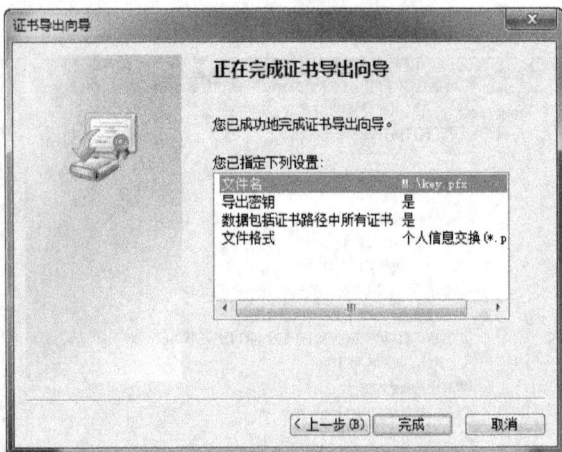

图 14-25　密钥备份操作完成

2. 导入密钥

第 1 步：双击打开备份的密钥文件，如图 14-26 所示。启动"证书导入向导"，在"存储位置"处，选择"当前用户"，单击"下一步"按钮，如图 14-27 所示。

图 14-26　打开密钥文件

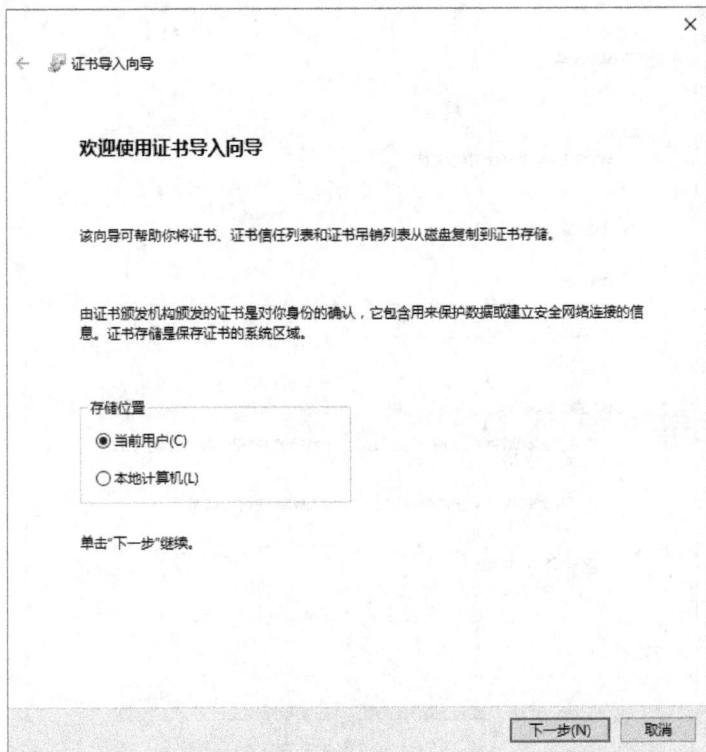

图 14-27　选择存储位置

　　第 2 步：在图 14-28 中单击"浏览"按钮，选择将导入的密钥文件，单击"下一步"按钮。在图 14-29 中，在"密码"文本框输入密码，单击"下一步"按钮。

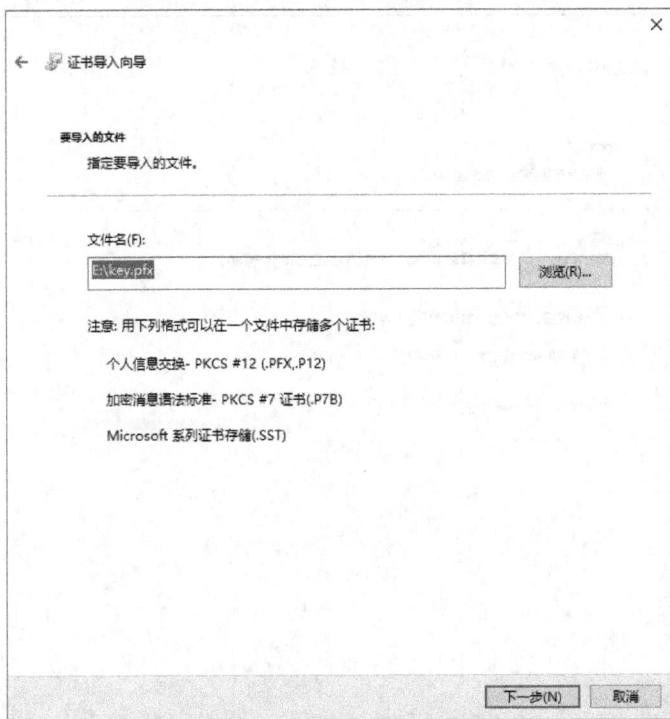

图 14-28　选择密钥文件

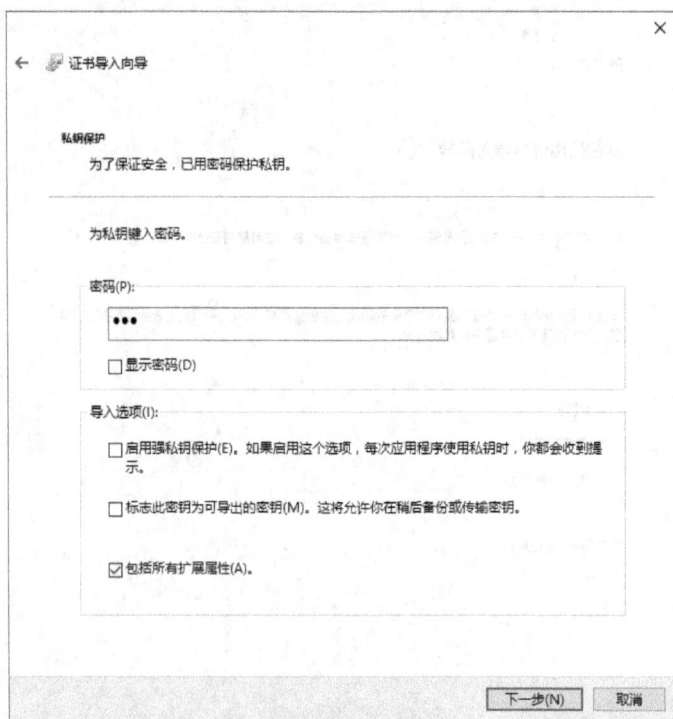

图 14-29 输入密码

第 3 步：在图 14-30 中，指定证书存储位置。单击"下一步"按钮。在图 14-31 中单击"完成"按钮开始导入用户所指定的密钥文件。之后出现"导入完成"的提示框，至此密钥文件导入操作完成。用户可以正常使用加密后的文件了。

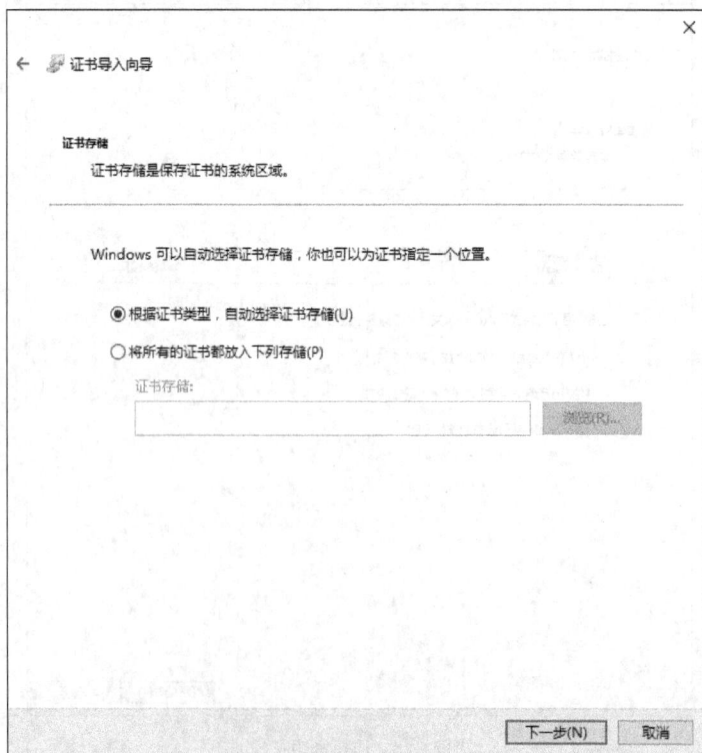

图 14-30 指定证书存储位置

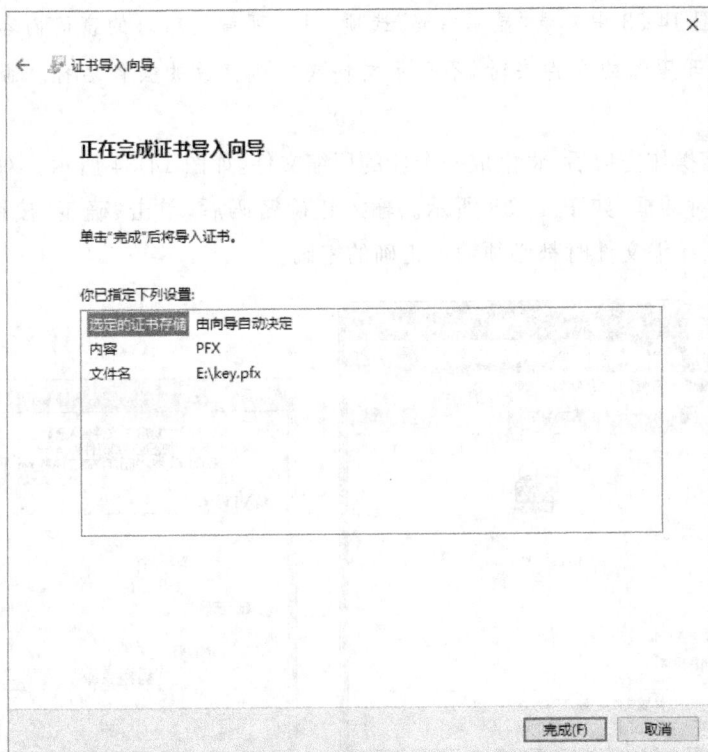

图 14-31　证书导入向导完成

14.2.3　使用工具加密文件或文件夹

具有文件加密功能的软件种类较多，WinRAR 便是其中之一。WinRAR 是一款功能强大的压缩软件，可将数据打包以缩减文件的占用空间。另外一个重要的功能就是文件的加密。WinRAR 在压缩文件的同时可设置压缩密码。压缩文件并设置密码的操作步骤如下：

第 1 步：首先用户需要创建一个文件夹，将需要加密的文件存放到该文件夹内。选取此文件夹并启动 WinRAR，弹出"压缩文件名和参数"对话框，如图 14-32 所示。

第 2 步：在图 14-32 中，单击"设置密码"，在图 14-33 中输入密码内容，单击"确定"按钮。

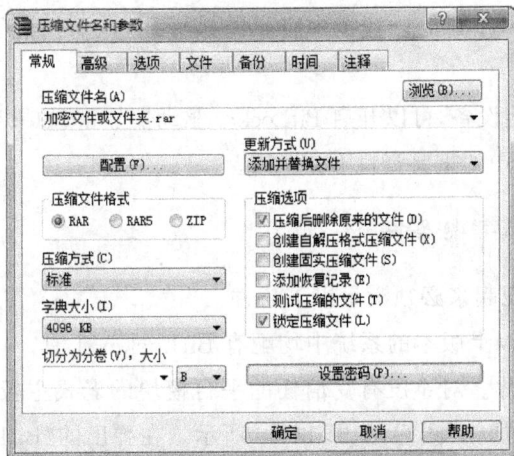

图 14-32　"压缩文件名和参数"对话框

图 14-33　设置密码

注意: 在图 14-33 中勾选"显示密码"选项,用户可看到输入的密码内容。勾选"加密文件名"选项,在打开压缩的文件夹时,不显示文件夹内所存放的文件名称。否则,将显示文件名称。

第 3 步:压缩操作完成后,将生成一个新的压缩文件,如图 14-34 所示。双击压缩文件,将弹出"输入密码"对话框,如图 14-35 所示。输入正确密码后,单击"确定"按钮。此操作完成后,再查看并使用压缩文件时都必须输入正确的密码。

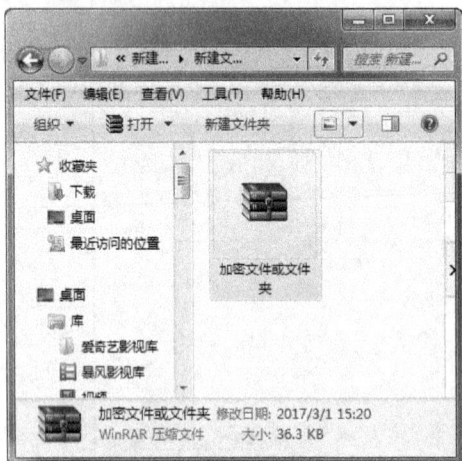

图 14-34　生成新的压缩文件　　　　　图 14-35　"输入密码"对话框

14.3 硬盘加密

Windows 提供了 BitLocker 工具,其主要作用是为计算机的驱动器进行加密,从而保证用户的数据安全。此项功能主要是通过计算机内置的芯片——TPM(受信任的平台模块)实现的,TPM 芯片用来存储加密信息(如加密密钥),避免受到外部软件攻击。另外,还可以在计算机的硬盘分区中开启 BitLocker 加密功能,重要的数据文件能够在本计算机中正常使用,若文件被窃取,在无正确密码数据文件的情况下,在其他计算机中将不能被使用,从而保证了数据的安全。

同样道理,对于存储卡、U 盘等移动存储设备,可以开启 BitLocker 驱动器加密,如果移动存储设备丢失,丢失的只是物理设备,存储设备中的重要资料不会泄露。

14.3.1 BitLocker 驱动器加密的实现条件

BitLocker 驱动器加密操作简单,但实现起来必须满足以下条件:

(1)Windows 版本需企业版或旗舰版,以上版本的系统中均配有 BitLocker 工具。

(2)计算机的主板中必须要有 TPM 芯片。对于没有受信任的平台模块的老式主板,用户可以在控制面板中,单击"BitLocker 驱动器加密"图标,如图 14-36 所示。在弹出的"BitLocker 驱动器加密"窗口,单击左下角"TPM 管理",如图 14-37 所示。之后弹出"找不到兼容的

TPM"提示，即表示主板中没有 TPM 芯片，如图 14-38 所示。遇到此情况，用户可以通过设置本地组策略进行解决。具体操作步骤如下：

图 14-36   打开"BitLocker 驱动器加密"

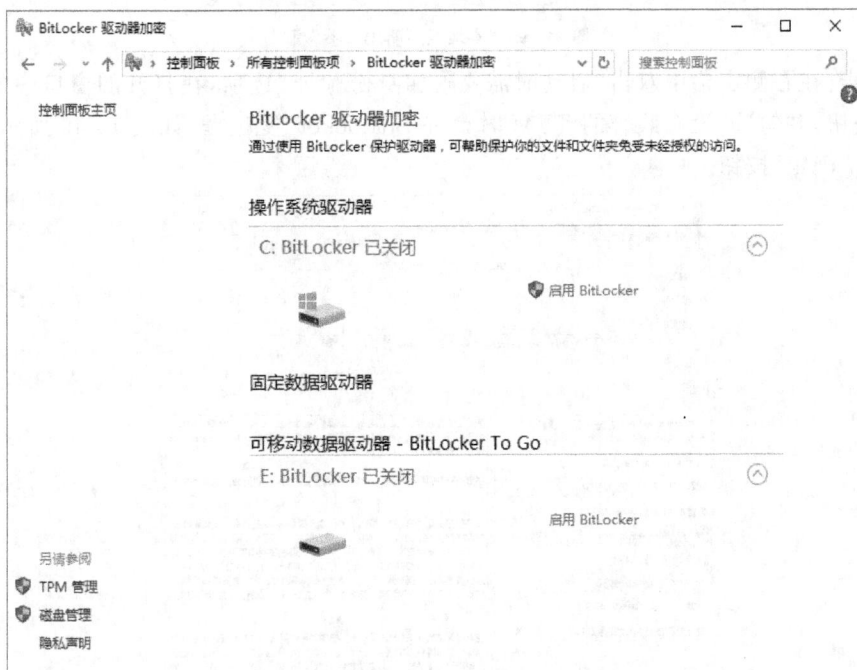

图 14-37   TPM 管理

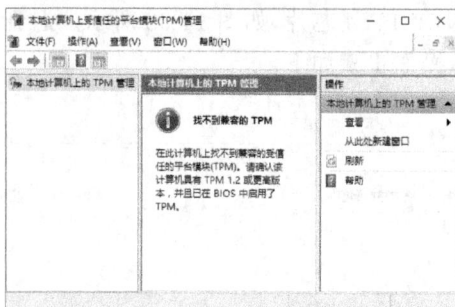

图 14-38 "找不到兼容的 TPM"提示

第 1 步：打开"运行"对话框，输入"gpedit.msc"命令后按回车键打开"本地组策略编辑器"窗口，在左侧窗格中单击【计算机配置】|【管理模板】|【Windows 组件】|【BitLocker 驱动器加密】|【操作系统驱动器】，如图 14-39 所示。

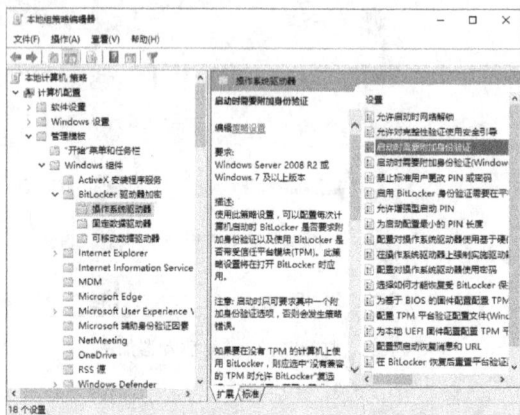

图 14-39 "本地组策略编辑器"窗口

第 2 步：在右侧窗格中双击"启动时需要附加身份验证"选项，在打开的窗口中勾选"已启用"单选按钮，并勾选"没有兼容的 TPM 时允许 BitLocker"复选框，如图 14-40 所示。完成设置后，单击"确定"按钮。

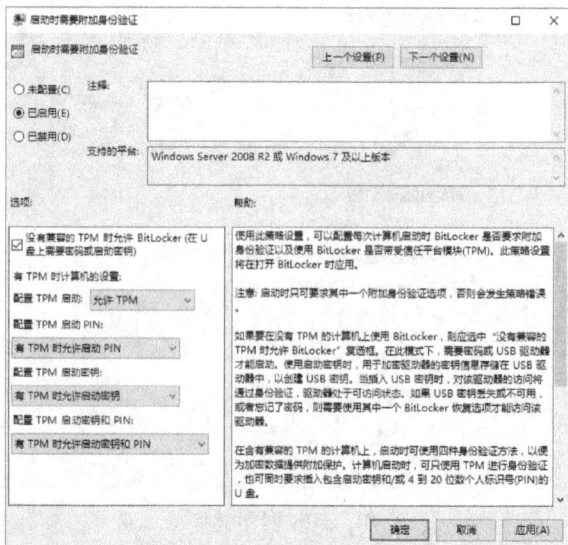

图 14-40 设置"附加身份验证"条件

第3步：再次进入"运行"对话框中输入"gpupdate /force"命令，对本地组策略进行刷新，如图14-41所示。

（3）存储器的文件系统需要 NTFS 格式。

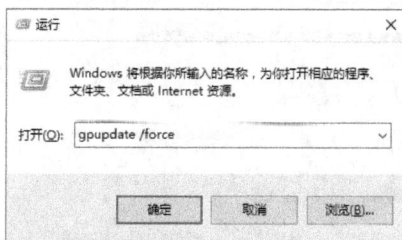

图 14-41　刷新本地组策略

14.3.2　加密移动磁盘

BitLocker 实现条件满足后，在控制面板中打开"BitLocker 驱动器加密"窗口（图14-37）。在每个磁盘的右侧显示"启用 BitLocker"字样，这表示用户可对某个驱动器进行加密。如果对移动磁盘进行加密，用户可在"可移动数据驱动器 - BitLocker To Go"处单击磁盘图标右侧的"启用 BitLocker"命令，具体操作步骤如下：

第1步：在弹出的对话框中勾选"使用密码解锁驱动器"单选框，输入移动磁盘的加密密码，单击"下一步"按钮，如图14-42所示。在图14-43中选择"保存到文件"选项，建议密钥文件备份到非系统盘的磁盘中，以便在忘记密码时进行修复，单击"下一步"按钮。

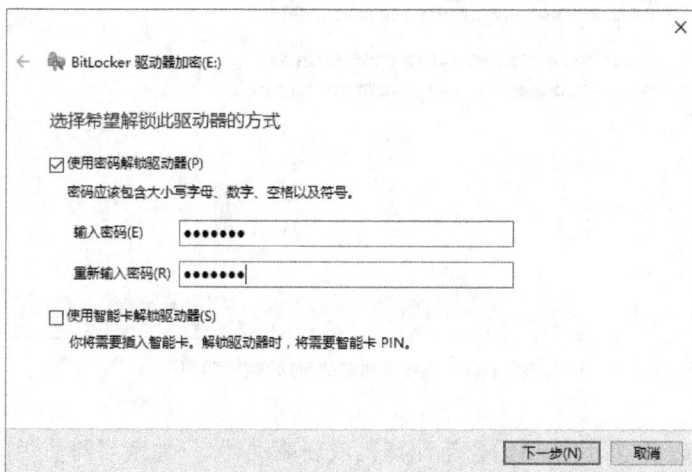

图 14-42　设置移动磁盘加密密码

第2步：在图14-44中，用户按需要选择要加密的驱动器空间大小，单击"下一步"按钮。

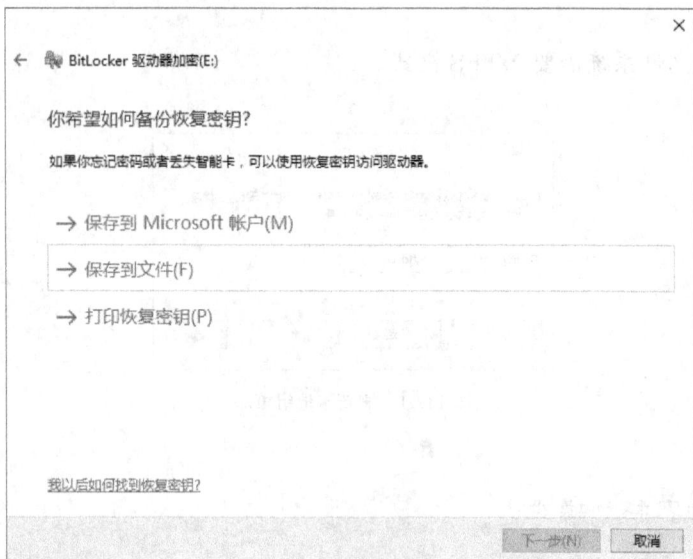

图 14-43　备份恢复密钥

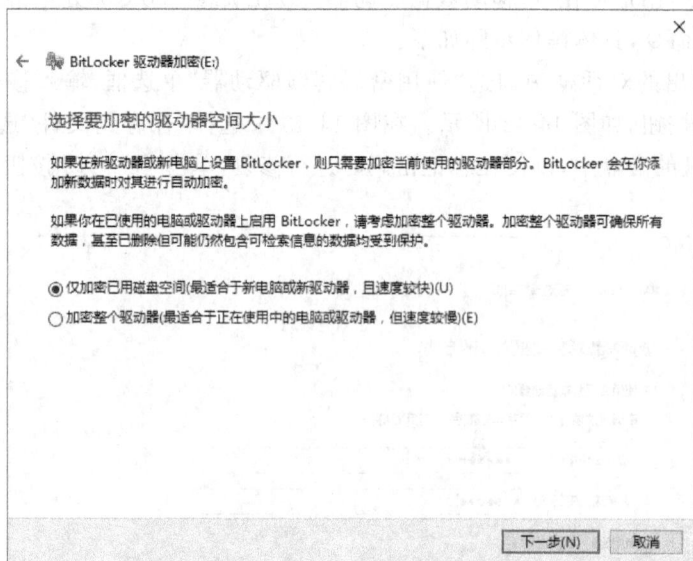

图 14-44　选择要加密的驱动器空间大小

　　"仅加密已用磁盘空间"选项适合新计算机或新驱动器,只加密当前使用的驱动器部分,以后添加的新数据会自动加密。"加密整个驱动器"选项适合已使用的计算机或驱动器,此项可加密存放在驱动器中的所有数据。建议选取第二项,全面加密驱动器中的所有数据,但加密过程用时较长。

　　第 3 步:在"选择要使用的加密模式"界面中选择"兼容模式"选项,单击"下一步"按钮,如图 14-45 所示。弹出"是否准备加密该驱动器"界面,单击"开始加密"按钮,如图 14-46 所示。

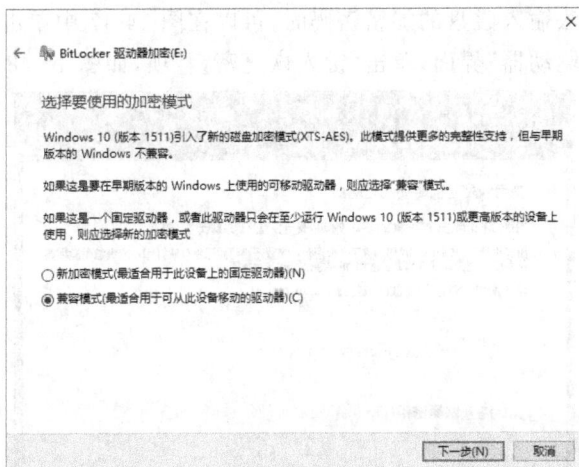

图 14-45　选择要使用的加密模式

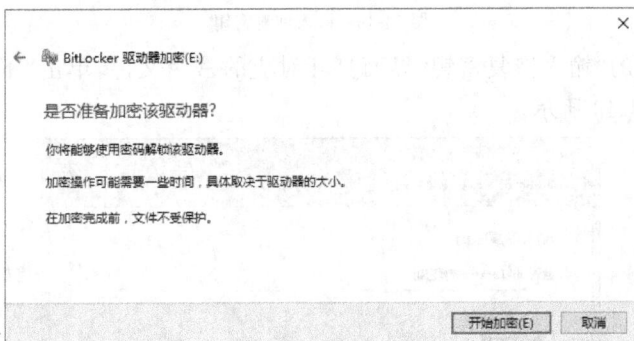

图 14-46　开始加密

第 4 步：密钥信息写入可移动磁盘需要的时间较长。加密完成后，"可移动数据驱动器"的图标会出现加锁标志，表示加密成功。

14.3.3　恢复密钥

加密移动磁盘插入其他计算机使用时，必须输入正确的密码后，单击"解锁"按钮，才能打开移动磁盘，如图 14-47 所示。如若用户忘记密码，此时，可通过已经备份的密钥文件进行密码修复。操作步骤如下：

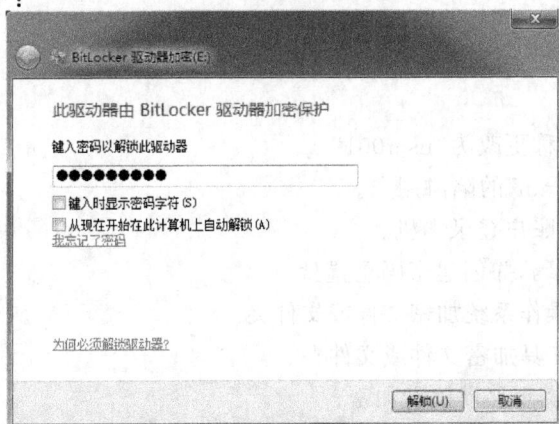

图 14-47　输入解锁密码

第 1 步：当用户无法输入磁盘的加密密码时，可以在图 14-47 中单击"我忘记了密码"。在"使用恢复密钥解锁此驱动器"界面，单击"键入恢复密钥"项，如图 14-48 所示。

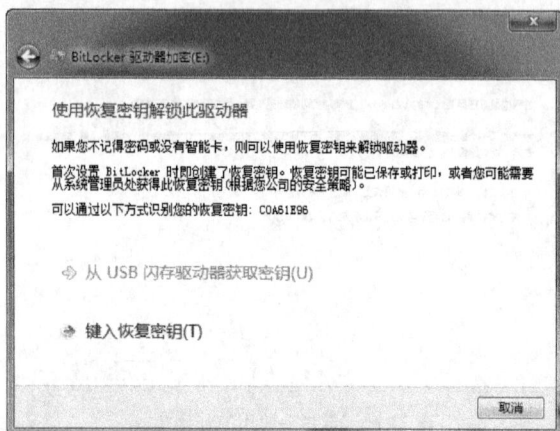

图 14-48　键入恢复密钥

第 2 步：在打开的"输入恢复密钥"界面打开对应的密钥文件，单击"下一步"按钮 即可成功解除密码，如图 14-49 所示。

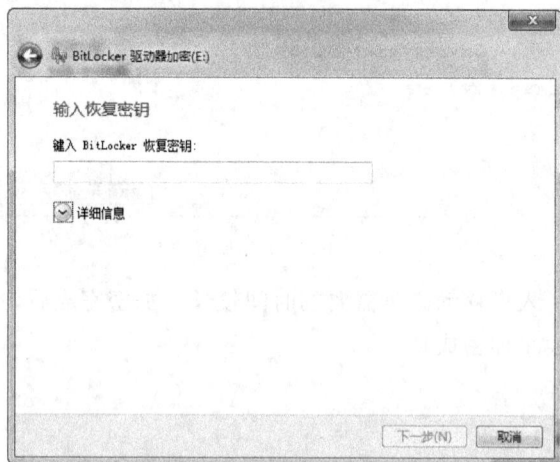

图 14-49　输入恢复密钥

14.4　实战训练

1. 将管理员账户名称更改为"user001"。
2. 创建名称为"Admin"的陷阱用户。
3. 禁止本机 Guest 账户登录本机。
4. 设置本机用户密码，并创建密码重置盘。
5. 使用 Windows 操作系统加密文件或文件夹。
6. 使用 WinRAR 工具加密文件或文件夹。
7. 使用 BitLocker 实现移动磁盘加密。

第15章

Linux操作系统

15.1 Linux 操作系统的特点

近年来,Linux 的应用越来越广,很多应用程序以及机构(包括一些政府部门)都在使用Linux。主要的硬件厂商都支持 Linux,主要的软件厂商也都支持他们的软件运行在 Linux 之上。Linux 已真正成为一个切实可行的操作系统,特别是在服务器市场中。Linux 从 1991 年诞生至今,已 30 多年。但是它的发展和应用异常迅猛,成为操作系统领域中一支重要的生力军。可以说,它是一个诞生于网络、成长于网络且成熟于网络的操作系统。

Linux 的成功主要归功于在它之前诞生的系统和应用程序——UNIX 和 GNU 软件。

Linux 与其他操作系统相比,功能强大而全面,具有以下一系列显著特点。

1. 与 UNIX 系统兼容

Linux 已成为具有全部 UNIX 特征,遵从 IEEE POSIX 标准的操作系统。所有 UNIX 的主要功能都有相应的 Linux 工具和实用程序。对于 UNIX System V,其软件程序源码在 Linux 上重新编译后就可以运行;而对于 BSD UNIX,它的可执行文件可以直接在 Linux 环境下运行。所以,Linux 实际上是一个完整的 UNIX 类操作系统。Linux 系统上使用的命令多数与 UNIX 命令在名称、格式、功能上相同。

2. 自由软件和源码公开

Linux 项目从一开始就与 GNU 项目紧密结合,它的许多重要组成部分均来自 GNU 项目。任何人只要遵守 GPL 条款,就可以自由使用 Linux 源程序。这激发了世界范围内热衷于计算机事业的人们的创造力。通过 Internet,Linux 得到了迅速传播和广泛使用。

Linux的发展历史

3. 性能高和安全性强

在相同的硬件环境下,Linux 可以像其他著名的操作系统那样运行,提供各种高性能的服务,可以作为中小型 ISP 或 Web 服务器工作平台。

Linux 提供了先进的网络支持,如内置 TCP/IP、运行大量网络管理、网络服务等方面的工具,用户可利用它建立起高效稳定的防火墙、路由器、工作站。Linux 还包含了大量系统管理软件、网络分析软件、网络安全软件等。

因为 Linux 源码是公开的,所以可消除系统中是否有"后门"的疑惑。这对于关键部门、关键应用来说,是至关重要的。

4. 便于定制和再开发

在遵从 GPL 版权协议的条件下,各部门、企业、单位或个人可根据自己的实际需要和使用环境对 Linux 系统进行裁剪、扩充、修改或者再开发。

5. 互操作性强

Linux 操作系统支持数十种文件系统格式,能够以不同的方式实现与非 Linux 系统的不同层次的互操作。

①客户-服务器(Client/Server)网络。Linux 可以为基于 MS-DOS、Windows 及其他 UNIX 的系统提供文件存储、打印、终端、后备服务及关键性业务应用。

②工作站。与工作站间的互操作可以让用户把他们的计算需求分散到网络的不同计算机上。

③仿真。Linux 上运行 MS-DOS 与 Windows 平台的仿真工具可以运行 DOS/Windows 程序相似。

6. 全面的多任务和真正的 64 位操作系统

与其他 UNIX 系统一样,Linux 是真正的多任务系统,允许多个用户同时在一个系统上运行多个程序。Linux 还是真正的 64 位操作系统,工作在 Intel 80386 及以后版本的 Intel 处理器的保护模式下,支持多种硬件平台。

Linux版本

国产Linux
操作系统简介

15.2　在虚拟机上安装 Linux 操作系统

虚拟机是通过软件在一台计算机上模拟出若干台可以独立运行的、互不干扰的具有相同或不同操作系统的计算机。其特点是,每一台虚拟机都与真实的计算机类似,拥有 CPU、内存、硬盘、光驱等硬件设备,甚至还有独立的 BIOS。在使用虚拟机时,用户需要分区、格式化、安装操作系统、安装应用程序和软件,虚拟机还可以访问网络资源,多台虚拟机还可以组建网络。

在一台机器上可以安装两个或更多的 Windows、Linux 系统,它们在主系统的平台上同时运行,就像标准 Windows 应用程序那样切换。而且每个操作系统都可以进行虚拟分区、配置而不影响真实硬盘的数据。常用的建立虚拟机平台的软件很多,如 VMware、VirtualBox、KVM、XEN、SwSoft(Parallels)等。

VMware Workstation 虚拟机是一个在 Windows 或 Linux 系统上运行的应用程序,可以模拟一个基于 x86 的标准 PC 环境。与真实的裸机平台一样,该虚拟环境具有芯片组、CPU、内存、显卡、软驱、硬盘、光驱、串口、并口等设备,提供该应用程序的窗口就是虚拟机的显示器。使用时,这台虚拟机与真正的物理主机没有太大的区别,都需要分区、格式化、安装操作系统、安装应用程序和软件等。

VMware 产品分为服务器版本和工作站版本(VMware Workstation)。VMware Workstation 又分为 VMware Workstation Pro、VMware Workstation Player。Pro 体验期后收费,Player 用于非商业用途是完全免费的。Player 早期不能创建虚拟机,只能在 Pro 创建好后给 Player 运行。而现在的 Player 早已加入创建虚拟机功能,所以使用体验上两者相差不大。最大的差异是 Pro 可以同时运行多个虚拟机,而 Player 只能同时运行一个。但日常个人用户几乎没有同时运行多个虚拟机的必要性,所以 Player 完全可以胜任个人开发使用。

在 Windows 系统上应用 VMware 安装 Linux 的一般步骤如下。

(1)下载并安装 VMware,创建虚拟机

可以从 VMware 网站下载 VMware 安装程序。将下载的 VMware 解压后根据提示安装到硬盘上。

VMware 安装完毕后,可以创建多个虚拟机。对每个新建的虚拟机都需要建立一个配置文件,相当于新计算机的"硬件配置"。在配置文件中决定虚拟机的硬盘如何划分、内存多大、准备运行哪种操作系统、是否联网等。

建立虚拟机。双击桌面上的"VMware Workstation"图标,出现如图 15-1 所示界面,选择"创建新虚拟机"选项,然后根据向导一步步地创建虚拟机。具体安装过程可参见 15.3 和 15.4 小节。

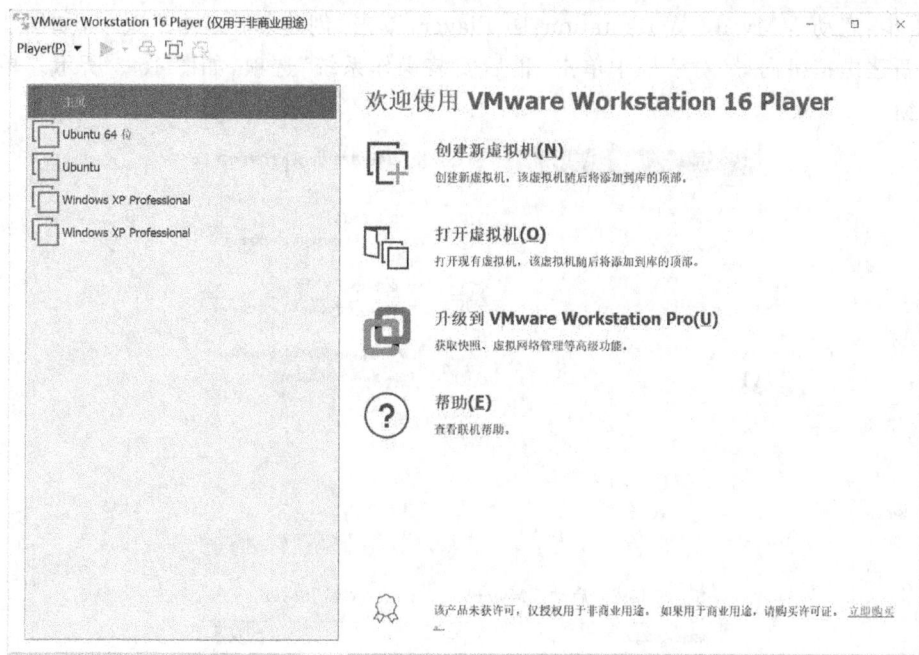

图 15-1　Vmware Workstation Player 创建虚拟机选项

按照提示,依次设置"安装来源""操作系统类型""操作系统名称""指定磁盘容量"等。最后,单击"完成"按钮,返回 VMware 主界面。这样就创建了 Linux 虚拟机。

(2)安装 Linux 操作系统

选中建立的 Linux 虚拟机(如"Deepin Linux"),然后编辑虚拟机选项,将下载好的操作系统映像文件挂载到 CD-ROM 上,确认后启动 Linux 虚拟机。然后就进入操作系统的安装过程,具体产品的安装步骤可以参见与 15.3 和 15.4 小节内容。

(3)安装 VMware Tools

安装过程大致为:以 root 身份进入 Linux 系统,按"Ctrl+Alt"键,进入 VMware 界面;单击 VMmare 菜单下的"VMware Tools Install"子菜单,在弹出的对话框中单击"install"按钮,出现"cdrom"对话框,其中包含名为 vmware-linux-tools.tar.gz 的文件,把这个文件解压缩,执行其中的 vmware-install.pl 文件,安装完毕后重启操作系统即可获得全屏显示、共享文件等功能支持。

15.3 在虚拟机上安装 Ubuntu 操作系统

本节以 VMware Workstation 16 Player 安装为例，介绍如何制作在虚拟机中使用 ISO 文件安装 Ubuntu 桌面系统。

安装前准备：在 Windows 操作系统中安装好 VMware Workstation 16 Player 软件；在官网下载 Ubuntu 源的压缩包文件存到本地磁盘备用。

15.3.1 创建新的虚拟机

第 1 步：启动 VMware Workstation 16 Player，单击"创建新虚拟机"选项，如图 15-2 所示。在"新建虚拟机向导"对话框中单击"稍后安装操作系统"选项，如图 15-3 所示。单击"下一步"按钮。

图 15-2　启动 VMware Workstation 16 Player

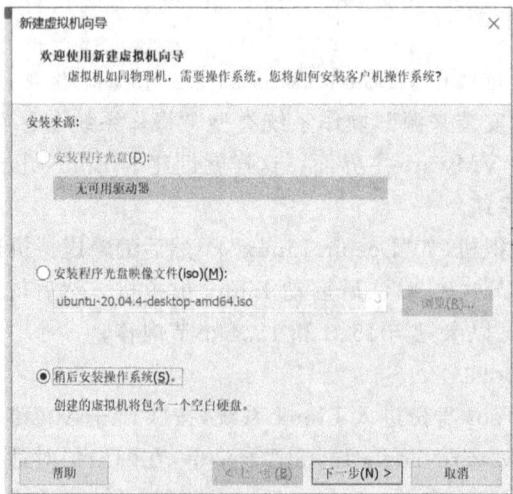

图 15-3　创建新的虚拟机

第 2 步：在客户机操作系统类型选"Linux"，在版本下选"Ubuntu 64 位"，如图 15-4 所示。单击"下一步"按钮。

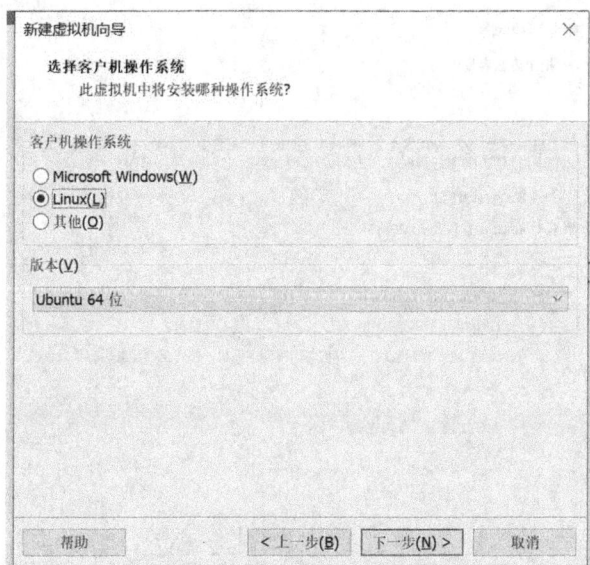

图 15-4　选择客户机操作系统类型

第 3 步:在图 15-5 中为虚拟机命名并指定虚拟机文件的存储位置,单击"下一步"按钮。在图 15-6 中指定磁盘容量,默认是 20 GB,可以根据磁盘情况修改,比如设置为 40 GB,单击"下一步"按钮。默认选取硬件兼容性" Workstation 12.0",了解该版本的虚拟机可支持使用的最大硬件资源。

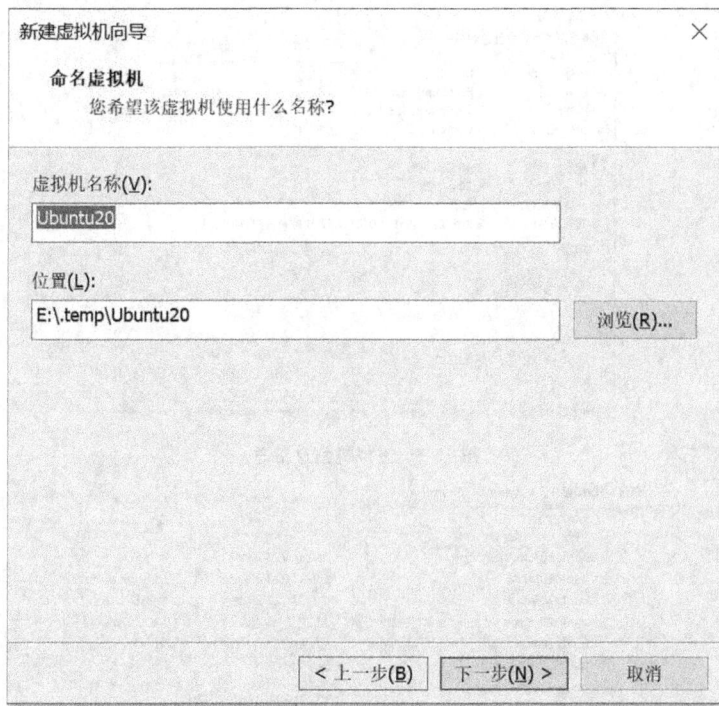

图 15-5　命名虚拟机

第 4 步:在图 15-7 中列出了将建立的虚拟机的汇总信息。如果需要对硬件进行自定义可以单击"自定义硬件"进行设置。若采用默认值,只需单击"完成"按钮就可以创建虚拟机。虚

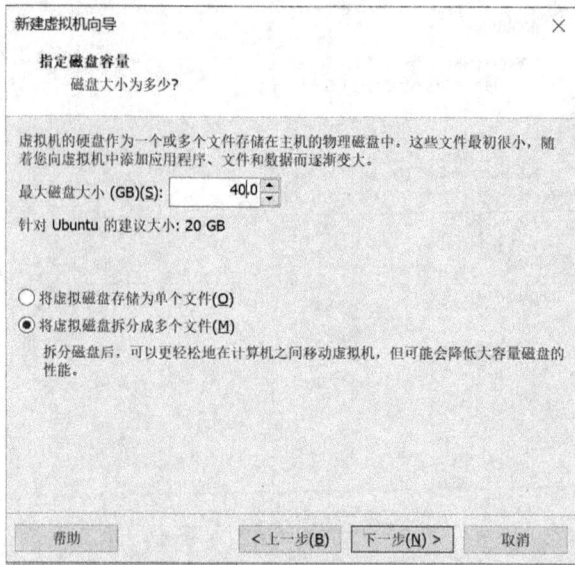

图 15-6 指定虚拟机磁盘容量

拟机建立好后,会在 VMware 中出现相应的图标,同时会在指定存储位置创建虚拟机文件,如图 15-8 所示。

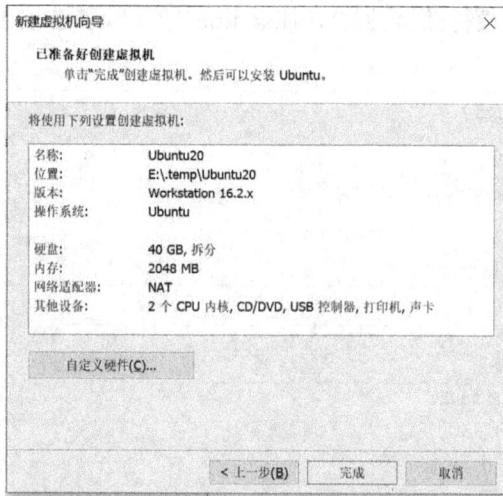

图 15-7 虚拟机信息汇总

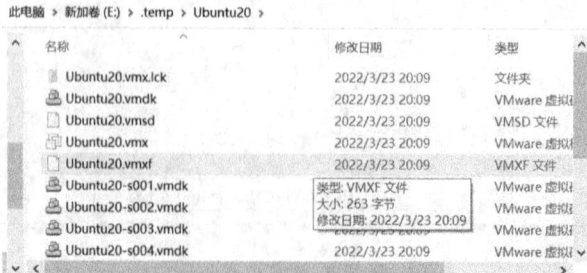

图 15-8 在磁盘中创建虚拟机文件

15.3.2 安装操作系统

第 1 步：在图 15-9 中出现已创建完成的虚拟机"Ubuntu20"，单击"Ubuntu20"，选择"编辑虚拟机设置"，在虚拟机设置界面单击"硬件"中的"CD/DVD(SATA)"。如图 15-10 所示对话框中的"连接"处选择第二项"使用 ISO 映像文件"，单击"浏览"按钮指定所下载的 Ubuntu20 的光盘映像的位置，单击"确定"按钮，返回到图 15-9 界面。

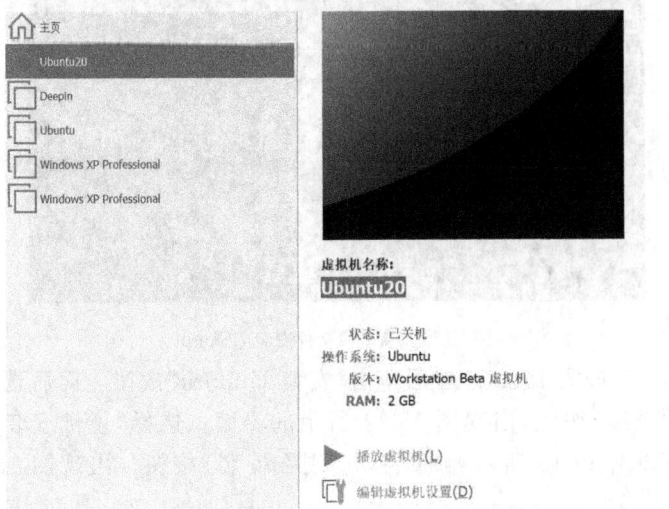

图 15-9　建立了虚拟机 Ubunt 20 的 VMware Workstation Player 界面

第 2 步：单击图 15-9 中的"播放虚拟机"，出现图 15-11 中的安装启动界面。

图 15-10　编辑虚拟机设置

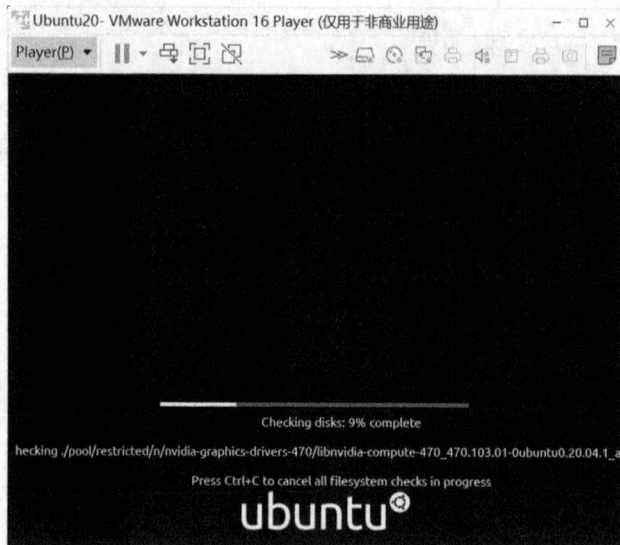

图 15-11　从映像文件安装 Ubuntu

　　第 3 步：选择语言，如图 15-12。然后单击"安装 Ubuntu"按钮。而后选择键盘布局，如图 15-13 所示。单击"继续"按钮，出现图 15-14 所示的界面。选择"正常安装 "选项，然后单击"继续"按钮。出现如图 15-15 所示界面，单击"现在安装"按钮。出现图 15-16 对话框，单击"继续"按钮。

图 15-12　选择语言

图 15-13　选择键盘布局

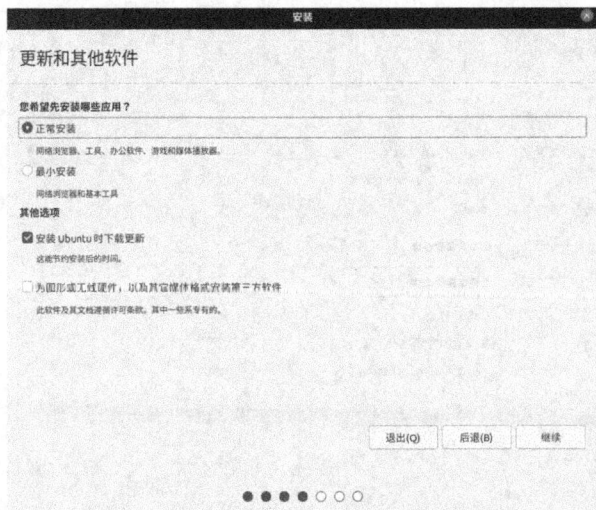

图 15-14　更新其他软件界面

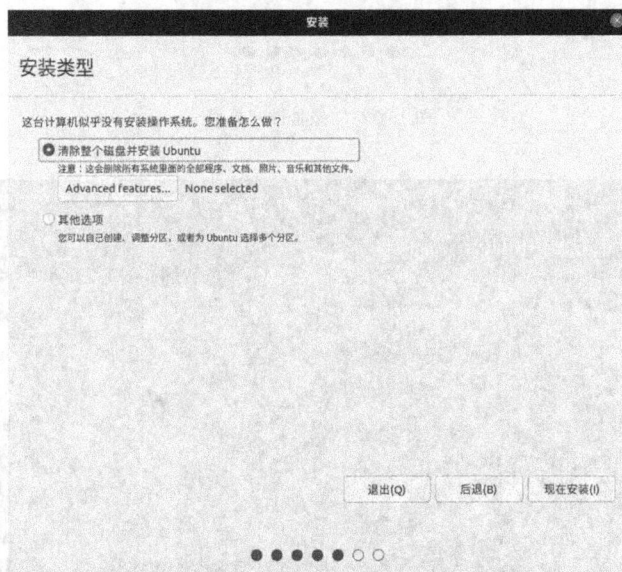

图 15-15　安装类型选择

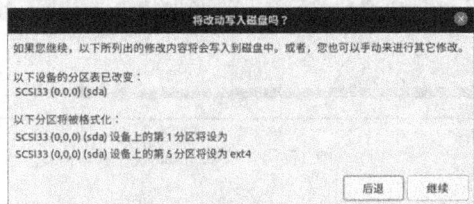

图 15-16　将改动写入磁盘对话框

第 4 步:地区选择。在地区选择界面中,选择"Shanghai",单击"继续"按钮,出现如图 15-17 所示的"您是谁?"界面。填好相应的用户信息并设置密码后,单击"继续"按钮。出现如图 15-18 的安装界面。安装过程结束后出现图 15-19 所示的界面,单击"现在重启"按钮。

图 15-17　"您是谁?"界面

图 15-18　安装界面

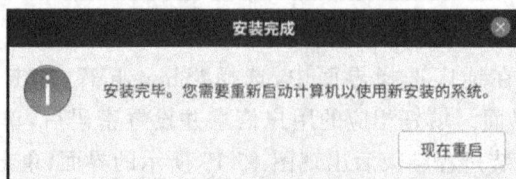

图 15-19　安装完成界面

第 5 步：登录到系统。重启系统后输入相应用户的登录密码即可登录到系统，如图 15-20 所示。系统启动后，中间经过一些设置步骤，最终出现如图 15-21 所示的界面。此时就可以使用 Ubuntu Linux 了。

图 15-20　系统登录界面

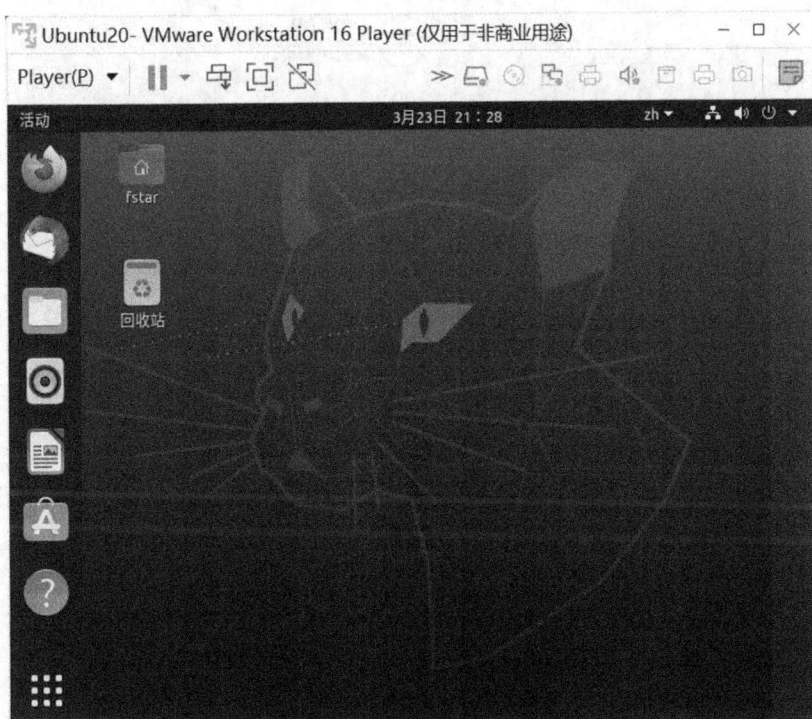

图 15-21　系统启动完成后的图形界面

在虚拟机上安装 Deepin Linux 操作系统

安装前准备：在 Windows 操作系统中安装好 VMware Workstation 16 Player 软件；在官网下载 Deepin Linux 源的压缩包文件存到本地磁盘备用。

15.4.1 创建新的虚拟机

第 1 步：启动 VMware Workstation16 Player，单击"创建新的虚拟机"，如图 15-22 所示。在"新建虚拟机向导"对话框中单击"稍后安装操作系统"，如图 15-23 所示，单击"下一步"按钮。

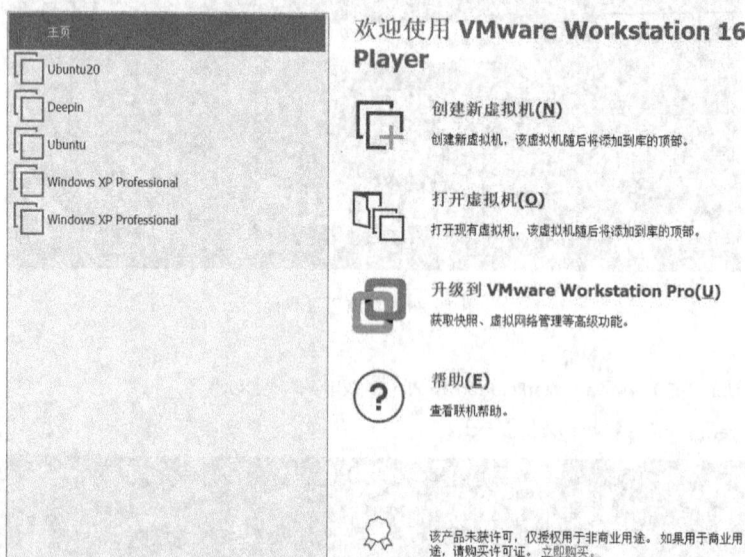

图 15-22　启动 VMware Workstation16 Player

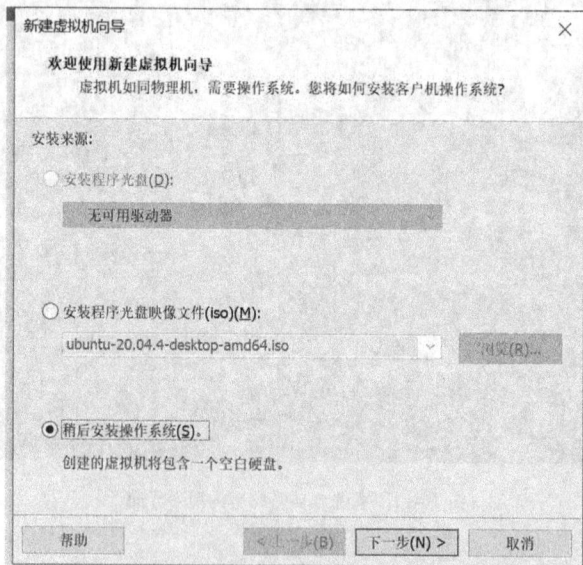

图 15-23　创建新的虚拟机

第2步:在客户机操作系统类型选"Linux",在版本下选"Ubuntu 64 位",如图 15-24 所示,单击"下一步"按钮。

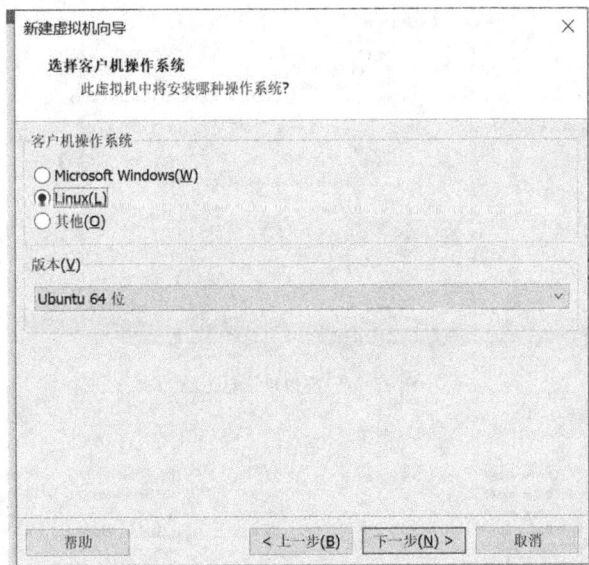

图 15-24　选择客户机操作系统类型

第3步:在图 15-25 中为虚拟机命名并指定虚拟机文件的存储位置。单击"下一步"按钮。在图 15-26 中指定磁盘容量,默认是 20 GB,但 Deepin 操作系统至少需要 64 GB,如果磁盘空间容许,建议指定为 128 GB,单击"下一步"按钮。默认选取硬件兼容性"Workstation12.0",了解该版本的虚拟机可支持使用的最大硬件资源。

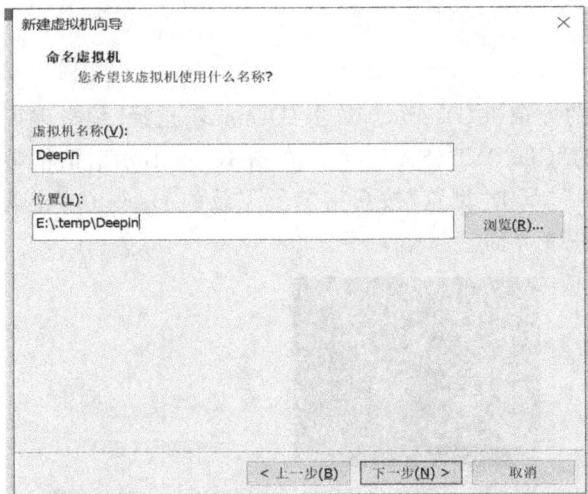

图 15-25　命名虚拟机

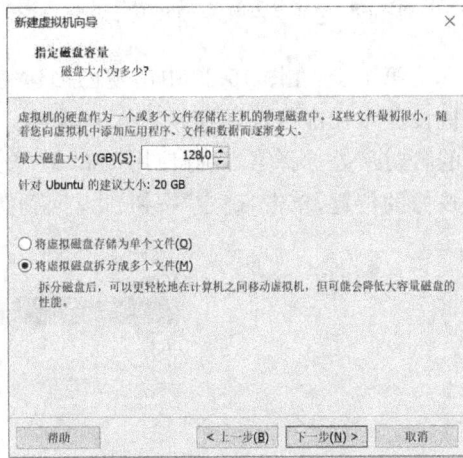

图 15-26　指定虚拟机磁盘容量

第4步:在图 15-27 中列出了将建立的虚拟机的汇总信息。如果需要对硬件进行自定义可以单击"自定义硬件"进行设置。若采用默认值,只需单击"完成"按钮就可以创建虚拟机。虚拟机建立好后,会在 VMware 中出现相应的图标,同时会在指定存储位置创建虚拟机文件,如图 15-28 所示。

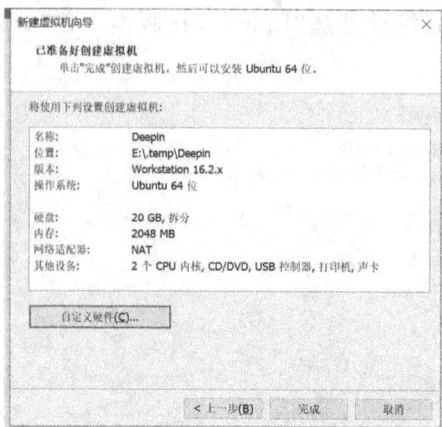

图 15-27　虚拟机信息汇总

图 15-28　在磁盘中创建虚拟机文件

15.4.2　安装操作系统

第 1 步：在图 15-29 中出现已创建完成的虚拟机"Deepin"，单击"Deepin"，选择"编辑虚拟机设置"，在虚拟机设置界面单击"硬件"中的"CD/DVD(SATA)"。在图 15-30 所示对话框中的"连接"处选择第二项"使用 ISO 映像文件"，单击"浏览"按钮指定所下载的 Deepin 的光盘映像的位置，单击"确定"按钮。返回到图 15-29 界面。

图 15-29　建立了虚拟机 Deepin 的 VMware Workstation Player 界面

第2步：单击图15-29中的"播放虚拟机"，出现图15-31的安装启动界面，选择界面中的第二项进行安装。

图 15-30　编辑虚拟机设置

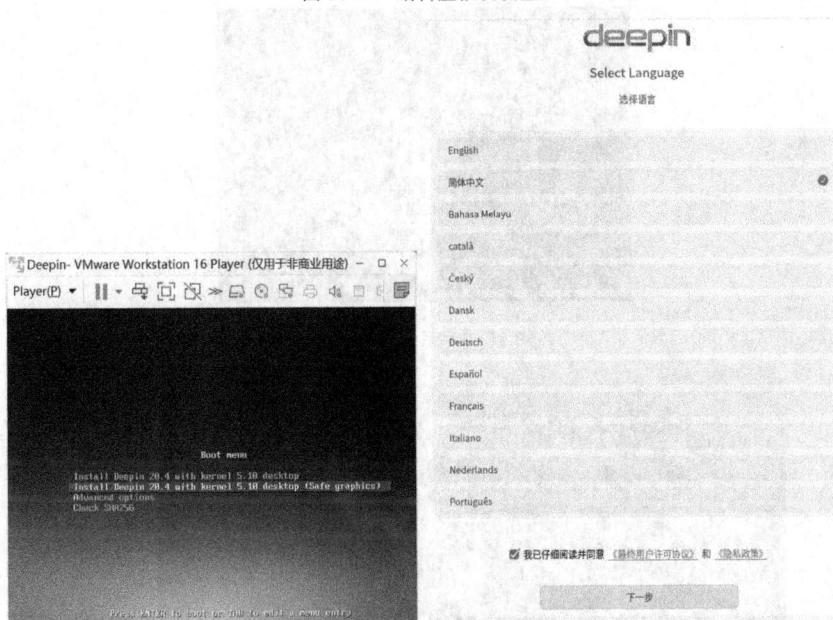

图 15-31　从映像文件安装 Deepin

图 15-32　选择语言

第3步：选择语言，如图15-32，然后单击"下一步"按钮。此时弹出一个友情提示，继续单击"下一步"按钮，出现图15-33的硬盘分区界面。如果之前硬盘设置成20 GB是没办法进行下一步操作的。单击"下一步"按钮，出现准备安装界面，如图15-34所示。单击"继续安装"按钮。

图 15-33　硬盘分区

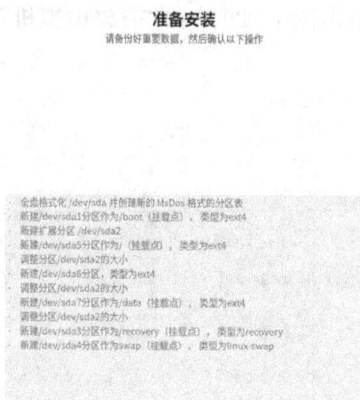

图 15-34　准备安装

第 4 步：进入安装过程。安装成功后需要重启进行键盘布局、选择时区、用户名和密码设置，最后登录系统，特效模式和普通模式都可以选择。

第 5 步：登录到系统。重启系统后输入相应用户的登录密码即可登录到系统，如图 15-35 所示。最终出现如图 15-36 所示的图形界面，此时就可以使用 Deepin Linux 了。

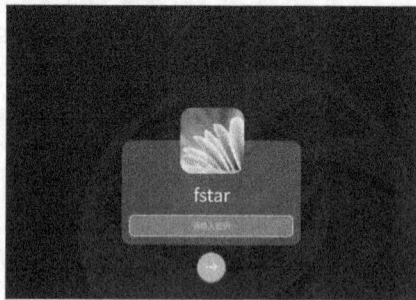

图 15-35　系统登录界面

图 15-36　登录系统后的 Deepin 图形界面

15.5　Linux 常用命令

Linux 提供的命令需要在 Shell 环境下运行。Ubuntu 中使用的 Shell 为 Bash(Bourne Again Shell)。启动并登录到 Ubuntu 桌面环境以后,要想进行 Linux 命令的学习,需要从图形界面进入 Shell 界面(命令行界面)。在桌面环境下可以利用终端程序进入传统的命令行操作界面。进入方式有多种,比如可以用桌面右键菜单选择"在终端打开",也可以单击名为"终端"的应用程序。打开后的终端如图 15-37 所示。在命令行提示符下可以输入 Shell 命令,回车即可执行并回显执行结果。

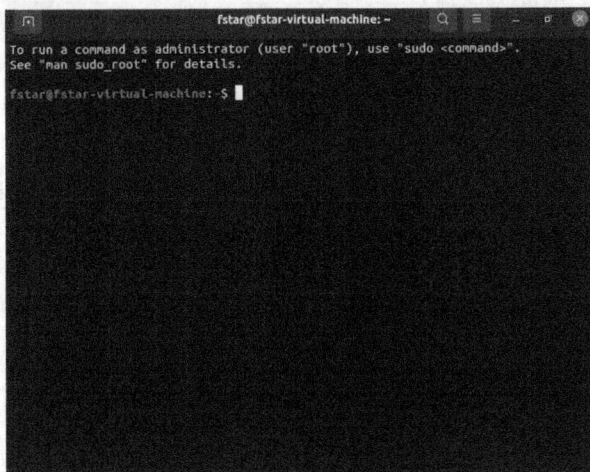

图 15-37　Linux 终端

15.5.1　命令输入

Bash 命令的一般格式如下:

命令名[选项][参数 1][参数 2]…

例如:

cp-i filel. c myfile. c

该命令将源文件 filel. c 复制到目标文件 myfile. c 中,并且在覆盖后者之前先给出提示。

使用 Bash 命令时应注意以下几点:

①命令名必须是小写英文字母,并且往往是表示相应功能的英文单词或单词的缩写。例如,date 表示日期,who 表示谁在系统中,cp 是 copy 的缩写,表示复制文件。

②一般格式中,"[]"中的是可选的,即该项对命令行来讲不是必需的,可有可无,依具体情况而定。例如,可以直接在提示符后面输入命令 date,显示当前日期和时间,或在 date 命令名后面带有选项和参数。

③选项是对命令的特别定义,以"-"开始,多个选项之间可连起来,如 ls-l-a"或写作 "ls-la"。

④命令行参数提供命令运行的信息或者命令执行过程中所使用的文件名。通常,参数是一些文件名,告诉命令从哪里可以得到输入,以及把输出送到什么地方。

⑤如果命令行中没有提供参数,那么命令将从标准输入文件(键盘)上接收数据,输出结果显示在标准输出文件(显示器)上,而错误信息则显示在标准错误输出文件(显示器)上。可使用重定向功能对这些文件进行重定向。

⑥命令在正常执行后返回0,表示执行成功;若命令执行过程中出错,则返回一个非零值(在 Shell 中可用命令"＄?"查看)。在 Shell 脚本中可用此返回值作为控制逻辑流程的一部分。

⑦联机帮助对每个命令的准确语法都做了说明。

在 Shell 提示符(注意,下面都以行首的"＄"表示)后可以输入相应的命令和参数,最后必须按 Enter 键予以确认。Shell 会读取该命令并予以执行。命令执行完成后,屏幕将再次显示提示符等待输入。

需要注意的是,Shell 命令严格区分大小写字母(大小写敏感),如 DATE、date 和 Date 是不同的,其中只有 date 是正确的 Linux 命令。

若系统找不到输入的命令,则会显示反馈信息"Command not Found",这时要检查输入命令的拼写及大小写是否正确。

若一个命令太长,一行放不下,则要在每行行尾输入"\"字符,并按 Enter 键。这时 Shell 会返回一个">"作为提示符,表示该命令行尚未结束,允许继续输入有关信息。比如:

＄ echo The old has past away and the new is \ ＜Enter＞
＞ a fresh awaiting your creative touch.〈Enter〉
The old has past away and the new is a fresh awaiting your creative touch.

注意:在命令与选项和参数之间要用空格或制表符隔开。连续的空格会被 Shell 解释为单个空格。

15.5.2 用户管理命令

Linux 是一个多用户的操作系统,每个用户又可以属于不同的用户组,下面先来熟悉一下 Linux 中的用户切换和用户管理的相关命令。

1. 用户切换(su)

(1)作用

su 命令用于切换当前用户身份到其他用户身份,变更时需输入所要变更的用户账号与密码。

(2)格式

su[选项][使用者]

其中的使用者为要变更的对应使用者。

(3)常见参数

主要选项参数见表 15-1 。

表 15-1　　su 命令主要选项参数

选项	参数含义
-,-l,-login	为该使用者重新登录,大部分环境变量(如 HOME、SHELL 和 USER 等)和工作目录都是以该使用者(USER)为主。若没有指定 USER,缺省情况是 root
-m,-p	执行 su 时不改变环境变量
-c,-command	变更账号为 USER 的使用者,执行指令(command)后再变回原来使用者

(4)使用示例,如图 15-38 所示。

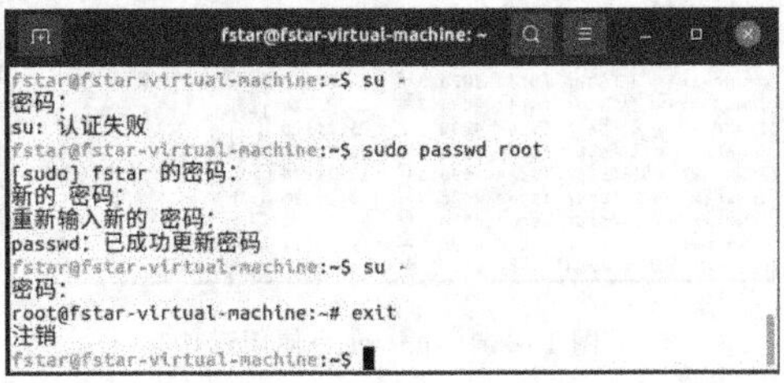

图 15-38　su 命令使用示例

图 15-38 中的示例通过 su 命令将普通用户变更为 root 用户,并使用选项"-"携带 root 环境变量。需要注意的是,为提高系统安全性,安装 Ubuntu 时,root 用户是锁定的。可以先用"sudo passwd root"设置密码,然后就可以使用 su,切换成功后提示符为"♯"。exit 命令回到原用户。

2. sudo

(1)作用

sudo 命令用来以其他身份执行命令,预设的身份为 root,在 /etc/sudoers 中设置了可执行 sudo 命令的用户。若其未经授权的用户企图使用 sudo,则会发出警告的邮件给管理员。用户使用 sudo 时,必须先输入密码,之后有 5 分钟的有效期限,超过期限则必须重新输入密码。

(2)格式

sudo［选项］［命令］

(3)常见参数

主要选项参数见表 15-2 。

表 15-2　　　　　　　　　　　　　　　sudo 命令的主要选项参数

选项	参数含义
-V	显示版本编号
-h	会显示版本编号及指令的使用方式说明
-l	显示出自己(执行 sudo 的使用者)的权限
-v	因为 sudo 在第一次执行时或是在 N 分钟内没有执行(N 预设为 5)会问密码,这个参数要重新做一次确认,如果超过 N 分钟,也会问密码
-k	将会强迫使用者在下一次执行 sudo 时问密码(不论有没有超过 N 分钟)
-b	将要执行的指令放在背景执行
-p prompt	可以更改问密码的提示语,其中 ％u 会代换为使用者的账号名称,％h 会显示主机名称
-u username/ ♯ uid	不加此参数,代表要以 root 的身份执行指令,而加了此参数,可以以 username 的身份执行指令(♯ uid 为该 username 的使用者号码)
-s	执行环境变量中的 SHELL 所指定的 shell ,或是 /etc/passwd 里所指定的 shell
-H	将环境变量中的 HOME (家目录)指定为要变更身份的使用者家目录(如不加-u 参数就是系统管理者 root)
Command	要以系统管理者身份(或以-u 更改为其他人)执行的指令

(4)使用示例如图 15-39 所示。

该示例以 root 身份来执行 ls 命令。

图 15-39　sudo 命令使用示例

3. 用户管理(useradd 和 passwd)

Linux 常见用户管理命令见表 15-3,本节仅以 useradd 和 passwd 为例进行详细讲解,其他命令类似。

表 15-3　　　　　　　　　　　　　　Linux 常见用户管理命令

命令	命令含义	格式
useradd	添加用户账号	useradd [选项]用户名
usermod	设置用户账号属性	usermod [选项]属性值
userdel	删除对应用户账号	userdel [选项]用户名
groupadd	添加组账号	groupadd [选项]组账号
groupmod	设置组账号属性	groupmod [选项]属性值
groupdel	删除对应组账号	groupdel [选项]组账号
passwd	设置账号密码	passwd [选项][用户名]
id	显示用户 ID、组 ID 和用户所属的组列表	id [用户名]
groups	显示用户所属的组	groups [组账号]
who	显示登录到系统的所有用户	who

(1)作用

①useradd:添加用户账号。

②passwd:更改对应用户的账号密码。

(2)格式

①useradd:useradd [选项] 用户名。

②passwd:passwd [选项] [用户名]。

其中的用户名为修改账号密码的用户,若不带用户名,缺省为更改当前使用者的密码。

(3)常用参数

①useradd 命令主要选项参数见表 15-4。

表 15-4　useradd 命令主要选项参数

选项	参数含义
-g	指定用户所属的群组
-m	自动建立用户的登入目录
-n	取消建立以用户名称为名的群组
-s	指定用户登录后用的 Shell

②passwd:一般很少使用选项参数。

(4)使用示例,如图 15-40 所示。

示例中先添加了用户名为 mike 的用户,接着又为该用户设置了账号密码。从 su 的命令可以看出,该用户添加成功,其工作目录为"/home/mike"。

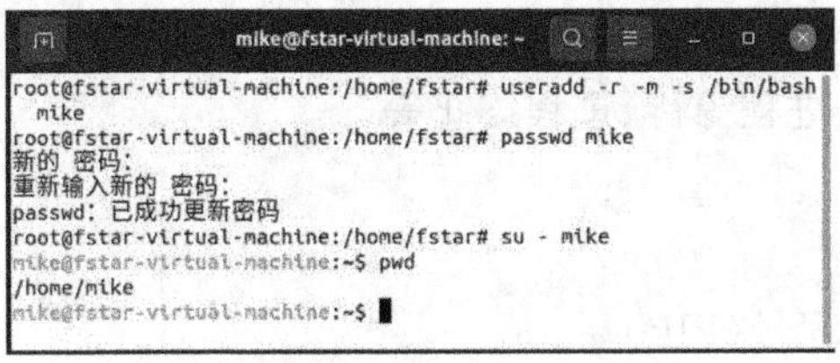

图 15-40　添加用户更改密码示例

（5）使用说明

在添加用户时，这两个命令是一起使用的，其中，useradd 必须用 root 的权限。而且 useradd 指令所建立的账号，实际上是保存在"/etc/passwd"文本文件中，文件中每一行包含一个账号信息。

在缺省情况下，useradd 所做的初始化操作包括在"/home"目录下为对应账号建立一个同名的主目录，并且还为该用户单独建立一个与用户名同名的组。

adduser 只是 useradd 的符号链接。

passwd 还可用于普通用户修改账号密码，Linux 并不采用类似 Windows 的密码回显（显示为 ＊ 号），所以输入的这些字符用户是看不见的。密码最好包括字母、数字和特殊符号，并且设成 6 位以上。

15.5.3　系统相关命令

Linux 中常见的系统管理命令见表 15-5，本书以 ps 和 kill 为例进行详细讲解。

表 15-5　　　　　　　　　　Linux 常见系统管理命令

命令	命令含义	格式
ps	显示当前系统中由该用户运行的进程列表	ps［选项］
top	动态显示系统中运行的程序（一般为每隔 5s）	top
kill	输出特定的信号给指定 PID（进程号）的进程	kill［选项］进程号（PID）
uname	显示系统的信息（可加选项-a）	uname［选项］
setup	系统图形化界面配置	setup ＞
crontab	循环执行例行性命令	crontab［选项］
shutdown	关闭或重启 Linux 系统	shutdown［选项］［时间］
uptime	显示系统已经运行了多长时间	uptime
clear	清除屏幕上的信息	clear
date	显示或设置系统时间与日期	
mount	用于挂载文件系统到指定的挂载点。此命令最常用于挂载 cdrom，使我们可以访问 cdrom 中的数据，因为当用户将光盘插入 cdrom 中，Linux 并不会自动挂载，必须使用 Linux mount 命令来手动完成挂载	mount［选项］［类型］设备文件名 挂载点目录
unmount	用于卸载已经挂载的文件系统。利用设备名或挂载点都能 umount 文件系统，不过最好还是通过挂载点卸载，以免使用绑定挂载（一个设备，多个挂载点）时产生混乱	
reboot	重新启动正在运行的 Linux 操作系统	
exit	同于退出 Shell，并返回给定值	

（1）作用

①ps：显示当前系统中由该用户运行的进程列表。

②kill：输出特定的信号给指定 PID（进程号）的进程，并根据该信号完成指定的行为。其中可能的信号有进程挂起、进程等待、进程终止等。

（2）格式

① ps：ps［选项］

② kill：kill［选项］进程号（PID）

kill 命令中的进程号为信号输出的指定进程的进程号，当选项是缺省时为输出终止信号给该进程。

（3）常见参数。

①ps 命令主要选项参数见表 15-6。

表 15-6　　　　　　　　　　　　ps 命令主要选项参数

选项	参数含义
-ef	查看所有进程及其 PID(进程号)、系统时间、命令详细目录、执行者等
-aux	除可显示-ef 所有内容外，还可显示 CPU 及内存占用率、进程状态
-w	显示加宽并且可以显示较多的信息

②kill 命令主要选项参数见表 15-7。

表 15-7　　　　　kill 命令主要选项参数

选项	参数含义
-s	将指定信号发送给进程
-p	打印出进程号（PID），但并不送出信号
-l	列出所有可用的信号名称

（4）使用示例

使用示例如图 15-41、图 15-42 所示。

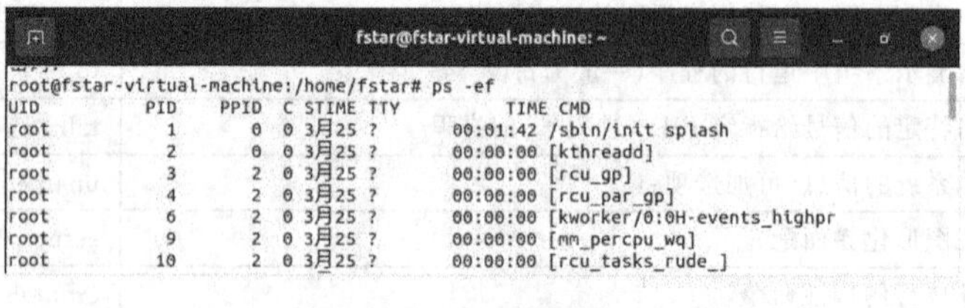

图 15-41　ps 命令使用示例

图 15-42　kill 命令使用示例

该示例中首先查看所有进程，并终止进程号为 35179 的 bash 进程，之后再次查看时已经没有该进程号的进程。

（5）使用说明

ps 在使用中通常可以与其他一些命令结合起来使用，主要作用是提高效率。

ps 选项中的参数 w 可以写多次，通常最多写 3 次，它的含义为加宽 3 次，这足以显示很长的命令行了。例如：ps-auxwwwo。

提示：管道是 Linux 中信息通信的重要方式。它是把一个程序的输出直接连接到另一个程序的输入，而不经过任何中间文件。管道线是指连接两个或更多程序管道的通路。在 Shell 中字符"|"表示管道线。例如 ps-ef|grep bash，ps-ef 的结果直接输入 grep bash 程序中。grep、pr、sort 和 wc 都可以在上述管道线上工作。读者可以灵活地运用管道机制。

15.5.4　磁盘(硬件管理)相关命令

Linux 中与磁盘相关的命令见表 15-8，本书仅以 fdisk 为例进行详细讲解。

表 15-8　　　　　　　　　　　Linux 中与磁盘相关的命令

选项	参数含义	格式
free	查看当前系统内存的使用情况	free［选项］
df	查看文件系统的磁盘空间占用情况	df［选项］df［-ahikHTm］［目录或文件名］
du	统计目录(或文件)所占磁盘空间的大小	du［选项］du［-ahskm］文件或目录名称
fdisk	查看硬盘分区情况及对硬盘进行分区管理	fdisk［-1］

(1)作用

fdisk 可以查看硬盘分区情况，并可对硬盘进行分区管理，这里主要介绍如何查看硬盘分区情况，另外，fdisk 也是一个非常好的硬盘分区工具，感兴趣的读者可以另外查找资料学习如何使用 fdisk 进行硬盘分区。

(2)格式

fdisk［-1］

(3)使用示例如图 15-43 所示。

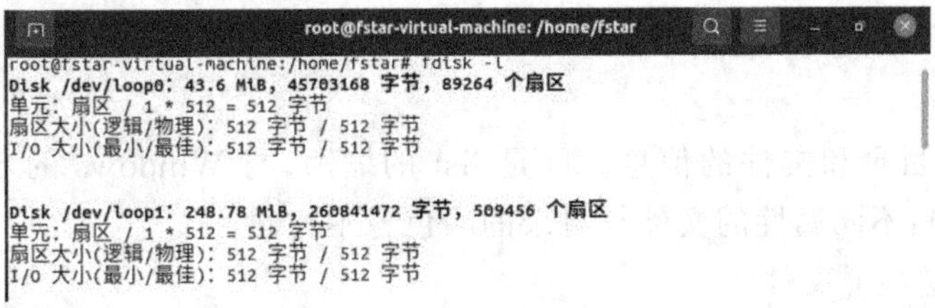

图 15-43　fdisk 命令使用示例

可以看出，使用"fdisk -1"列出了文件系统的分区情况。

(4)使用说明

使用 fdisk 必须拥有 root 权限。

IDE 硬盘对应的设备名称分别为 hda、hdb、hdc 和 hdd，SCSI 硬盘对应的设备名称则为 sda、sdb 等。hda1 代表 hda 的第一个硬盘分区，hda2 代表 hda 的第二个硬盘分区，依此类推。

通过查看/var/log/messages 文件，可以找到 Linux 系统已辨认出来的设备代号。

15.5.5　文件目录相关命令

Linux 中有关文件的操作非常重要，本节将对 Linux 系统的文件操作命令进行详细讲解。

1. cd

(1)功能：改变当前工作目录。cd 是 change directory 的缩写。

(2)格式：cd［路径］

其中的［路径］为要改变的工作目录，可为相对路径或绝对路径。路径有绝对路径与相对路径之分。在 Linux 系统中，所有的目录都在"/"(根目录)下。以"/"作为开头的路径称为绝对路径,而不以"/"作为开头的路径则称为相对路径。

示例中:"."代表当前目录,".."代表当前目录的上一级目录,"~"代表用户的主目录。用户在切换目录时,cd命令后不指定路径则表示切换到用户的主目录。

(3)使用示例

绝对路径与相对路径示例如图15-44所示。

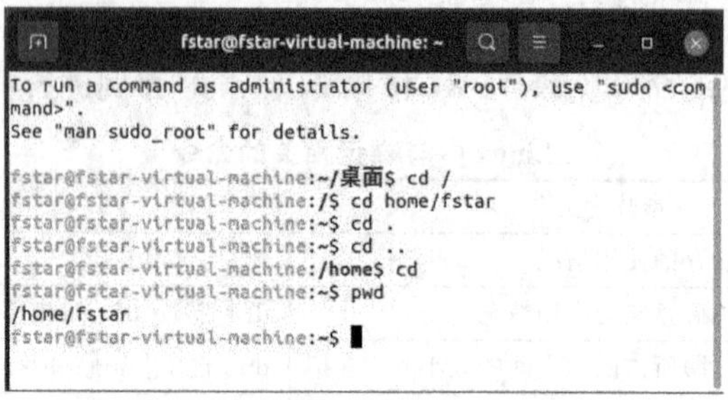

图 15-44 绝对路径与相对路径示例

该示例中变更工作目录为"/home/fstar/",在后面的"pwd"(显示当前目录)的结果中可以看出。

(4)使用说明

该命令将当前目录改变至指定路径的目录。若没有指定路径,则回到用户的主目录(例如:"/home/fstar"为用户 fstar 的主目录)。为了改变到指定目录,用户必须拥有对指定目录的执行和读权限。

该命令可以使用通配符。

使用"cd -"可以回到前次工作目录。

2. ls

(1)作用:列出目录和文件的信息。ls 是 list 的缩写,与 Windows 的 dir 命令功能类似。在 ls 显示的结果中,不同属性的文件与目录的颜色各不相同。

(2)格式:ls [选项][文件]

其中[文件]选项为查看指定文件的相关内容,若未指定文件,默认查看当前目录下的所有文件。

文件名:可以使用通配符"＊"和"?","＊"用于匹配字符串,"?"用于匹配单一字符。。

(3)常见参数

ls 命令主要选项参数见表 15-9。

表 15-9　　　　　　　　　　　　　**ls 命令主要选项参数**

选项	参数含义
-1,-format＝single-column	一行输出一个文件(单列输出)
-a,-all	列出目录中所有文件
-d	将目录名和其他文件一起列出,而不是列出目录的内容
-l,-format＝long, --format＝verbose	除每个文件名外,增加显示文件类型、权限、链接数、所有者名、组名、大小(Byte)及时间信息(如未指明是其他时间即指修改时间)
-f	不排序目录内容,按它们在磁盘上存储的顺序列出

（4）使用示例

ls命令的使用示例如图15-45所示。

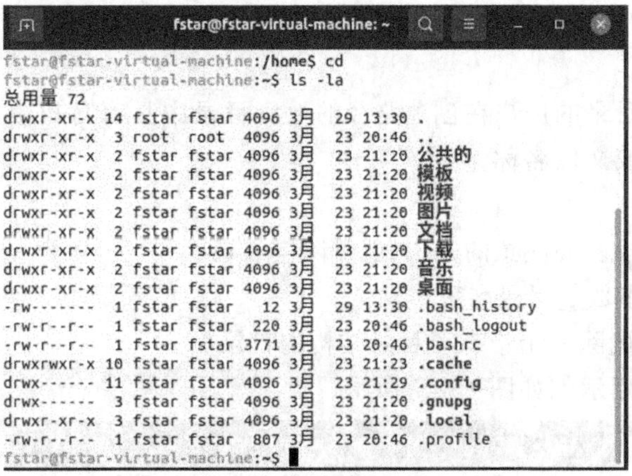

图15-45 ls命令的使用示例

该示例查看当前目录下的所有文件,并通过选项"-l"显示出详细信息。

（5）使用说明。

在ls的常见参数中,-l（长文件名显示格式）的选项是最为常见的。可以详细显示出各种信息。

若想显示出所有"."开头的隐藏文件,可以使用-a,这在嵌入式开发中很常用。

注意：Linux中的可执行文件不是与Windows一样通过文件扩展名来标识的,而是通过设置文件相应的可执行属性来实现的。

3. mkdir

（1）功能：创建目录,mkdir是make directory的缩写。

（2）用法：mkdir[参数][目录名称]

（3）常见参数

mkdir命令主要选项参数见表15-10。

表15-10　　　　　　　　　　mkdir命令主要选项参数

选项	参数含义
-m	对新建目录设置存取权限,也可以用chmod命令（在本节后会有详细说明）设置
-p	可以是一个路径名称。此时若此路径中的某些目录尚不存在,在加上此选项后,系统将自动建立好那些尚不存在的目录,即一次可以建立多个目录

（4）使用示例如图15-46所示。

图15-46 mkdir命令使用示例

该示例使用选项"-p"一次创建了./workspace/temp深层级目录结构。

"mkdir-m 777 ./myc"使用选项"-m"创建了相应权限的目录。对于"777"的权限在本节后面会有详细说明。

提示：可以一次创建很多目录，目录名用空格隔开即可。

(5)使用说明。

该命令要求创建目录的用户在创建路径的上级目录中具有写权限，并且路径名不能是当前目录中已有的目录或文件名称。

4. rmdir

(1)功能：删除目录。要注意的是，只能删除空目录。

(2)用法：rmdir[参数][目录名称]

(3)参数：-p 用于删除一个带有子目录结构的目录。

(4)rmdir 命令使用示例如图 15-47 所示。

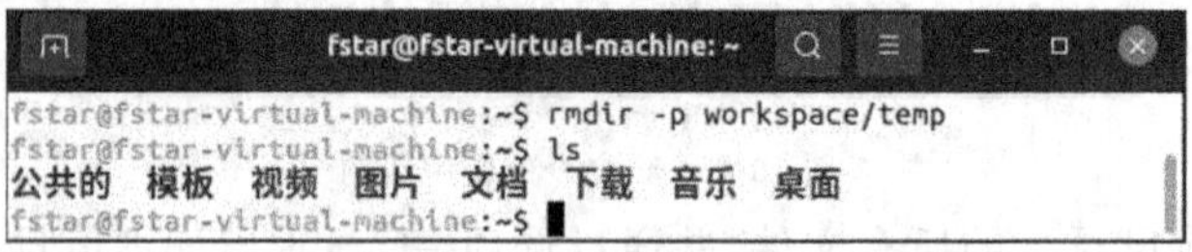

图 15-47　rmdir 命令使用示例

5. cat

(1)作用：连接并显示指定的一个或多个文件的有关信息。

(2)格式：cat[选项]文件 1 文件 2…

其中的文件 1、文件 2 为要显示的多个文件。

(3)常见参数

cat 命令的常见参数见表 15-11。

表 15-11　cat 命令的常见参数

选项	参数含义
-n	由第一行开始对所有输出的行数编号
-b	和-n 相似，只不过对于空白行不编号

(4)使用示例

cat 命令使用示例如图 15-48 所示。

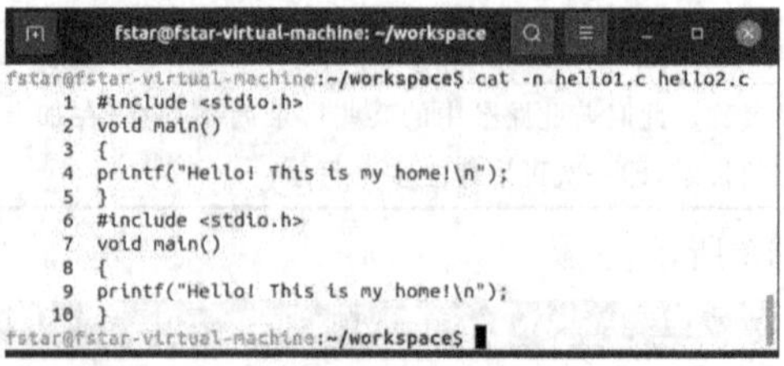

图 15-48　cat 命令使用示例

在该示例中，指定对 hello1.c 和 hello2.c 进行输出，并指定行号。

6. cp、mv 和 rm

(1)作用

①cp：将给出的文件或目录复制到另一文件或目录中。cp 是 copy 的缩写。

②mv：为文件或目录改名或将文件由一个目录移入另一个中。

③rm：删除一个目录中的一个或多个文件。

（2）格式

①cp：cp［选项］源文件或目录 目标文件或目录

②mv：mv［选项］源文件或目录 目标文件或目录

③rm：rm［选项］文件或目录

（3）常见参数

①cp命令主要选项参数见表15-12

表 15-12　　　　　　　　　cp命令主要选项参数

选项	参数含义
-a	保留链接、文件属性，并复制其子目录，其作用等于dpr选项的组合
-d	复制时保留链接
-f	删除已经存在的目标文件而不提示
-i	在覆盖目标文件之前将给出提示，要求用户确认。回答"yes"时目标文件将被覆盖，而且是交互式复制
-p	此时cp除复制源文件的内容外，还将把其修改时间和访问权限也复制到新文件中
-r	若给出的源文件是一个目录文件，此时cp将递归复制该目录下所有的子目录和文件。此时目标文件必须为一个目录名

②mv命令主要选项参数见表15-13。

表 15-13　　　　　　　　　mv命令主要选项参数

选 项	参数含义
-i	若mv操作将导致对已存在的目标文件的覆盖，此时系统询问是否重写，并要求用户回答"yes"或"no"，这样可以避免误覆盖文件
-f	禁止交互操作。在mv操作要覆盖某已有的目标文件时不给任何指示，在指定此选项后，i选项将不再起作用

③rm命令主要选项参数见表15-14。

表 15-14　　　　　　　　　rm命令主要选项参数

选项	参数含义
-i	进行交互式删除
-f	忽略不存在的文件，但从不给出提示
-r	将参数中列出的全部目录和子目录均递归地删除

（4）使用示例

①mv

如图15-49所示的示例将temp1目录下的hello1.c移动到temp2目录下并改名为hello3.c。

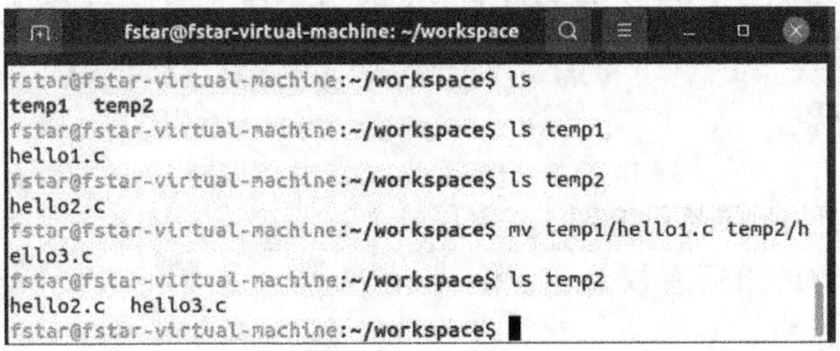

图15-49　mv命令使用示例

②cp

cp 命令与 mv 命令类似,不同的是 cp 会保留原始文件,而 mv 会删除原始文件。mv 命令中的参数也适合于 cp 命令。

如图 15-50 所示的示例使用-s 建立了符号链接。如图 15-51 所示的示例使用选项-R 将"workspace"目录下的所有文件复制到 workspace1 目录下(包括其中的目录和文件)。

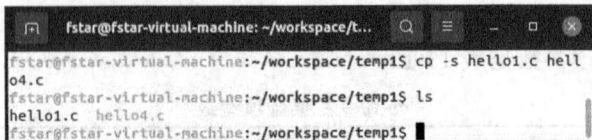

图 15-50　复制文件建立相应的符号链接

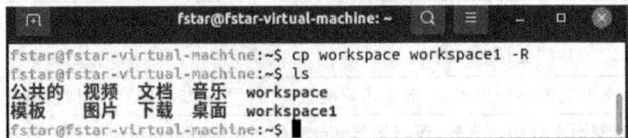

图 15-51　复制整个目录树

③rm

如图 15-52 所示的示例使用"-r"选项删除"workspace1"目录下所有内容,系统会进行确认是否删除。

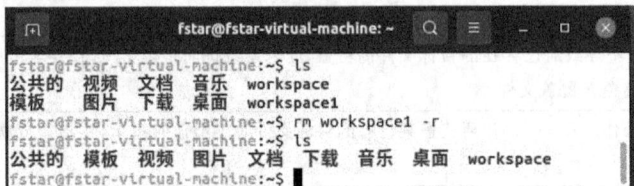

图 15-52　删除目录文件

(5)使用说明

①cp:该命令把指定的源文件复制到目标文件,或把多个源文件复制到目标目录中。

②mv:该命令根据命令中第二个参数类型的不同(是目标文件还是目标目录)来判断是重命名还是移动文件,当第二个参数类型是文件时,mv 命令完成文件重命名,此时,它将所给的源文件或目录重命名为给定的目标文件名;当第二个参数是已存在的目录名称时,mv 命令将各参数指定的源文件均移至目标目录中;在跨文件系统移动文件时,mv 先复制,再将原有文件删除,而连至该文件的链接也将丢失。

③rm

如果没有使用-r 选项,则 rm 不会删除目录;使用该命令时一旦文件被删除,它是不能被恢复的,所以最好使用-i 参数。

7. chown 和 chgrp

(1)作用

①chown:修改文件所有者和组别。

②chgrp:改变文件的组所有权。

(2)格式

①chown:chown [选项]…文件所有者[所有者组名]文件

其中的文件所有者为修改后的文件所有者。

②chgrp：chgrp［选项］…文件所有组文件

其中的文件所有组为改变后的文件组拥有者。

（3）常见参数

chown 和 chgrp 命令的常见参数意义相同，其主要选项参数见表 15-15。

表 15-15　　　　　　　　　chown 和 chgrp 命令的主要选项参数

选项	参数含义
-c,--changes	详尽地描述每个 file 实际改变了哪些所有权
-f,--silent,--quiet	不打印文件所有权就不能修改报错信息

（4）使用示例如图 15-53 所示。

图 15-53　chown 与 chgrp 命令使用示例

可以看出，hello1.c 是一个文件，拥有者是 fstar，具有可读写权限，它所属的用户组是 fstar，具有可读写权限，系统其他用户对其只有可读权限。首先使用 chown 将文件所有者改为 root，此时，该文件拥有者变为了 root，接着使用 chgrp 将文件用户组变为 root。

（5）使用说明

使用 chown 和 chgrp 必须拥有 root 权限。

8. chmod

（1）作用

改变文件的访问权限。

（2）格式

chmod 可使用符号标记进行更改和八进制数指定更改两种方式，因此它的格式也有两种不同的形式。

①符号标记：chmod［选项］…符号权限［符号权限］…文件

其中的符号权限可以指定为多个，也就是说，可以指定多个用户级别的权限，但它们中间要用逗号分开表示，若没有显示指出则表示不做更改。

②八进制数：chmod［选项］…八进制权限文件…

其中的八进制权限是指要更改后的文件权限。

（3）选项参数

chmod 命令主要选项参数见表 5-16。

表 15-16　　　　　chmod 命令主要选项参数

选项	参数含义
-c	若该文件权限确实已经更改,才显示其更改动作
-f	若该文件权限无法被更改也不显示错误信息
-v	显示权限变更的详细资料

(4)使用示例

chmod 涉及文件的访问权限,在此对相关的概念进行简单的回顾。

文件的访问权限可表示成:-rwx rwx rwx。在此设有 3 种不同的访问权限:读(r)、写(w)和执行(x)。3 个不同的用户级别:文件拥有者(u)、所属的用户组(g)和系统里的其他用户(o)。在此,可增加一个用户级别 a(all)来表示所有这 3 个不同的用户级别。

①第一种符号连接方式的 chmod 命令中,用"+"代表增加权限,用"-"代表删除权限,用"="代表设置权限。

如图 15-54 所示为 chmod 命令的使用示例。

```
fstar@fstar-virtual-machine:~/workspace/temp1$ ls -la
总用量 12
drwxrwxr-x 2 fstar fstar 4096 3月  29 23:33 .
drwxrwxr-x 5 fstar fstar 4096 4月   4 17:21 ..
-rw-rw-r-- 1 root  root    73 3月  29 23:32 hello1.c
lrwxrwxrwx 1 fstar fstar    8 3月  29 23:33 hello4.c -> hello1.c
fstar@fstar-virtual-machine:~/workspace/temp1$ sudo chmod u+x,o+w hello1.c
fstar@fstar-virtual-machine:~/workspace/temp1$ ls -la
总用量 12
drwxrwxr-x 2 fstar fstar 4096 3月  29 23:33 .
drwxrwxr-x 5 fstar fstar 4096 4月   4 17:21 ..
-rwxrw-rw- 1 root  root    73 3月  29 23:32 hello1.c
lrwxrwxrwx 1 fstar fstar    8 3月  29 23:33 hello4.c -> hello1.c
fstar@fstar-virtual-machine:~/workspace/temp1$ sudo chmod 777 hello1.c
fstar@fstar-virtual-machine:~/workspace/temp1$ ls -la
总用量 12
drwxrwxr-x 2 fstar fstar 4096 3月  29 23:33 .
drwxrwxr-x 5 fstar fstar 4096 4月   4 17:21 ..
-rwxrwxrwx 1 root  root    73 3月  29 23:32 hello1.c
lrwxrwxrwx 1 fstar fstar    8 3月  29 23:33 hello4.c -> hello1.c
fstar@fstar-virtual-machine:~/workspace/temp1$
```

图 15-54　chmod 命令的使用示例

可见,在执行了 chmod 之后,文件拥有者除拥有所有用户都有的可读外,增加了可执行权限,其他用户增加了可写权限。

②对于第二种八进制数指定的方式,将文件权限字符代表的有效位设为"1",即"rw-""rw-"和"r--"的八进制表示为"110""110""100",把这个二进制字符串转换成对应的八进制数就是 6、6、4,也就是说该文件的权限为 664（三位八进制数）。这样对于转化后八进制数、二进制字符串及对应权限的关系见表 15-17。

表 15-17　　　　　转化后八进制数、二进制字符串及对应权限的关系

转换后八进制数	二进制字符串	对应权限	转换后八进制数	二进制字符串	对应权限
0	000	没有任何权限	1	001	只能执行
2	010	只写	3	011	只写和执行
4	100	只读	5	101	只读和执行
6	110	读和写	7	111	读、写和执行

从示例中可见,在执行了 chmod 777 之后,该文件的拥有者权限、文件组权限和其他用户权限都具有了读写执行权限。

(5)使用说明

使用 chmod 必须具有 root 权限。

9. grep

（1）作用

在指定文件中搜索特定的内容，并将含有这些内容的行输出。

（2）格式

grep［选项］格式［文件及路径］

其中的格式是指要搜索的内容格式，若缺省"文件及路径"则默认表示在当前目录下搜索。

（3）常见参数

grep 命令主要选项参数见表 15-18。

表 15-18　　　　　　　**grep 命令主要选项参数**

选项	参数含义
-c	只输出匹配行的计数
-I	不区分大小写（只适用于单字符）
-h	查询多文件时不显示文件名
-l	查询多文件时只输出包含匹配字符的文件名
-n	显示匹配行及行号
-s	不显示不存在或无匹配文本的错误信息
-v	显示不包含匹配文本的所有行

（4）使用示例

grep 命令的使用示例如图 5-55 所示。

```
fstar@fstar-virtual-machine:~/workspace/temp1$ grep -r Hello ~
/home/fstar/workspace/temp2/hello2.c:printf("Hello! This is my home!\n");
/home/fstar/workspace/temp2/hello3.c:printf("Hello! This is my home!\n");
/home/fstar/workspace/mysh/hello.sh:echo "Hello World !"
/home/fstar/workspace/temp1/hello1.c:printf("Hello! This is my home!\n");
fstar@fstar-virtual-machine:~/workspace/temp1$ grep -I Hello hello1.c
printf("Hello! This is my home!\n");
fstar@fstar-virtual-machine:~/workspace/temp1$ 
```

图 15-55　grep 命令的使用示例

在本示例中，"Hello"是要搜索的内容，"～"是指定用户的主目录，"-r"表示搜索主目录下的所有文件。

（5）使用说明

在缺省情况下，"grep"只搜索当前目录。如果此目录下有许多子目录，"grep"会以如下形式列出："grep：sound：Is a directory"，这会使"grep"的输出难以阅读。但有以下两种解决的方法。

①明确要求搜索子目录：grep ～-r（正如本示例中所示）；

②忽略子目录：grep-d skip。

当预料到有许多输出时，可以通过管道将其转到"less"（分页器）上阅读：如 grep "Hello" ～-r｜less 分页阅读。

grep 特殊用法：

①grep pattern1｜pattern2 files：显示匹配 pattern1 或 pattern2 的行；

②grep pattern1 files｜grep pattern2：显示既匹配 pattern1 又匹配 pattern2 的行。

10. find

（1）作用

在指定目录中搜索文件，它的使用权限是所有用户。

（2）格式

find［路径］［选项］［描述］

其中的路径为文件搜索路径，系统开始沿着此目录树向下查找文件。它是一个路径列表，相互用空格分离。若缺省路径，那么默认为当前目录。其中的描述是匹配表达式，是 find 命令接受的表达式。

（3）常见参数

find 命令主要选项参数见表 15-19。

表 15-19　　　　　　　　find 命令主要选项参数

选项	参数含义
-depth	使用深度级别的查找过程方式，在某层指定目录中优先查找文件内容
-mount	不在其他文件系统（如 Msdos、Vfat 等）的目录和文件中查找

find 命令主要描述参数见表 15-20。

表 15-20　　　　　　　　find 命令主要描述参数

选项	参数含义
-name	支持通配符 * 和?
-user	用户名：搜索文件属性为用户名（ID 或名称）的文件
-print	输出搜索结果，并且打印

（4）使用示例

find 命令使用示例如图 15-56 所示。

```
fstar@fstar-virtual-machine:~/桌面$ find ~ -name "hello.c"
/home/fstar/workspace/mysh/hello.c
```

图 15-56　find 命令使用示例

在本示例中使用了-name 的选项。在主目录下搜索 hello.c 文件。

（5）使用说明

若使用目录路径为"/"，通常需要查找较多的时间，可以指定更为确切的路径以减少查找时间。find 命令可以使用混合查找的方法，例如，想在/etc 目录中查找大于 500000 的字节，并且在 24 小时内修改的某个文件，则可以使用-and（与）把两个查找参数连接起来组合成一个混合的查找方式，如"find /etc －size ＋500000c-and －mtime ＋1"。

11. locate

（1）作用

用于查找文件。其方法是先建立一个包括系统内所有文件名称及路径的数据库，之后当寻找时就只需查询这个数据库，而不必实际深入档案系统之中了。因此其速度比 find 命令快很多。

（2）格式

locate［选项］

（3）locate 命令主要选项参数见表 15-21 。

表 15-21　　　　　　　　locate 命令主要选项参数

选项	参数含义
-u	从根目录开始建立数据库
-U	在指定的位置开始建立数据库
-f	将特定的文件系统排除在数据库外，例如 proc 中的文件
-r	使用正则运算式作寻找的条件
-o	指定数据库的名称

(4)使用示例如图 15-57 所示。

```
fstar@fstar-virtual-machine:~$ locate -r /hello1.c
/home/fstar/workspace/temp1/hello1.c
fstar@fstar-virtual-machine:~$
```

图 15-57　locate 命令使用示例

示例中通过 locate 命令查找 hello1. c。通过运行可以发现，locate 命令的运行速度非常快。

(5)使用说明

locate 命令所查询的数据库由 updatedb 程序来更新，而 updatedb 是由 cron daemon 周期性建立的，但若所找到的档案是最近才建立或刚改名的，可能会找不到，因为 updatedb 默认每天运行一次，用户可以由修改 crontab 配置(etc/crontab)来更新周期值。

12. ln

(1)作用

为某一个文件在另外一个位置建立一个符号链接。当需要在不同的目录用到相同的文件时，Linux 允许用户不用在每一个需要的目录下都存放一个相同的文件，而只需将其他目录下的文件用 ln 命令链接即可，这样就不必重复地占用磁盘空间。

(2)格式

ln[选项] 目标 目录

(3)常见参数

-s 建立符号链接(这也是通常唯一使用的参数)。

(4)使用示例如图 15-58 所示。

```
fstar@fstar-virtual-machine:~/workspace/temp1$ ls -la
总用量 12
drwxrwxr-x 2 fstar fstar 4096 6月   5 12:47 .
drwxrwxr-x 5 fstar fstar 4096 4月   4 17:21 ..
-rwxrwxrwx 1 root  root    73 3月  29 23:32 hello1.c
lrwxrwxrwx 1 fstar fstar    8 3月  29 23:33 hello4.c -> hello1.c
lrwxrwxrwx 1 fstar fstar   10 6月   5 12:47 hello5.c -> ./hello1.c
fstar@fstar-virtual-machine:~/workspace/temp1$ ln ./hello1.c hello6.c
fstar@fstar-virtual-machine:~/workspace/temp1$ ls -la
总用量 16
drwxrwxr-x 2 fstar fstar 4096 6月   5 12:48 .
drwxrwxr-x 5 fstar fstar 4096 4月   4 17:21 ..
-rwxrwxrwx 2 root  root    73 3月  29 23:32 hello1.c
lrwxrwxrwx 1 fstar fstar    8 3月  29 23:33 hello4.c -> hello1.c
lrwxrwxrwx 1 fstar fstar   10 6月   5 12:47 hello5.c -> ./hello1.c
-rwxrwxrwx 2 root  root    73 3月  29 23:32 hello6.c
fstar@fstar-virtual-machine:~/workspace/temp1$
```

图 15-58　ln 命令使用示例

该示例建立了当前目录的 hello5. c 文件与当前目录下的 hello1. c 之间的符号链接，可以看见，在 hello 的 ls-la 中的第一位为"l"，表示符号链接，同时还显示了链接的源文件。文件 hello5. c 为软链接。文件 hello6. c 为硬链接

(5)使用说明

ln 命令会保持每一处链接文件的同步性，也就是说，不论改动了哪一处，其他的文件都会发生相同的变化。

ln 的链接分软链接和硬链接两种。

①软链接就是所说的 ln | s ＊＊ ＊＊，它只会在用户选定的位置上生成一个文件的镜像，不会重复占用磁盘空间，平时使用较多的都是软链接。

②硬链接是不带参数的 ln ＊＊ ＊＊，它会在用户选定的位置上生成一个和源文件大小相同的文件，无论是软链接还是硬链接，文件都会保持同步变化。

15.5.6 打包压缩相关命令

Linux 中打包压缩的相关命令见表 15-22,本书以 gzip 和 tar 为例进行详细讲解。

表 15-22   **Linux 打包压缩的相关命令**

命 令	命令含义	格式
bzip2	.bz2 文件的压缩(或解压缩)程序	bzip2［选项］压缩(解压缩)的文件名
bunzip2	.bz2 文件的解压缩程序	bunzip2［选项］.bz2 压缩文件
bzip2recover	修复损坏的.bz2 文件	bzip2recover .bz2 压缩文件
gzip	.gz 文件的压缩程序	gzip［选项］压缩(解压缩)的文件名
gunzip	解压缩被 gzip 压缩过的文件	gunzip［选项］.gz 文件名
unzip	解压缩被 winzip 压缩的.zip 文件	unzip［选项］.zip 压缩文件
compress	早期的压缩或解压缩程序(压缩后文件名为.Z)	compress［选项］文件
tar	对文件目录进行打包或解压缩	tar［选项］［打包后文件名］文件目录列表

1. gzip

(1)作用

对文件进行压缩和解压缩,gzip 命令根据文件类型可自动识别压缩或解压。

(2)格式

gzip［选项］压缩(解压缩)的文件名

(3)常见参数

gzip 命令主要选项参数见表 15-23。

表 15-23   **gzip 命令主要选项参数**

选项	参数含义
-c	将输出信息写到标准输出上,并保留原有文件
-d	将压缩文件解压
-l	对每个压缩文件,显示下列字段:压缩文件的大小、未压缩时文件的大小、压缩比、未压缩时文件的名字
-r	查找指定目录并压缩或解压缩其中的所有文件
—t	测试,检查压缩文件是否完整
—v	对每一个压缩和解压的文件,显示文件名和压缩比

(4)使用示例(图 15-59)

图 15-59   gzip 命令使用示例

本示例将目录下的"hello2.c"文件进行压缩,源文件消失,选项"-1"列出了压缩比;用"-d"选项解压缩;用"-c"选项压缩,保留源文件。

(5)使用说明

使用 gzip 压缩只能压缩单个文件,而不能压缩目录,其选项"-r"是将该目录下的所有文件逐个进行压缩,而不是压缩成一个文件。

2. tar

(1)作用

对文件目录进行打包或解包。在此需要对打包和压缩这两个概念进行区分。打包是指将一些文件或目录变成一个总的文件,而压缩则是将一个大的文件通过一些压缩算法变成一个小文件。为什么要区分这两个概念呢? 这是由于在 Linux 中的很多压缩程序(如前面介绍的gzip)只能针对一个文件进行压缩,当想要压缩较多文件时,就要借助它的工具将这些文件先打成一个包,然后再用原来的压缩程序进行压缩。

(2)格式

tar［选项］［打包后文件名］文件目录列表

tar 可自动根据文件名识别打包或解包动作,其中打包后文件名为用户自定义的打包后文件名称,文件目录列表可以是要进行打包备份的文件目录列表,也可以是进行解包的文件目录列表。

(3)主要参数

tar 命令主要选项参数见表 15-24。

表 15-24   tar 命令主要选项参数

选项	参数含义
-c	建立新的打包文件
-r	向打包文件末尾追加文件
-x	从打包文件中解出文件
-o	将文件解压缩到标准输出
-v	处理过程中输出相关信息
-f	对普通文件操作
-z	调用 gzip 来压缩打包文件,与-x 联用时调用 gzip 完成解压缩
-j	调用 bzip2 来压缩打包文件,与-x 联用时调用 bzip2 完成解压缩
-Z	调用 compress 来压缩打包文件,与-x 联用时调用 compress 完成解压缩

(4)使用示例(图 15-60)

本示例将"temp"目录下的文件加以打包,其中选项"-v"在屏幕上输出了打包的具体过程;选项"-z"调用 gzip 压缩;"-x"完成解压缩到指定目录 temp3。需要注意,temp3 需要存在,不存在则需要创建。

(5)使用说明

tar 命令除了用于常规的打包之外,使用更为频繁的是用选项"-z"或"-j"调用 gzip 或 bzip2(Linux 中另一种解压工具)完成对各种不同文件的解压。

Linux 常见类型的文件解压命令见表 15-25。

```
fstar@fstar-virtual-machine:~/workspace$ ls
mysh  temp1  temp2
fstar@fstar-virtual-machine:~/workspace$ tar -zcvf temp2.tar.gz temp2
temp2/
temp2/temp/
temp2/temp/temp/
temp2/temp/hello2.c
temp2/temp/temp2.tar
temp2/temp/hello3.c
temp2/hello2.c
temp2/temp2.tar.gz
temp2/temp2.tar
temp2/hello3.c
fstar@fstar-virtual-machine:~/workspace$ ls
mysh  temp1  temp2  temp2.tar.gz
fstar@fstar-virtual-machine:~/workspace$ mkdir temp3
fstar@fstar-virtual-machine:~/workspace$ tar -zxvf temp2.tar.gz -C ./temp3
temp2/
temp2/temp/
temp2/temp/temp/
temp2/temp/hello2.c
temp2/temp/temp2.tar
temp2/temp/hello3.c
temp2/hello2.c
temp2/temp2.tar.gz
temp2/temp2.tar
temp2/hello3.c
fstar@fstar-virtual-machine:~/workspace$ ls temp3
temp2
fstar@fstar-virtual-machine:~/workspace$ ls temp3/temp2
hello2.c  hello3.c  temp  temp2.tar  temp2.tar.gz
fstar@fstar-virtual-machine:~/workspace$
```

图 15-60　tar 命令使用示例

表 15-25　　　　　　　　　　Linux 常见类型的文件解压命令一览表

文件后缀	解压命令	示例
. a	tar xv	tar xv hello. a
. z	Uncompress	uncompress hello. z
. gz	gunzip	gunzip hello. gz
. tar. z	tar xvZf I	tar xvzf hello. tar. z
. tar. gz/. tgz	tar xvzf	tar xvzf hello. tar. gz
tar. bz2	tar jxvf	tar jxvf hello . tar. bz2
. rpm	安装：rpm-i	安装：rpm-i hello. rpm
	解压缩：rpm2cpio	解压缩：rpm2cpio hello. rpm
. deb（Debain 中的文件格式）	安装：dpkg-i	安装：dpkg-i hello. deb
	解压缩：dpkg-deb--fsys-tarfile	解压缩：dpkg-deb —-fsys—tarhello hello. deb
. zip	unzip	unzip hello. zip

15.5.7　文件比较命令

1. diff

（1）作用

比较两个不同的文件或不同目录下的两个同名文件功能，并生成补丁文件。

（2）格式

diff［选项］文件 1 文件 2

diff 比较文件 1 和文件 2 的不同之处，并按照选项所指定的格式加以输出。diff 的格式分为命令格式和上下文格式，其中上下文格式又包括旧版上下文格式和新版上下文格式，命令格式分为标准命令格式、简单命令格式及混合命令格式，它们之间的区别会在使用示例中进行详细讲解。当选项缺省时，diff 默认使用混合命令格式。

（3）主要参数

diff 命令主要选项参数见表 15-26。

表 15-26	diff 命令主要选项参数
选项	参数含义
-r	对目录进行递归处理
-q	只报告文件是否有不同,不输出结果
-e,-ed	命令格式
-f	RCS(修订控制系统)命令简单格式
-c,--context	旧版上下文格式
u,--unified	新版上下文格式
-Z	调用 compress 来压缩归档文件,与-x 联用时调用 compress 完成解压缩

(4)使用示例

以下有两个文件 hello1. c 和 hello2. c。

```
/ * hello1. c * /
# include <stdio. h>
void main()
{
printf("Hello! This is my home! \n");
}
/ * hello2. c * /
# include <stdio. h>
void main()
{
printf("Hello!    This is my home! \n");
}
```

以下示例主要讲解了各种不同格式的比较和补丁文件的创建方法。

①主要格式比较。

首先使用旧版上下文格式进行比较。

```
fstar@fstar-virtual-machine:~/workspace/temp2 $ diff-c hello1. c hello2. c
* * * hello1. c   2022-06-05 20:28:38. 360596092 +0800
——— hello2. c   2022-06-05 20:30:45. 081731450 +0800
* * * * * * * * * * * * * *
* * * 1,5 * * * *
  # include <stdio. h>
  void main()
  {
! printf("Hello! This is my home! \n");
  }
——— 1,5 ———
  # include <stdio. h>
  void main()
  {
! printf("Hello!    This is my home! \n");
  }
```

可以看出,用旧版上下文格式进行输出时,在显示每个有差别行的同时还显示该行的上下

3 行,区别的地方用"!"加以标出,由于示例程序较短,上下 3 行已经包含了全部代码。

接着使用新版的上下文格式进行比较。

fstar@fstar-virtual-machine:~/workspace/temp2 $ diff-u hello1.c hello2.c

——— hello1.c　2022-06-05 20:28:38.360596092 +0800

+++ hello2.c　2022-06-05 20:30:45.081731450 +0800

@@ −1,5 +1,5 @@

　　# include <stdio.h>

　　void main()

　　{

printf("Hello! This is my home! \n");

printf("Hello!　　This is my home! \n");

　　}

可以看出,在新版上下文格式输出时,仅把两个文件的不同之处分别列出,而相同之处没有重复列出,这样大大方便了用户的阅读。

接下来使用命令格式进行比较。

fstar@fstar-virtual-machine:~/workspace/temp2 $ diff-e hello1.c hello2.c

4c

printf("Hello!　　This is my home! \n");

可以看出,命令符格式输出时仅输出了不同的行,其中命令符"4c"中的数字表示行编号,字母的含义为:a 表示添加,b 表示删除,c 表示更改。因此,-e 选项的命令符表示:若要把 hello1.c 变为 hello2.c,就需要把 hello1.c 的第 4 行改为"printf("Hello!　　This is my home! \n");"。

选项"-f"和选项"-e"显示的内容基本相同,就是数字和字母的顺序相交换,从以下的输出结果可以看出。

fstar@fstar-virtual-machine:~/workspace/temp2 $ diff-f hello1.c hello2.c

c4

printf("Hello!　　This is my home! \n");

在 diff 选项缺省的情况下,输出结果如下所示。

fstar@fstar-virtual-machine:~/workspace/temp2 $ diff hello1.c hello2.c

4c4

< printf("Hello! This is my home! \n");

———

> printf("Hello!　　This is my home! \n");

可以看出,diff 缺省情况下的输出格式充分显示了如何将 hello1.c 转化为 hello2.c,即通过"4c4"实现。

②创建补丁文件(差异文件)是 diff 的功能之一,不同的选项格式可以生成与之相对应的补丁文件,如下面例子所示。

fstar@fstar-virtual-machine:~/workspace/temp2 $ diff hello1.c hello2.c>hello.patch

fstar@fstar-virtual-machine:~/workspace/temp2 $ cat hello.patch

4c4

< printf("Hello! This is my home! \n");

———

＞printf("Hello!　This is my home! \n");

可以看出,使用缺省选项创建补丁文件的内容和前面使用缺省选项的输出内容是一样的。

15.5.8 网络管理相关命令

Linux 下网络管理相关命令见表 15-27,本节仅以 ifconfig 和 ftp 为例进行详细说明。

表 15-27　　　　　　　　　　Linux 下网络管理相关命令

选项	参数含义	常见选项格式
netstat	显示网络连接、路由表和网络接口信息	netstat［-an］
nslookup	查询一台机器的 ip 地址和其对应的域名	nslookup［IP 地址/域名］
finger	查询用户的信息	finger［选项］［使用者］［用户@主机］
ping	用于查看网络上的主机是否在工作	ping［选项］主机名/IP 地址
ifconfig	查看和配置网络接口的参数	ifconfig［选项］［网络接口］
ftp	利用 ftp 协议上传和下载文件	本节中会详细讲述
telnet	利用 telnet 协议访问主机	telnet［选项］［IP 地址/域名］
ssh	利用 ssh 登录对方主机	ssh［选项］［IP 地址］

1. ifconfig

(1)作用

用于查看和配置网络接口的地址和参数,包括 IP 地址、网络掩码、广播地址,它的使用权限是超级用户。

(2)格式

ifconfig 有两种使用格式,分别用于查看和更改网络接口。

①ifconfig［选项］［网络接口］:用来查看当前系统的网络配置情况。

②ifconfig 网络接口［选项］地址:用来配置指定接口(如 etho、ethl)的 IP 地址、网络掩码、广播地址等。

(3)常见参数

ifconfig 第二种格式的常见选项参数见表 15-28。

表 15-28　　　　ifconfig 第二种格式的常见选项参数

选项	参数含义
-interface	指定的网络接口名,如 eth0 和 eth1
up	激活指定的网络接口
down	关闭指定的网络接口
broadcast address	设置接口的广播地址
point to point	启用点对点方式
address	设置指定接口设备的 IP 地址
netmask address	设置接口的子网掩码

(4)使用示例

首先,在本示例中使用 ifconfig 的第一种格式来查看网络接口配置情况。

fstar@fstar、|virtual、|machine:~/workspace/temp2 $ ifconfig

eth0 Link encap:Ethernet HWaddr 00:08:02:E0:C1:8A

inet addr:192.168.164.131 Bcast:192.168.164.255

Mask:255.255.255.0

可以看出,使用 ifconfig 的显示结果中详细列出了所有活跃接口的 IP 地址、硬件地址、广播地址、子网掩码、回环地址等。

fstar@fstar-virtual-machine:~/workspace/temp2 $ ifconfig eth0

eth0 Link encap:Ethernet HWaddr 00:08:02:E0:C1:8A

在此示例中,通过指定接口显示出对应接口的详细信息。另外,用户还可以通过指定参数"-a"来查看所有接口(包括非活跃接口)的信息。

接下来的示例指出了如何使用 ifconfig 的第二种格式来改变指定接口的网络参数配置。

[fstar@fstar-virtual-machine:~/workspace/temp2 $ ifconfig eth0 down

fstar@fstar-virtual-machine:~/workspace/temp2 $ ifconfig

lo Link encap:Local Loopback

在此示例中,通过将指定接口的状态设置为 down,暂时停止该接口的工作。

fstar@fstar-virtual-machine:~/workspace/temp2 $ ifconfig eth0 192.168.164.135 netmask 255.255.255.0

fstar@fstar-virtual-machine:~/workspace/temp2 $ ifconfig

从上例可以看出,ifconfig 改变了接口 eth0 的 IP 地址、子网掩码等,在之后的 ifconfig 查看中可以看出确实发生了变化。

(5)使用说明

用 ifconfig 命令配置的网络设备参数不重启就可生效,但在机器重新启动以后将会失效,除非在网络接口配置文件中进行修改。

2. ftp

(1)作用

该命令允许用户利用 ftp 协议上传和下载文件。

(2)格式

ftp [选项] [主机名/IP]

ftp 相关命令包括使用命令和内部命令,其中使用命令的格式如上所列,主要用于登录 ftp 服务器。内部命令是指成功登录后进行的一系列操作。若用户缺省"主机名/IP",则可在转入 ftp 内部命令后继续选择登录。

(3)常见参数

ftp 命令常见选项参数见表 15-29。

表 15-29　　ftp 命令常见选项参数

选项	参数含义
-v	显示远程服务器的所有响应信息
-n	限制 ftp 的自动登录
-d	使用调试方式
-g	取消全局文件名

ftp 命令常见内部命令见表 15-30。

表 15-30   ftp 命令常见内部命令

命令	命令含义
account[password]	提供登录远程系统成功后访问系统资源所需的补充口令
ascii	使用 ASCII 类型传输方式,为缺省传输模式
bin/ type binary	使用二进制文件传输方式(嵌入式开发中的常见方式)
bye	退出 ftp 会话过程
cd remote-dir	进入远程主机目录
cdup	进入远程主机目录的父目录
chmod mode file-name	将远程主机文件 file-name 的存取方式设置为 mode
close	中断与远程服务器的 ftp 会话(与 open 对应)
delete remote-file	删除远程主机文件
debug[debug-value]	设置调试方式,显示发送至远程主机的每条命令
dir/ls[remote-dir][local-file]	显示远程主机目录,并将结果存入本地文件 local-file
disconnection	同 close
get remote-file[local-file]	将远程主机的文件 remote-file 传至本地硬盘的 local-file
lcd[dir]	将本地工作目录切换至 dir
mdelete[remote-file]	删除远程主机文件
mget remote-files	传输多个远程文件
mkdir dir-name	在远程主机中建立一个目录
mput local-file	将多个文件传输至远程主机
open host[port]	建立与指定 ftp 服务器的连接,可指定连接端口
passive	进入被动传输方式(在这种模式下,数据连接是由客户程序发起的)
put local-file[remote-file]	将本地文件 local-file 传送至远程主机
reget remote-file[local-file]	类似于 get,但若 local-file 存在,则从上次传输中断处继续传输
size file-name	显示远程主机文件大小
system	显示远程主机的操作系统类型

(4)使用示例

首先,在本示例中使用 ftp 命令访问"ftp:/ftp. dlut. edu. cn"站点。

[root@localhost ~]# ftp ftp. dlut. edu. cn

Connected to ftp. dlut. edu. cn.

220   Microsoft FTP Service

500   'AUTH GSSAPI': command not understood

500   'AUTH KERBEROS_V4': command not understood

由于该站点可以匿名访问,因此,在用户名处输入 anonymous,在 password 处输入任意一个 E-mail 地址即可登录成功。

ftp> dir

以上使用 ftp 内部命令 dir 列出了在该目录下文件及目录的信息。

ftp> pwd

以上示例通过 pwd 命令查看工作目录。

ftp> bye

最后用 bye 命令退出 ftp 程序。

(5)使用说明

若是需要匿名登录,则在"Name(**.**.**.**)"处键入 anonymous,在"password:"处键入

自己的 E-mail 地址即可。

若要传送二进制文件,务必要把模式改为 bin。

15.6 软件包的安装与卸载

在 Windows 系统中,一般只需要双击安装包就可以完成软件的安装与卸载,也可以用控制面板中的添加/删除程序来完成操作。在 Linux 系统中同样提供了功能强大的软件管理工具,比如(Debian/Ubuntu)下的 apt 工具,(Fedora/Redhat)下的 rpm 工具,利用这些工具可以方便查询、安装、卸载、升级软件,本节将介绍 Ubuntu 系统中的软件安装与卸载方法。

在 Ubuntu 下,很多软件在储藏库中可以找到,这时可以用 GUI 方式进行管理,即利用系统下的新利得软件包管理器(Synaptic Package Manager)安装/卸载,操作简单,当然也可以用 apt 工具通过终端命令方式进行管理。若 Ubuntu 储藏库中没有的软件,需要用户自行下载安装,这些软件往往具有各式各样的格式,需要根据其格式不同采用不同的安装方法,大致可分为基于二进制文件的安装和基于源码安装两类。

15.6.1 图形化方式

(1)安装软件

在 Ubuntu 系统中查找和安装软件的方法是使用 Ubuntu 软件中心。在 Ubuntu 桌面中,可以搜索 Ubuntu 软件中心(Ubuntu Software),然后选中打开即可,如图 15-61 所示。

图 15-61　搜索 Ubuntu 软件中心

Ubuntu 软件中心类似于苹果的 App 商店,包含 Ubuntu 系统下所有可用的软件。用户可以通过应用程序的名称进行搜索,也可以通过浏览软件目录进行查找,例如在搜索中输入 gnome web。

选中将要安装的软件后,用户可以看到该软件的描述页面。包括有关软件的说明、评分等级和用户的评论。如图 15-62 所示,单击"安装"按钮安装该软件。在 Ubuntu 系统中,安装时需要输入 root(超级用户)账号的密码。

提示:在 Ubuntu 系统安装完成后,启用 Canonical 合作伙伴仓库。默认情况下,Ubuntu 系统仅提供源自自身软件库(Ubuntu 认证)的软件。启用该仓库后将能够访问更多的软件。设置方法为:设置→关于→软件和更新,如图 15-63 所示。

在其他软件页面中勾选 Canonical 合作伙伴等选项,单击"关闭"按钮即可。如图 15-64 所示。

图 15-62　GNOME Web 网络浏览器

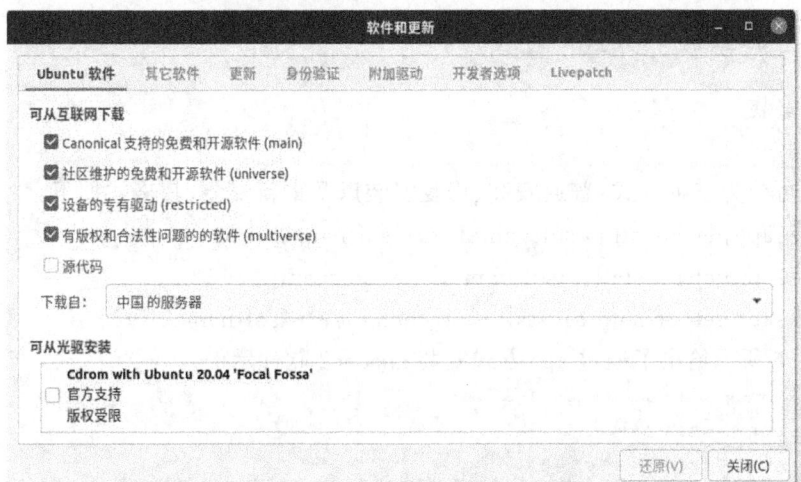

图 15-63　打开"软件和更新"窗口

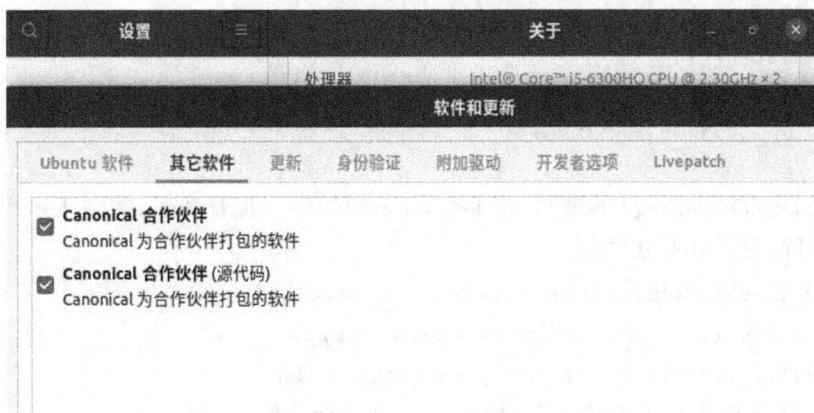

图 15-64　设置其他软件的来源

（2）卸载软件

打开软件中心然后单击"已安装"标签页，将显示所有已安装的软件，用户可通过软件名称进行快速搜索。查到将要卸载的软件，单击"移除"按钮卸载该程序。与安装时一样，在卸载时也同样需要输入 root（超级用户）账号的密码，如图 15-65 所示。

图 15-65　通过 Ubuntu 软件中心卸载软件

15.6.2　终端命令方式

（1）软件安装

①apt 方式

apt 安装可分为三种方式：普通安装、修复安装以及重新安装，其格式如下：

普通安装：apt-get install ＜softname1＞ ＜softname2 …＞

修复安装：apt-get-f install ＜softname1＞ ＜softname2 …＞

重新安装：apt-get--reinstall install ＜softname1＞ ＜softname2 …＞

如图 15-66 所示给出了通过 apt 方式安装 apache2 软件示例。

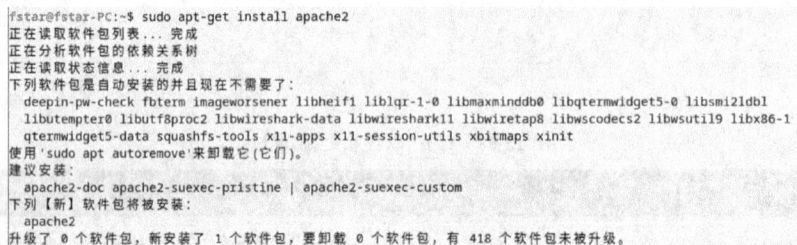

图 15-66　通过 apt 方式安装 apache2 软件示例

②dpkg 方式

dpkg 是 Debian Package 的缩写，是 Debian 系统的后台包管理器，类似于 redhat 的 rpm。能够安装、移除、更新 deb 软件包。

安装 deb 包，其命令格式：dpkg-i＜package_name.deb＞

移除已安装的包，命令格式：dpkg-r＜package_name＞

列出包的信息，命令格式：dpkg-l ＜package_name.deb＞

如图 15-67 所示给出了安装已下载的 apache2 软件示例。

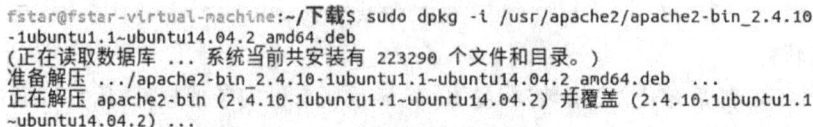

图 15-67　通过 dpkg 方式安装 apache2 软件示例

③源码安装

有的软件需要从源码进行安装,这类软件往往提供的是压缩包格式的源码(如.tar、tar.gz、tar.bz2、tar.Z 等)。在下载后安装的时候,首先需要进行解压缩,然后再进行编译和安装。

对这几类压缩包进行解压缩,可以用 tar 命令完成。其格式如下:

.tar 格式解压:tar -xzvf<压缩包名.tar>

.tar.gz 格式解压:tar -xzvf<压缩包名.tar.gz>

.tar.Z 格式解压:tar -xzvf<压缩包名.tar.Z>

.tgz 格式解压:tar -xzvf<压缩包名.tgz>

.bz2 格式解压:bunzip2 <压缩包名.bz2>

一般来说解压后的文件中会有一个 README 说明文件,里面有软件安装说明。因此应该先了解一下安装方法,然后再进行安装。

此外,解压缩后的目录中通常有一个 configure 脚本,执行该脚本可以自动监测软件的编译环境和依赖关系,并生成 makefile 文件。因此解压完后应该执行的命令为:sudo./configure。

接下来便是执行 make 命令,它根据 makefile 将源码编译成目标文件。命令格式为:

sudo make

最后通过 make install 命令进行安装,其格式为:sudo make install。

至此,源码编译安装便完成了。

(2)软件卸载

①apt 方式卸载

通过 apt 方式卸载软件,一种为普通移除卸载,另一种方式为清除式卸载。

普通移除卸载的语法:apt-get remove <softwarename1>[<softwarename2>…]

如图 15-68 所示为 apt 方式卸载 apache2 软件示例。

```
fstar@fstar-PC:~$ sudo apt-get remove apache2
正在读取软件包列表... 完成
正在分析软件包的依赖关系树
正在读取状态信息... 完成
下列软件包是自动安装的并且现在不需要了:
  apache2-bin apache2-data apache2-utils deepin-pw-check fbterm imageworsener libapr1 libaprutil1
  libaprutil1-dbd-sqlite3 libaprutil1-ldap libheif1 liblqr-1-0 libmaxminddb0 libqtermwidget5-0 libsmi2ldbl
  libutempter0 libutf8proc2 libwireshark-data libwireshark11 libwiretap8 libwscodecs2 libwsutil9 libx86-1
  qtermwidget5-data squashfs-tools x11-apps x11-session-utils xbitmaps xinit
使用'sudo apt autoremove'来卸载它(它们)。
下列软件包将被【卸载】:
  apache2
升级了 0 个软件包,新安装了 0 个软件包,要卸载 1 个软件包,有 418 个软件包未被升级。
```

图 15-68 apt方式卸载 apache2 软件示例

此外还可以用清除式卸载方式,卸载的同时清除软件配置。其语法格式为:apt-get purge remove <softwarename1>[<softwarename2>…]

②dpkg 方式卸载

也可以采用 dpkg 方式卸载所安装的软件,同样有普通移除和清除式卸载两种。

普通移除卸载方式:dpkg-r <softwarename1>[<softwarename2>…]

清除式卸载方式:dpkg-P <softwarename1>[<softwarename2>…]

Linux 服务器环境的配置方法

在 Linux 下可以运行很多 Web 服务器,如 weblogic、websphere、glassfish、apache、tomcat 等,本节介绍常见的面向 PHP Web 开发和 Java Web 开发的 Web 服务器配置。

1. PHP Web 服务器配置

Apache 是著名的 Web 服务器,主要用于网站的静态网页服务。MySQL 是典型的开源关系数据管理系统,已经被 Oracle 公司收购。在网站构架中,MySQL 提供数据的存储和管理。由于 Linux、Apache、MySQL 和 PHP 都是开源软件,所以 LAMP 组合(Linux + Apache + MySQL + PHP)是 Linux 平台下流行的 Web 服务器架构,可以为用户提供稳定、免费的 Web 服务器。下面将阐述这几个软件在 Ubuntu 下的安装和配置工作。

(1)Apache

在 Ubuntu 中安装操作需要用 root(超级用户)身份,可以用 su 或 sudo 完成,Apache2 是 Ubuntu 的一个软件包,其安装命令如下:

命令:sudo apt-get install apache2

安装完毕后,在浏览器的地址栏输入 http://127.0.0.1,如果用户能看到 Apache2 的测试页,则说明安装已经成功。

Apache 的默认文档根目录是在 Ubuntu 上的/var/www 目录 ,配置存储的子目录在/etc/apache2 目录,配置文件是/ etc/apache2/apache2.conf。

(2)PHP

在 Ubuntu 下,可以直接通过 apt-get 安装 PHP7 和 Apache 的 PHP7 的模块。

命令:sudo apt-get install php7 libapache2-mod-php7

安装完成后,重启 Apache,命令为:/etc/init.d/apache2 restart

安装完 PHP7.0 并重启 Apache 服务器后,便可开发 PHP 网页,用户只需要将编写的 PHP 文件放到网站根目录(/var/www/html)下进行访问。例如,编写一个名为 phpinfo.php 的文本(gedit /var/www/html/phpinfo.php),其内容如图 15-69 所示。然后在浏览器地址栏中输入 http://127.0.0.1/phpinfo.php,便可以看到如图 15-70 所示的结果,该结果显示的是 PHP7.0 的安装信息。

```
<?php
phpinfo();
?>
```

图 15-69　phpinfo.php 的内容

(3)MySQL

在开发信息系统时,绝大多数情况下都需要数据库的支持。下面给出 Ubuntu 下安装 MySQL 数据库的步骤。

第 1 步:安装 MySQL 数据库服务器和客户端,命令如图 15-71 所示。

命令:sudo apt-get install mysql-server

在安装过程中,需要设置 MySQL 的 root(超级管理员)账户的密码,输入密码并进行 2 次确认即可,操作中通过 tab 键移动光标进行操作。

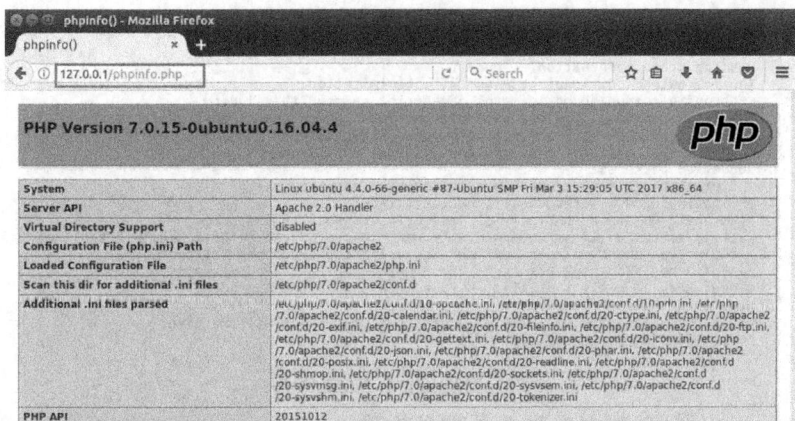

图 15-70 phpinfo.php 在浏览器中的显示结果

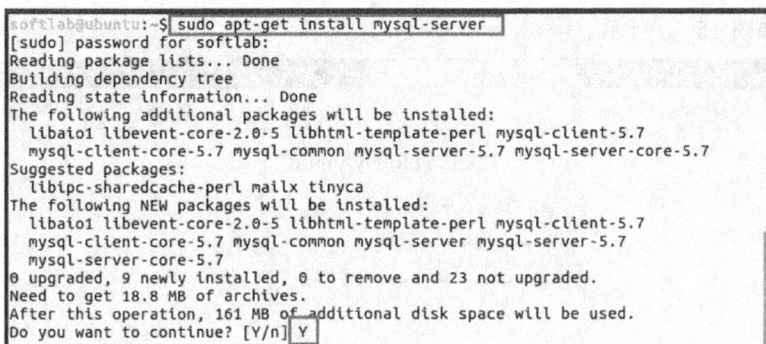

图 15-71 MySQL 服务器的安装

第 2 步：安装 MySQL 数据库的客户端，客户端工具用于与服务器进行连接，其命令如下，安装过程如图 15-72 所示。

命令：sudo apt-get install mysql-client

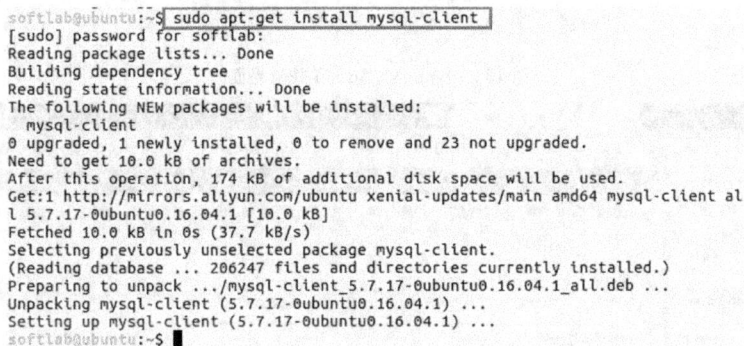

图 15-72 MySQL 客户端的安装

安装完数据库后，为了方便管理和操作，可以安装 phpMyAdmin 管理工具。

第 3 步：安装 phpMyAdmin 管理工具，命令如下，如图 15-73 所示。

命令：sudo apt-get install phpmyadmin

在安装过程中要求选择 Web Server，选择已安装的 apache2。在提示配置数据库时选用默认的"Yes"，最后会要求输入 phpMyAdmin 的密码，输入两次密码确认即可。

```
softlab@ubuntu:~$ sudo apt-get install phpmyadmin
Reading package lists... Done
Building dependency tree
Reading state information... Done
The following additional packages will be installed:
  dbconfig-common dbconfig-mysql javascript-common libjs-jquery
  libjs-sphinxdoc libjs-underscore libmcrypt4 php-gd php-gettext php-mbstring
  php-mcrypt php-mysql php-pear php-phpseclib php-tcpdf php-xml php7.0-gd
  php7.0-mbstring php7.0-mcrypt php7.0-mysql php7.0-xml
Suggested packages:
  libmcrypt-dev mcrypt php-libsodium php-gmp php-imagick
The following NEW packages will be installed:
  dbconfig-common dbconfig-mysql javascript-common libjs-jquery
  libjs-sphinxdoc libjs-underscore libmcrypt4 php-gd php-gettext php-mbstring
  php-mcrypt php-mysql php-pear php-phpseclib php-tcpdf php-xml php7.0-gd
  php7.0-mbstring php7.0-mcrypt php7.0-mysql php7.0-xml phpmyadmin
0 upgraded, 22 newly installed, 0 to remove and 23 not upgraded.
Need to get 14.0 MB of archives.
After this operation, 54.0 MB of additional disk space will be used.
Do you want to continue? [Y/n] Y
```

图 15-73　安装 phpMyAdmin 管理工具

phpMyAdmin 安装完成后,在浏览器地址栏输入 hppt://127.0.0.1/phpmyadmin/,可以看到如图 15-74 所示的登录界面,选择语言,输入用户名和密码后就可以登录到 MySQL 进行数据库管理,如图 15-75 所示。

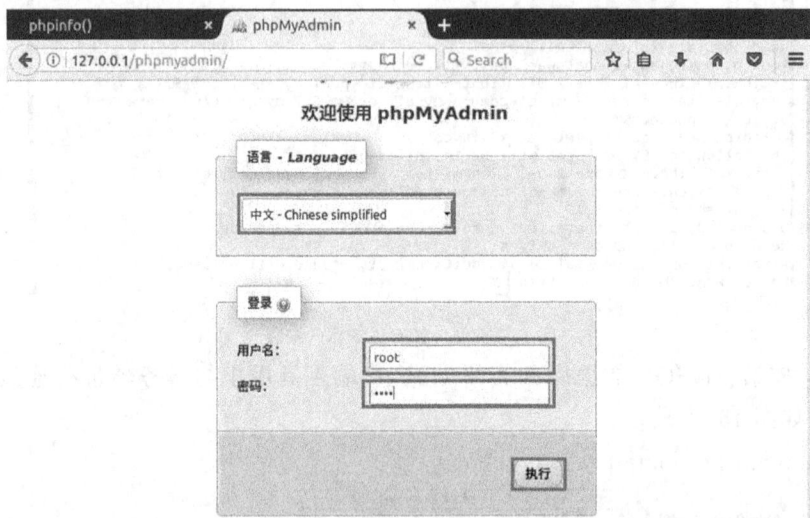

图 15-74　phpMyAdmin 登录界面

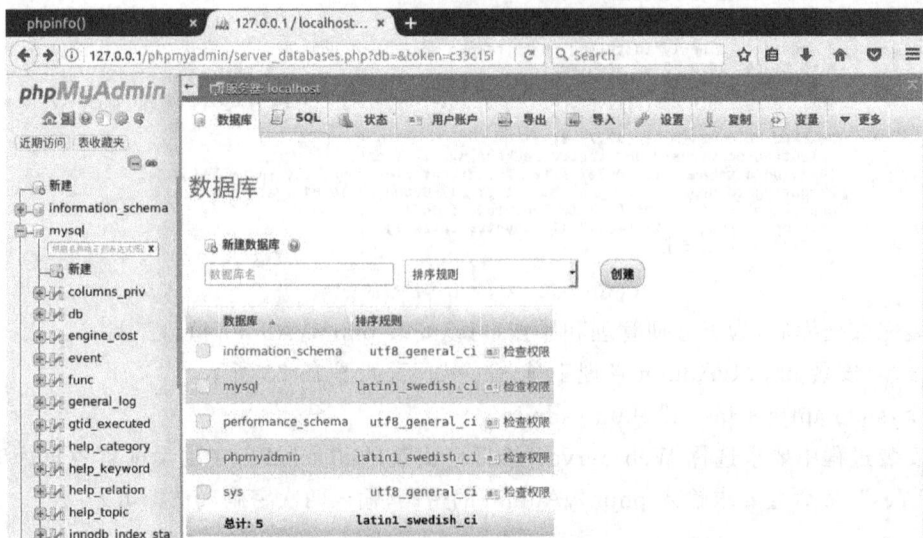

图 15-75　登录到 MySQL 后的界面

2. Java Web 服务器配置

Java Web 开发是目前流行的 Web 开发形式,本节介绍 Ubuntu 下 Java Web 开发环境的安装和配置,内容涉及 JDK、Tomcat、MySQLEclipse 和 Eclipse。

(1)JDK

Java Web 开发环境搭建的第一步是安装 JDK(Java DevelopmentKit)。Java 语言最初是 Sun 公司提出,后来 Sun 公司被 Oracle 公司收购,所以 JDK 软件可以到 Oracle 公司官网进行下载。

第 1 步:在 Oracle 官网下载 JDK,可以选择 jdk-8u121-linux-x64.gz 版本。

第 2 步:将 JDK 压缩包解压到目标文件夹,如/opt/jdk1.8。先将文件剪贴到/opt,然后用 tar 解压,最后将文件夹 jdk1.8.0_121 重命名为 jdk1.8,如图 15-76 所示。

```
softlab@ubuntu:~/Downloads$ sudo mv jdk* /opt
[sudo] password for softlab:
softlab@ubuntu:~/Downloads$ cd /opt
softlab@ubuntu:/opt$ sudo tar -zxvf jdk*
jdk1.8.0_121/
jdk1.8.0_121/THIRDPARTYLICENSEREADME-JAVAFX.txt
jdk1.8.0_121/THIRDPARTYLICENSEREADME.txt
```

图 15-76　解压缩 JDK

第 3 步:在/etc/profile 中配置环境变量,用编辑器打开该文件(如 gedit /etc/profile),在文件末尾加上环境变量内容,如图 15-77 所示。然后执行"source /etc/profile"使得环境变量生效。

```
# Set JDK environment variables
export JAVA_HOME=/opt/jdk1.8
export JRE_HOME=/opt/jdk1.8/jre
export CLASSPATH=.:$CLASSPATH:$JAVA_HOME/lib:$JRE_HOME/lib
export PATH=$PATH:$JAVA_HOME/bin:$JRE_HOME/bin
```

图 15-77　配置环境变量

第 4 步:验证 JDK 是否安装成功。用"java -version"命令进行测试,如图 15-78 所示。该图所示的结果表明 JDK 已经安装好了。

```
softlab@ubuntu:~$ java -version
java version "1.8.0_121"
Java(TM) SE Runtime Environment (build 1.8.0_121-b13)
Java HotSpot(TM) 64-Bit Server VM (build 25.121-b13, mixed mode)
softlab@ubuntu:~$
```

图 15-78　测试 JDK 安装是否成功

对于 JDK 的安装除了上面的方法外,还可以简单地用 apt-get 命令进行安装,不过这时安装的是 OpenJDK,安装命令为:sudo apt-get install default-jre default-jdk。

(2)Tomcat

Tomcat 是一个开源的 Web 应用服务器,是 Apache 软件基金会(Apache Software Foundation)的 Jakarta 项目中的一个核心项目,它实现了 Java EE 规范,是开发和调试 JSP 程序的首选。

安装 Tomcat 可以采用两种方法,一是去 Apache 网站下载,而后解压安装;另一个方法就是直接用 apt-get 命令进行安装。

从 Apache 网站下载解压安装的步骤如下:

第 1 步:从 Apache 官网下载新版 Tomcat 9.0 (apache-tomcat-9.0.0.M18.tar.gz)。

第 2 步:解压压缩包。用 tar 命令解压下载的压缩包到目标文件夹,如/opt/Tomcat,先将文件复制到/opt,然后用 tar 解压,如图 15-79,命令为:sudo tar -zxvf apache-tomcat*,而后重命名：sudo mv /opt/apache-tomcat-9.0.0.M18 /opt/Tomcat。

```
softlab@ubuntu:~/Downloads$ sudo mv apache* /opt
softlab@ubuntu:~/Downloads$ cd /opt
softlab@ubuntu:/opt$ sudo tar -zxvf apache-tomcat*
apache-tomcat-9.0.0.M18/conf/
apache-tomcat-9.0.0.M18/conf/catalina.policy
apache-tomcat-9.0.0.M18/conf/catalina.properties
```

图 15-79　解压压缩包

第 3 步：设置环境变量。方法是用编辑器打开/etc/profile 文件（如 gedit /etc/profile），在文件末尾加上环境变量内容，如图 15-80 所示。

```
# Set CATALINA_HOME
export CATALINA_HOME=/opt/tomcat
export CLASSPATH=.:$CLASSPATH:$CATALINA_HOME/lib
export PATH=$PATH:$CATALINA_HOME/bin
```

图 15-80　设置 Tomcat 环境变量

第 4 步：让环境变量生效。执行命令"source /etc/profile"。

第 5 步：启动 Tomcat 服务器，如图 15-81 所示。启动 Tomcat 的命令为"./catalina.sh start"，关闭 Tomcat 的命令为"./shutdown.sh stop"。

```
root@ubuntu:/opt/tomcat/bin# ./catalina.sh start
Using CATALINA_BASE:   /opt/tomcat
Using CATALINA_HOME:   /opt/tomcat
Using CATALINA_TMPDIR: /opt/tomcat/temp
Using JRE_HOME:        /opt/jdk1.8/jre
Using CLASSPATH:       /opt/tomcat/bin/bootstrap.jar:/opt/tomcat/bin/tomcat-juli
.jar
Tomcat started.
root@ubuntu:/opt/tomcat/bin#
```

图 15-81　启动 Tomcat

第 6 步：测试 Tomcat 服务器。在浏览器地址栏输入：http://localhost:8080/，如果安装成功会出现如图 15-82 所示的结果。

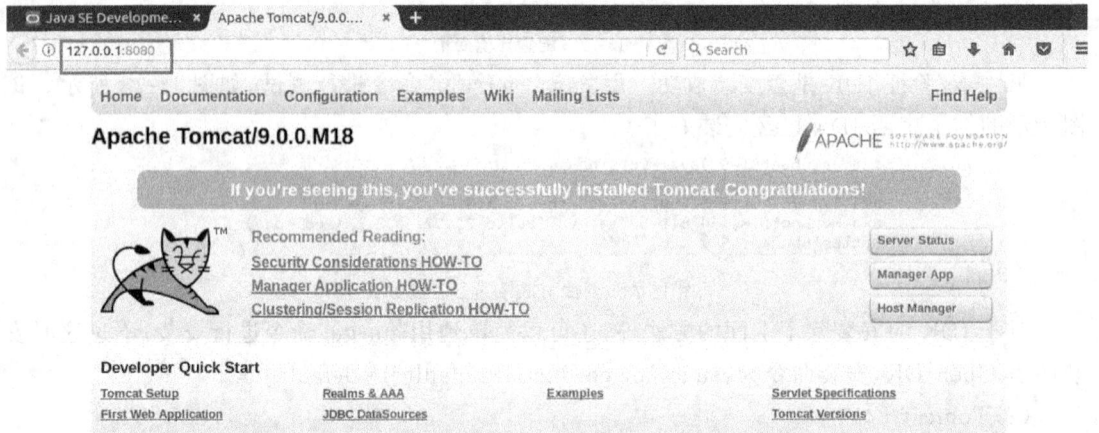

图 15-82　测试 Tomcat

安装 Tomcat 的另一个方法是直接用 apt-get 命令。其命令如图 15-83 所示。

Tomcat 安装好之后，便可以用它部署一个 Java web 项目，方法是：将项目文件打包为 .war 包，而后上传到 opt/tomcat/webapps 目录下，然后重启 tomcat，即执行命令：./catalina.sh run，便可以方便地部署所开发的项目。

测试部署好的项目，打开浏览器在地址栏中输入 http://localhost:8080/projectname，便可以打开项目主页，projectname 是打包的项目名称。

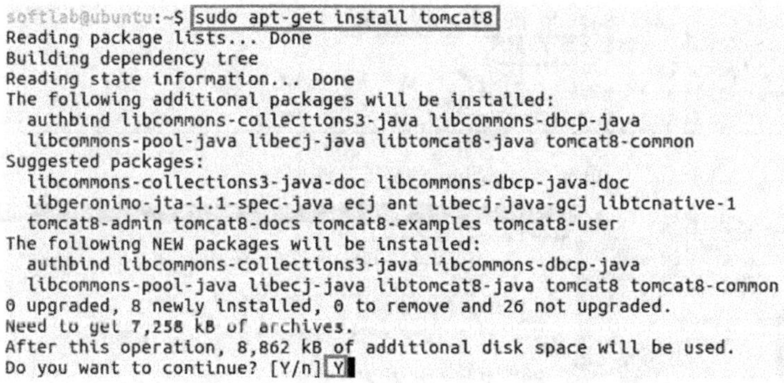

```
softlab@ubuntu:~$ sudo apt-get install tomcat8
Reading package lists... Done
Building dependency tree
Reading state information... Done
The following additional packages will be installed:
  authbind libcommons-collections3-java libcommons-dbcp-java
  libcommons-pool-java libecj-java libtomcat8-java tomcat8-common
Suggested packages:
  libcommons-collections3-java-doc libcommons-dbcp-java-doc
  libgeronimo-jta-1.1-spec-java ecj ant libecj-java-gcj libtcnative-1
  tomcat8-admin tomcat8-docs tomcat8-examples tomcat8-user
The following NEW packages will be installed:
  authbind libcommons-collections3-java libcommons-dbcp-java
  libcommons-pool-java libecj-java libtomcat8-java tomcat8 tomcat8-common
0 upgraded, 8 newly installed, 0 to remove and 26 not upgraded.
Need to get 7,258 kB of archives.
After this operation, 8,862 kB of additional disk space will be used.
Do you want to continue? [Y/n] Y
```

图 15-83　用 apt-get 命令安装 tomcat8

（3）MySQL

关于数据库 MySQL 的安装可以参见本节 MySQL 安装部分,这里就不详细介绍了。MySQL 可以简单地用 apt-get 命令进行安装(apt-get install mysql-server mysql-client),安装好后便可以连接数据库,命令为"mysql - u root-p",输入密码能连接到 MySQL 表明数据库已经安装好,如图 15-84 所示。

MySQL 数据库服务启动、停止及重启动命令分别是:service mysql start;service mysql stop;service mysql restart。

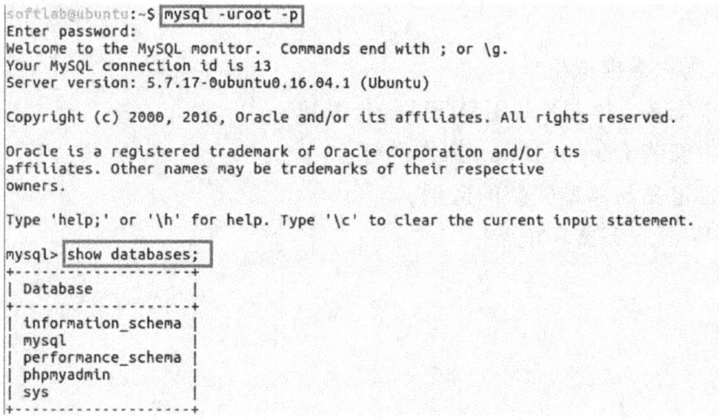

```
softlab@ubuntu:~$ mysql -uroot -p
Enter password:
Welcome to the MySQL monitor.  Commands end with ; or \g.
Your MySQL connection id is 13
Server version: 5.7.17-0ubuntu0.16.04.1 (Ubuntu)

Copyright (c) 2000, 2016, Oracle and/or its affiliates. All rights reserved.

Oracle is a registered trademark of Oracle Corporation and/or its
affiliates. Other names may be trademarks of their respective
owners.

Type 'help;' or '\h' for help. Type '\c' to clear the current input statement.

mysql> show databases;
+--------------------+
| Database           |
+--------------------+
| information_schema |
| mysql              |
| performance_schema |
| phpmyadmin         |
| sys                |
+--------------------+
```

图 15-84　MySQL 连接测试

（4）Eclipse

进行 Java 项目的开发,一般还需要安装一个集成开发环境,Java 开发一般选择开源的 Eclipse,下面介绍 Eclipse 的安装方法。

第 1 步:下载 Eclipse。

下载时,要注意的是,其一要选择 Linux 操作系统;其二选择一个合适的 Eclipse 版本,比如"Eclipse IDE for Java EE Developers";其三要确定是 32 位版本还是 64 位版本。这里下载的是"Eclipse-jee-neon-3-linux-gtk-x86_64.tar.gz"。

第 2 步:用 tar 命令解压安装 Eclipse。

这里我们准备将 Eclipse 安装到/opt 下面,所以先要把文件移动到/opt 下,然后用 tar 命令进行解压,操作过程如图 15-85 所示。

第 3 步:启动 Eclipse。进入目录 Eclipse,执行"./eclipse"便可以启动,如图 15-86 所示。

图 15-85　Eclipse 的解压安装过程

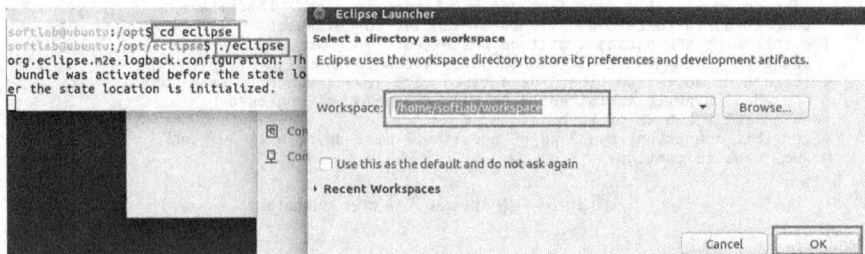

图 15-86　启动 Eclipse

　　Eclipse 启动时，需要指定工作目录，确定后便进入了 Eclipse 集成开发环境，再进行简单配置便可以进行软件开发了。

15.8　实战训练

1. 如何创建、删除某虚拟机？
2. 在虚拟机中安装 LINUX-UBUNTU 操作系统。
3. 在虚拟机中安装 Deepin Linux 操作系统。
4. 虚拟机中自定义与典型安装的区别。
5. 如何设置 Web 服务器环境？

第16章

Linux Shell程序设计

Shell 是一个用 C 语言编写的程序，它是用户使用 Linux 的桥梁。Shell 既是一种命令语言，又是一种程序设计语言。

Shell 是指一种应用程序，这个应用程序提供了一个界面，用户通过这个界面访问操作系统内核服务。

Shell 是一个用户与 Linux 系统间接口的程序，它允许用户向操作系统输入需要执行的命令。这点与 Windows 的命令提示符类似，但 Linux Shell 的功能更强大。在 Linux 中可以安装多个 Shell，用户可以挑选一种自己喜欢的 Shell 来使用。

在 Linux 系统中，总是作为/bin/sh 安装的标准 Shell 是 GNU 工具集中的 bash（GNU Bourne Again Shell）。因为它作为一个优秀的 Shell，总是安装在 Linux 系统上，而且它是开源的并可以被移植到几乎所有的类 UNIX 系统上，所以我们把它作为将要使用的 Shell。在本章中，我们将使用第 3 版。

16.1 Shell 概述

16.1.1 Shell 的主要版本

Linux 的 Shell 种类众多，常见的有：Bourne Shell、C Shell、Korn Shell、Bourne Again Shell 等。

16.1.2 Shell 脚本的建立与执行

通常 Shell 编程跟 JavaScript、php 编程一样，第一步是将脚本程序通过文本编辑器存储到文件中，第二步便是由 Shell 环境（bash 程序）来解释执行该脚本文件就可以了。

（1）Shell 脚本的建立

用户可以用一个文本编辑器（如 vi）来创建一个包含命令的文件。通常可以将 Shell 脚本的扩展名命为".sh"。

（2）Shell 脚本的执行

Shell 脚本的执行通常有两种方式。一种是作为解释器参数运行，一种是作为可执行程序运行。通常建立的脚本文件是没有执行权限的，要将脚本文件当作命令执行，首先需要利用命令 chmod 为它增加执行权限，然后再执行该脚本文件。

作为解释器参数运行的一般格式：bash 脚本名［参数］

作为解释器参数运行的一般步骤：chmod ＋x 脚本名

（3）第一个 Shell 脚本示例

本节以一个"Hello World"程序来介绍 Shell 脚本的建立和运行步骤。

①建立 Shell 脚本

打开文本编辑器（可以用 vi/vim 或 gedit 命令），新建一个文件 hello.sh，文件内容如图 16-1 所示。

图 16-1　简单的 Shell 脚本示例

其中"♯！"是一个约定的标记，它告诉系统这个脚本需要什么解释器来执行，即使用哪一种 Shell。echo 命令用于向窗口输出文本。

②可执行脚本程序

编辑好脚本文件后，用 chmod 命令为脚本增加执行权，而后就可以执行脚本了。Shell 脚本执行方法如图 16-2 所示。

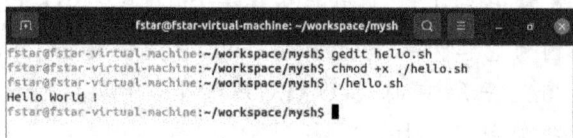

图 16-2　Shell 脚本执行方法

注意：一定要写成 ./test.sh，而不是 test.sh，运行其他二进制的程序也一样，直接写 test.sh，Linux 系统会去 PATH 里寻找有没有叫 test.sh 的文件，而只有 /bin、/sbin、/usr/bin、usr/sbin 等在 PATH 里，用户的当前目录通常不在 PATH 里，所以写成 test.sh 不会找到相关命令，要用 ./test.sh 告诉系统就在当前目录查找。

③作为解释器参数

使用命令 bash ./hello.sh 也可获得 hello.sh 的执行。

16.2　Linux 文本编辑器

16.2.1　编辑器简介

所有的类 Unix 系统都会内建 vi 文本编辑器，其他的文本编辑器则不一定会存在。目前在 Linux 中使用比较多的是 vim 编辑器。在 Linux 图形用户界面下的文本编辑器常常用的是 gedit。

vim 具有程序编辑能力，可以主动以字体颜色辨别语法的正确性，方便程序设计。

16.2.2 vi/vim 的使用

vi/vim 共分为三种模式,分别是命令模式(Command mode),编辑模式(Insert mode)和底行模式(Last line mode)。这三种模式的作用分别是:

命令模式:输入各种命令控制光标的移动、区段复制等。用户刚刚启动 vi/vim,便进入了命令模式。

编辑模式:文本输入。

底行模式:保存文件、退出 vi 及其他设置。

各种操作模式之间可以进行切换,如图 16-3 所示。启动 vi/vim,就进入了命令模式。通过键入 i、a、o 等命令可以切换至编辑模式。在编辑模式下按 esc 键即可返回命令模式。在命令模式下按冒号键(:)即可进入底行模式,在底行模式下输入底行命令,当底行命令执行完毕后返回至命令模式。

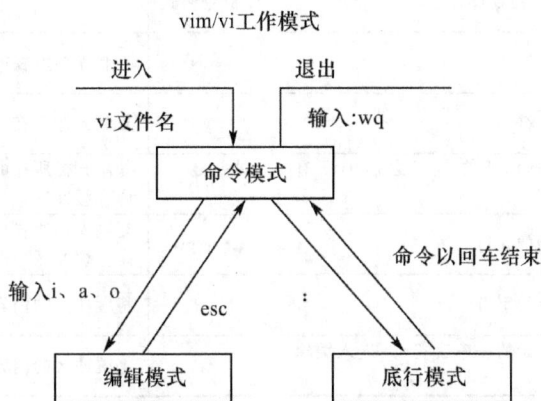

图 16-3 vi 操作模式间的切换

进入编辑模式命令参见表 16-1,表中的命令都可以切换到编辑模式,这些命令的主要区别是光标(插入点)在执行命令之后所处的位置不同。

表 16-1　　　　　　　　　进入编辑模式命令

命令格式	命令操作
i	进入编辑状态,在光标前插入字符
a	进入编辑状态,在光标后追加字符
I	进入编辑状态,在行首插入字符
A	进入编辑状态,在行尾追加字符
o	进入编辑状态,在光标位置的下面为文本条目创建一个新行
O	进入编辑状态,在光标位置的上面为文本条目创建一个新行

一般在文本用户界面下移动光标可以使用键盘上的方向键,但是 vi 却不是这样,它是行编辑器,移动光标命令参见表 16-2 所示。在表 16-2 的命令中需要特别说明的是 G 命令,前面不加数字 n(大于 0 的整数值),表示移动光标到文件尾行;前面加数字 n,表示移动到第 n 行。

表 16-2　　　　　　　　　移动光标命令

命令格式	命令操作	命令格式	命令操作
j	光标下移一行	Ctrl+D	向下翻半屏
k	光标上移一行	Ctrl+U	向上翻半屏
h	光标左移一格	[n]G	把光标移到第 n 行，不带 n 则移到文件尾
l	光标右移一格	$	光标移到行尾
Ctrl+F	向下翻一屏	数字 0	光标移到行首
Ctrl+B	向上翻一屏		

删除文字命令见表 16-3，其中 dd 命令前加数字 n，表示删除从光标开始的 n 行文本。
在编辑文本过程中，经常会用到复制及粘贴命令，见表 16-4。

表 16-3　　　删除文字命令

命令格式	命令操作
x	删除光标处的字符
X	删除光标前的字符
D	删除同一行中光标所在位置之后的所有字符
[n]dd	删除从光标开始的几行
r	替换当前光标处的字符
R	替换从光标处开始的一串字符，并进入编辑状态

表 16-4　　　复制及粘贴命令

命令格式	命令操作
yy	复制光标所在的当前行到内存缓冲区
yw	复制光标所在字符到内存缓冲区
[n]yy	复制光标所在的当前行及其后 $7n-1$ 行到内存缓冲区
[n]yw	复制光标所在的字及其后 $n-1$ 个字符到内存缓冲区
P	将缓冲区的内容粘贴到光标的后面
P	将缓冲区的内容粘贴到光标的前面

vi 命令模式中的其他命令见表 16-5，其中 Ctrl+G 命令可以显示 vi 当前编辑的文件名、更改状态、总行数和当前光标所在的行数等信息；U 命令相当于 Microsoft Word 中的 Ctrl+Z；%命令可以找到匹配的括号；ZZ 命令相当于 vi 底行模式中的 wq 命令，即保存当前编辑的文档并退出。

表 16-5　　　　　　其他命令

命令格式	命令操作
Ctrl+G	在窗口的最后一行显示总行数和当前行数
U	复原功能
%	查找匹配的括号
ZZ	保存并退出

常用的底行模式命令见表 16-6。

表 16-6　　　　　　　　　底行模式命令

命令格式	命令操作	命令格式	命令操作
e[文件名]	新建文件	wq	保存并退出
n[文件名]	打开文件	set nu	显示行号
w[文件名]	保存文件	set nonu	取消行号显示
q	退出	set noic	查找时忽略大小写
q!	强制退出，不保存文件	? 字符串或/字符串	查找字符串

16.2.3 vi/vim 使用示例

假设用户想用 vi 建立一个名为 runoob.txt 的文件时,可以执行如图 16-4 所示的命令。

```
$ vim runoob.txt
```

图 16-4　vi 建立文件的方法

直接输入 vi 文件名就能够进入 vi 的一般模式了。请注意,vi 后面一定要加文件名,不管该文件存在与否。vi 的初始操作界面如图 16-5 所示。

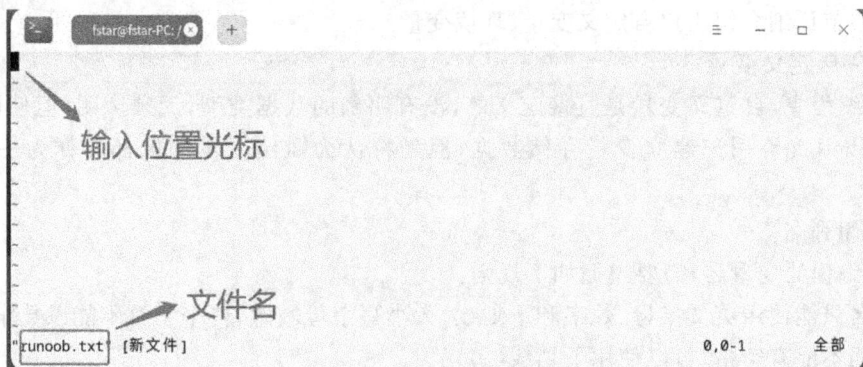

图 16-5　vi 的初始操作界面

按下 i 进入插入模式(也称为输入/编辑模式),开始编辑文字,如图 16-6 所示。

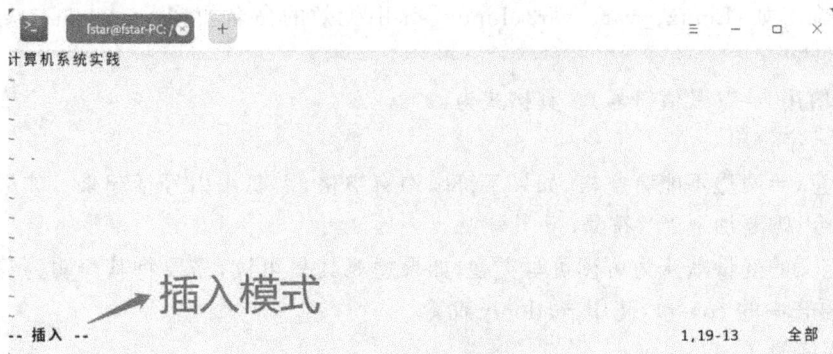

图 16-6　vi 插入模式

在一般模式中,只要按下 i、o、a 等字符就可以进入编辑模式了。

如果要保存并退出 vi,输入 :wq 即可保存退出,如图 16-7 所示。

图 16-7　保存退出

这样我们就成功创建了一个 runoob. txt 的文件。

16.3 Shell 脚本编程

16.3.1 Shell 变量

Linux Shell 编程支持变量的使用。变量有 3 种类型：用户自定义变量、环境变量和内部变量。本小节详细介绍用户自定义变量、环境变量。

1. 用户自定义变量

Shell 编程中，自定义变量是直接定义的，没有明确的数据类型，无须声明，但使用前需要赋初值。Shell 允许用户建立变量存储数据，但是将认为赋给变量的值都解释为一串字符，如下

（1）变量命名

Shell 编程的变量名，需要遵循如下规则：

①命名只能使用英文字母、数字和下划线，大小写字母敏感，首个字符不能以数字开头；

②中间不能有空格，可以使用下划线（_）；

③不能使用标点符号；

④不能使用 bash 里的关键字（可用 help 命令查看保留关键字）。

有效的命名如：Linux、_var、_var2、Linux_shell；无效的命名如：2var、? var、user * name。

（2）变量赋值

变量赋值用"＝"（赋值符号）。其格式为：

变量名＝字符串

需要注意，＝两边不能有空格，如果字符串中有空格，需要用引号括起来。如果在变量中使用系统命令，需要加上" '"符号（反引号）。

通常，定义的变量默认为可读可写类型，如果想要其只可读，需要将其声明为只读类型变量（如同 C 语言中的 const），使用 readonly 命令。

（3）引用变量

使用变量时，用英文符号"＄"取变量值，对于较长的变量名，建议加上"{ }"帮助解释器识别变量的边界。

（4）删除变量

如果想要删除变量，使用 unset 命令解除命令赋值，但是 unset 不能删除只读变量。

【例 16-1】 Shell 变量的使用。

your_name＝"tom"

echo ＄ your_name

your_name＝"alibaba"

echo ＄ your_name

2. 环境变量

用户注册过程中，系统需要建立用户的 Shell 环境，包括所用的 shell、主目录等内容。环境变量也称全局变量，所有的程序包括 Shell 启动的程序，都能访问环境变量，必要的时候

Shell 脚本也可以定义环境变量。

Linux 中环境变量包括系统级和用户级,系统级的环境变量是每个登录到系统的用户都要读取的系统变量,而用户级的环境变量则是该用户使用系统时加载的环境变量,所以管理环境变量的文件也分为系统级和用户级。

Linux 变量文件有/etc/environment、/etc/profile、~/. profile、/etc/bash. bashrc、~/. bashrc、~/. bash_profile(一般是用户在自己目录下新建的)以及~/. bash_logout。

常用的环境变量见表 16-7。

表 16-7　　　　　　　　　　　常用的环境变量

变量名	变量含义	变量名	变量含义
$ LOGNAME	指当前用户的登录名	$ LANG/LANGUGE	语言相关的设置
$ HOME	指定用户的主工作目录	$ PS1	命令基本提示符,对于 root 用户是 ♯,对于普通用户是 $
$ HOSTNAME	指主机的名称	$ PS2	附属提示符,默认是">"
$ SHELL	指当前用户用的是哪种 Shell	$ MANPATH	Man 命令的搜索路径
P $ ATH	指定命令的搜索路径	$ MAIL	指当前用户的邮件存放目录

Linux 也提供了修改和查看环境变量的命令。

(1)修改设置环境变量

语法格式:变量名=值;export 变量名 或 export 变量名=值;

Export 表示让环境变量立刻生效。

(2)查看环境变量

显示单个环境变量的值可以用 echo 命令输出。其格式:echo $变量名。

echo 命令可以显示当前用户的所有环境变量。

(3)清除环境变量

要清除环境变量可以使用 unset 命令。但用 readonly 声明的只读环境变量就不可以被修改或清除了。

16.3.2　Shell 字符串

字符串是 Shell 编程中最常用最有用的数据类型,字符串可以用单引号或双引号括起来,也可以不用引号。Shell 字符串的使用如图 16-8 所示。

图 16-8　Shell 字符串的使用

使用单引号的不足:(1)单引号里的任何字符都会原样输出,单引号字符串中的变量是无效的;(2)单引号字符串中不能出现单独一个单引号(对单引号使用转义符后也不可行),但可成对出现,作为字符串拼接使用。

使用双引号的优势:(1)可以在双引号中使用变量;(2)可以在双引号中使用转义字符。

由此可见,双引号较单引号而言有更强大的优势。

(1)拼接字符串

your_name="liming"

greeting="hello, "$ your_name" !"

greeting_1="hello，＄{your_name}！"

echo ＄greeting ＄greeting_1

（2）获取字符串长度：在对变量进行取值时，使用"♯"符号对字符串进行取值。

string="abcd"

echo ＄{♯string}♯输出 4

（3）提取子字符串：使用字符串的截取命令，用于提取部分字符串。

string="alibaba is a great company"

echo ＄{string:1:4}♯输出 liba

（4）查找字符串：用于查找字符的位置，输出结果为字符在字符串中所占的数据位置，如果查找多个字符计算先出现的字符。

string="alibaba is a great company"

echo ′expr index "＄string" is′

🐚**注意**：以上脚本中"'"是反引号，而不是单引号"′"。

16.3.3 Shell 数组

bash 支持一维数组（不支持多维数组），并且不限定数组的大小。类似于 C 语言，数组元素的下标由 0 开始编号。获取数组中的元素要利用下标，下标可以是整数或算术表达式，其值应大于或等于 0。

1.定义数组

在 Shell 中，用括号()来定义表示数组，数组中元素用"空格"符号分割开。定义数组的一般形式为：

数组名＝（值1 值2…值n）

例如：array_name＝（value0 value1 value2 value3）或者

array_name＝（

value0

value1

value2

value3

）

还可以单独定义数组的各个分量：

array_name[0]＝value0

array_name[1]＝value1

array_name[n]＝valuen

2.数组操作

读取数组元素值的一般格式是：＄{数组名[下标]}

valuen＝＄{array_name[n]}

使用@符号可以获取数组的长度，例如：echo ＄{array_name[@]}。

获取数组长度的方法与获取字符串长度的方法相同，例如：

♯ 取得数组元素的个数

length＝＄{♯array_name[@]}

♯ 或者

length＝＄{♯array_name[*]}

＃ 取得数组单个元素的长度

lengthn＝ $｛＃array_name[n]｝

Shell 注释

以"＃"开头的行就是注释,会被解释器忽略。

Shell 里没有多行注释,只能每一行加一个＃号。如下:

＃——————————————————————————————

＃ 这是一个自动打 ipa 的脚本,基于 webfrogs 的 ipa-build 书写:

＃ https://github.com/webfrogs/xcode_shell/blob/master/ipa-build

＃ 功能:自动为 etao ios app 打包,产出物为 14 个渠道的 ipa 包

＃ 特色:全自动打包,不需要输入任何参数

＃——————————————————————————————

＃＃＃＃＃ 用户配置区开始 ＃＃＃＃＃

＃

＃

＃ 项目根目录,推荐将此脚本放在项目的根目录,这里就不用改了

＃ 应用名,确保和 Xcode 里 Product 下的 target_name.app 名字一致

＃

＃＃＃＃＃ 用户配置区结束 ＃＃＃＃＃

如果在开发过程中,遇到大段的代码需要临时注释,过一会儿又取消注释,怎么办呢? 每一行加个＃符号比较费时,可以把这一段要注释的代码用一对花括号括起来,定义成一个函数,不调用这个函数,这个块代码就不会执行,达到了和注释一样的效果。

16.3.4 Shell 传递参数

在执行 Shell 脚本时,向脚本传递参数,脚本内获取参数的格式为: $n。n 代表一个数字,1 为执行脚本的第一个参数,2 为执行脚本的第二个参数,以此类推。

【例 16-2】 向脚本传递三个参数,并分别输出,其中 $0 为执行的文件名。

脚本编写如图 16-9 所示。

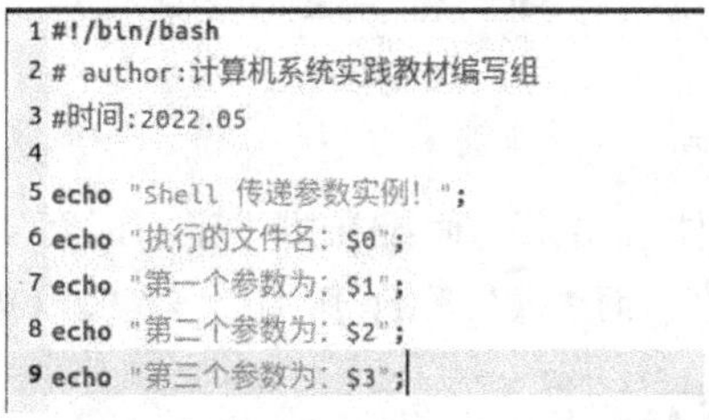

```
1 #!/bin/bash
2 # author:计算机系统实践教材编写组
3 #时间:2022.05
4
5 echo "Shell 传递参数实例! ";
6 echo "执行的文件名: $0";
7 echo "第一个参数为: $1";
8 echo "第二个参数为: $2";
9 echo "第三个参数为: $3";
```

图 16-9 脚本编写

为脚本设置可执行权限,并执行脚本,结果如图 16-10 所示。

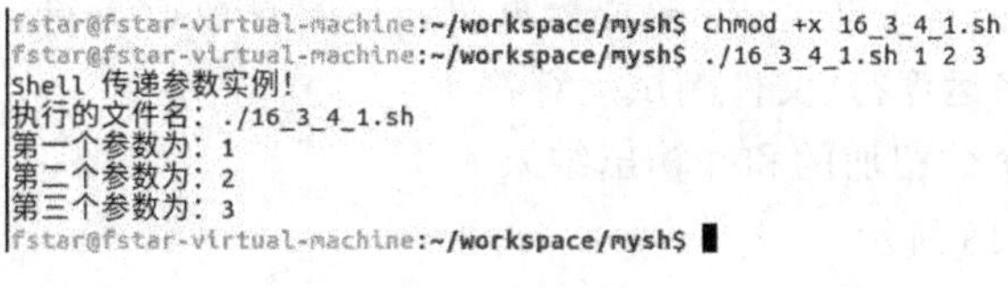

```
fstar@fstar-virtual-machine:~/workspace/mysh$ chmod +x 16_3_4_1.sh
fstar@fstar-virtual-machine:~/workspace/mysh$ ./16_3_4_1.sh 1 2 3
Shell 传递参数实例!
执行的文件名: ./16_3_4_1.sh
第一个参数为: 1
第二个参数为: 2
第三个参数为: 3
fstar@fstar-virtual-machine:~/workspace/mysh$
```

图 16-10 脚本执行结果

在使用 Shell 传递参数的时候,常常需要用到以下特殊参数,见表 16-8 。

表 16-8   特殊参数表

参数处理	说明
$#	传递到脚本的参数个数
$*	以一个单字符串显示所有向脚本传递的参数。如"$*"用「"」括起来的情况,以"$1 $2 … $n"的形式输出所有参数
$$	脚本运行的当前进程 ID 号
$!	后台运行的最后一个进程 ID 号
$@	与 $* 相同,但是使用时加引号,并在引号中返回每个参数。如"$@"用「"」括起来的情况,以"$1""$2"…"$n"的形式输出所有参数
$-	显示 Shell 使用的当前选项,与 set 命令功能相同
$?	显示最后命令的退出状态。0 表示没有错误,其他任何值表示有错误

【例 16-3】 特殊参数示例。

编写如图 16-11 所示脚本内容。

```
 1 #!/bin/bash
 2 # author:计算机系统实践教材编写组
 3 #时间:2022.05
 4
 5 echo "--- \$* 演示 ---"
 6 for i in "$*"; do
 7     echo $i
 8 done
 9
10 echo "--- \$@ 演示 ---"
11 for i in "$@"; do
12     echo $i
13 done
```

图 16-11 脚本内容

执行脚本,结果如图 16-12 所示。

```
fstar@fstar-virtual-machine:~/workspace/mysh$ chmod +x 16_3_4_2.sh
fstar@fstar-virtual-machine:~/workspace/mysh$ ./16_3_4_2.sh 1 2 3
--- $* 演示 ---
1 2 3
--- $@ 演示 ---
1
2
3
```

图 16-12 脚本执行结果

$* 与 $@ 区别:

相同点:都是引用所有参数。

不同点:只有在双引号中体现出来。假设在脚本运行时写了三个参数 1、2、3,则" * "等价于"1 2 3"(传递了一个参数),而"@"等价于"1""2""3"(传递了三个参数)。

16.3.5　Shell 运算符

1. Shell 基本运算符

Shell 和其他编程语言一样,支持多种运算符,包括:算数运算符、关系运算符、布尔运算符、逻辑运算符、字符串运算符、文件测试运算符。

【例 16-4】 求两个数相加的和并输出结果。

脚本内容如图 16-13 所示。

(注意使用的是反引号` 而不是单引号'),反引号执行的是命令替换。

```
1 #!/bin/bash
2 # author:计算机系统实践教材编写组
3 #时间:2022.05
4
5 val=`expr 2 + 2`
6 echo "两数之和为 : $val"
```

图 16-13　脚本内容

执行脚本,结果如图 16-14 所示。

```
fstar@fstar-virtual-machine:~/workspace/mysh$ gedit 16_3_5_1.sh
fstar@fstar-virtual-machine:~/workspace/mysh$ chmod +x 16_3_5_1.sh
fstar@fstar-virtual-machine:~/workspace/mysh$ ./16_3_5_1.sh
两数之和为 : 4
```

图 16-14　脚本执行结果

注意:①表达式和运算符之间要有空格,例如 2+2 是不对的,必须写成 2 + 2,这与我们熟悉的大多数编程语言不一样。②完整的表达式要被反引号``包含,注意这个字符不是常用的单引号,在 esc 键下边。

2.算术运算符

表 16-9 列出了常用的算术运算符,假定变量 a 为 10,变量 b 为 20。

表 16-9　　　　　　　　　　　　　常用的算术运算符

运算符	说明	举例
+	加法	`expr $a + $b`结果为 30
−	减法	`expr $a − $b`结果为 −10
*	乘法	`expr $a \* $b`结果为 200
/	除法	`expr $b / $a`结果为 2
%	取余	`expr $b % $a`结果为 0
=	赋值	a=$b 将把变量 b 的值赋给 a
==	相等。用于比较两个数字,相同则返回 true	[$a == $b] 返回 false
! =	不相等。用于比较两个数字,不相同则返回 true	

注意:(1)在 Windows 系统中乘号(*)前边必须加反斜杠(\)才能实现乘法运算;(2)条件表达式要放在方括号之间,并且要有空格,例如:[$a==$b] 是错误的,必须写成[$a == $b]。

【例 16-5】 算术运算符示例。

编写如图 16-15 所示的代码。

```
#!/bin/bash
# author:计算机系统实践教材编写组
#时间:2022.05

a=10
b=20
val=`expr $a + $b`
echo "a + b : $val"
val=`expr $a - $b`
echo "a - b : $val"
val=`expr $a \* $b`
echo "a * b : $val"
val=`expr $b / $a`
echo "b / a : $val"
val=`expr $b % $a`
echo "b % a : $val"
if [ $a == $b ]
then
    echo "a 等于 b"
fi
if [ $a != $b ]
then
    echo "a 不等于 b"
fi
```

图 16-15　脚本内容

执行脚本,结果如图 16-16 所示。

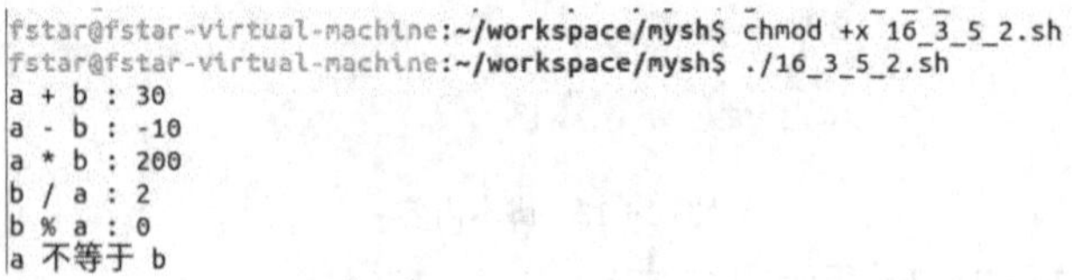

```
fstar@fstar-virtual-machine:~/workspace/mysh$ chmod +x 16_3_5_2.sh
fstar@fstar-virtual-machine:~/workspace/mysh$ ./16_3_5_2.sh
a + b : 30
a - b : -10
a * b : 200
b / a : 2
b % a : 0
a 不等于 b
```

图 16-16　脚本执行结果

注意:乘号(＊)前边必须加反斜杠(\)才能实现乘法运算。

3. 关系运算符

关系运算符只支持数字,不支持字符串,除非字符串的值是数字。

表 16-10 列出了常用的关系运算符,假定变量 a 为 10,变量 b 为 20。

表 16-10　　　　　　　　　　常用的关系运算符

运算符	说明	举例
-eq	检测两个数是否相等,相等返回 true	[$a-eq $b] 返回 false
-ne	检测两个数是否不相等,不相等返回 true	[$a −ne $b] 返回 true
-gt	检测左边的数是否大于右边的,如果是,则返回 true	[$a-gt $b] 返回 false
-lt	检测左边的数是否小于右边的,如果是,则返回 true	[$a-lt $b] 返回 true
-ge	检测左边的数是否大于等于右边的,如果是,则返回 true	[$a-ge $b] 返回 false
-le	检测左边的数是否小于等于右边的,如果是,则返回 true	[$a-le $b] 返回 true

【例 16-6】 关系运算符示例。

编写如下代码:

```
#! /bin/bash
# author:计算机系统实践教材编写组
#时间:2022.05
a＝10
b＝20
if [ $a-eq $b ]
then
    echo "$a-eq $b：a 等于 b"
else
    echo "$a-eq $b：a 不等于 b"
fi
if [ $a -ne $b ]
then
    echo "$a -ne $b：a 不等于 b"
else
    echo "$a -ne $b：a 等于 b"
fi
if [ $a-gt $b ]
then
    echo "$a-gt $b：a 大于 b"
else
    echo "$a-gt $b：a 不大于 b"
```

```
fi
if [ $ a-lt $ b ]
then
    echo " $ a-lt $ b：a 小于 b"
else
    echo " $ a-lt $ b：a 不小于 b"
fi
if [ $ a-ge $ h ]
then
    echo " $ a-ge $ b：a 大于或等于 b"
else
    echo " $ a-ge $ b：a 小于 b"
fi
if [ $ a-le $ b ]
then
    echo " $ a-le $ b：a 小于或等于 b"
else
    echo " $ a-le $ b：a 大于 b"
fi
```

脚本执行结果如图 16-17 所示。

```
fstar@fstar-virtual-machine:~/workspace/mysh$ chmod +x 16_3_5_3.sh
fstar@fstar-virtual-machine:~/workspace/mysh$ ./16_3_5_3.sh
10 -eq 20: a 不等于 b
10 -ne 20: a 不等于 b
10 -gt 20: a 不大于 b
10 -lt 20: a 小于 b
10 -ge 20: a 小于 b
10 -le 20: a 小于或等于 b
```

图 16-17　脚本执行结果

需要注意运算符和数之间必须要用空格隔开。

4. 布尔运算符

表 16-11 列出了常用的布尔运算符，假定变量 a 为 10，变量 b 为 20。

表 16-11　　　　　　　　　　　常用的布尔运算符

运算符	说明	举例
!	非运算，表达式为 true 则返回 false,否则返回 true	[! false] 返回 true
-o	或运算，有一个表达式为 true 则返回 true	[$ a-lt 20 -o $ b-gt 100] 返回 true
-a	与运算，两个表达式都为 true 才返回 true	[$ a-lt 20-a $ b-gt 100] 返回 false

【例 16-7】　布尔运算符示例。

编写如下代码：

```
#! /bin/bash
# author:计算机系统实践教材编写组
#时间:2022.05
a=10
b=20
if [ $ a ! = $ b ]
then
```

```
        echo "$ a！= $ b：a 不等于 b"
else
        echo "$ a！= $ b：a 等于 b"
fi
if [ $ a-lt 100-a $ b-gt 15 ]
then
        echo "$ a-lt 100-a $ b-gt 15：返回 true"
else
        echo "$ a-lt 100-a $ b-gt 15：返回 false"
fi
if [ $ a-lt 100 -o $ b-gt 100 ]
then
        echo "$ a-lt 100 -o $ b-gt 100：返回 true"
else
        echo "$ a-lt 100 -o $ b-gt 100：返回 false"
fi
if [ $ a-lt 5 -o $ b-gt 100 ]
then
        echo "$ a-lt 5 -o $ b-gt 100：返回 true"
else
        echo "$ a-lt 5 -o $ b-gt 100：返回 false"
fi
```

脚本执行结果如图 16-18 所示。

```
fstar@fstar-virtual-machine:~/workspace/mysh$ chmod +x 16_3_5_4.sh
fstar@fstar-virtual-machine:~/workspace/mysh$ ./16_3_5_4.sh
10 != 20：a 不等于 b
10 -lt 100 -a 20 -gt 15：返回 true
10 -lt 100 -o 20 -gt 100：返回 true
10 -lt 5 -o 20 -gt 100：返回 false
```

图 16-18　脚本执行结果

5. 逻辑运算符

Shell 中的逻辑运算符和其他编程语言有类似的地方，见表 16-12。假定变量 a 为 10，变量 b 为 20。

表 16-12　　　　　　　　　　　　　逻辑运算符

运算符	说明	举例
&&	逻辑的 AND	[[$ a-lt 100 && $ b-gt 100]] 返回 false
||	逻辑的 OR	[[$ a-lt 100 || $ b-gt 100]] 返回 true

【例 16-8】　逻辑运算符示例。

编写如下代码。

```
#！/bin/bash
# author:计算机系统实践教材编写组
#时间:2022.05
a=10
b=20
if [[ $ a-lt 100 && $ b-gt 100 ]]
```

```
then
        echo "返回 true"
else
        echo "返回 false"
fi
if [[ $ a-lt 100 || $ b-gt 100 ]]
then
        echo "返回 true"
else
        echo "返回 false"
fi
```

脚本执行结果如图 16-19 所示。

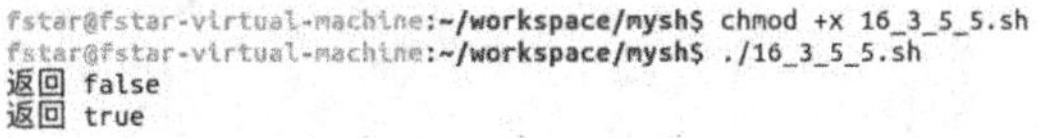

```
fstar@fstar-virtual-machine:~/workspace/mysh$ chmod +x 16_3_5_5.sh
fstar@fstar-virtual-machine:~/workspace/mysh$ ./16_3_5_5.sh
返回 false
返回 true
```

图 16-19　脚本执行结果

6. 字符串运算符

Shell 中常用的字符串运算符见表 16-13。假定变量 a 为"abc",变量 b 为 "efg"。

表 16-13　　　　　　　　　　　常用的字符串运算符

运算符	说明	举例
=	检测两个字符串是否相等,相等返回 true	［$ a = $ b］返回 false
! =	检测两个字符串是否相等,不相等返回 true	［$ a ! = $ b］返回 true
-z	检测字符串长度是否为 0,为 0 返回 true	［－z $ a］返回 false
-n	检测字符串长度是否为 0,不为 0 返回 true	［－n $ a］返回 true
str	检测字符串是否为空,不为空返回 true	［$ a］返回 true

【例 16-9】 字符串运算符示例。

编写如下代码。

```
#! /bin/bash
# author:计算机系统实践教材编写组
#时间:2022.05
a="abc"
b="efg"
if [ $ a = $ b ]
then
        echo "$ a = $ b：a 等于 b"
else
        echo "$ a = $ b：a 不等于 b"
fi
if [ $ a ! = $ b ]
then
        echo "$ a ! = $ b：a 不等于 b"
else
        echo "$ a ! = $ b：a 等于 b"
fi
```

```
if [ -z $ a ]
then
    echo "-z $ a：字符串长度为 0"
else
    echo "-z $ a：字符串长度不为 0"
fi
if [ -n $ a ]
then
    echo "-n $ a：字符串长度不为 0"
else
    echo "-n $ a：字符串长度为 0"
fi
if [ $ a ]
then
    echo "$ a：字符串不为空"
else
    echo "$ a：字符串为空"
fi
```

脚本执行结果如图 16-20 所示。

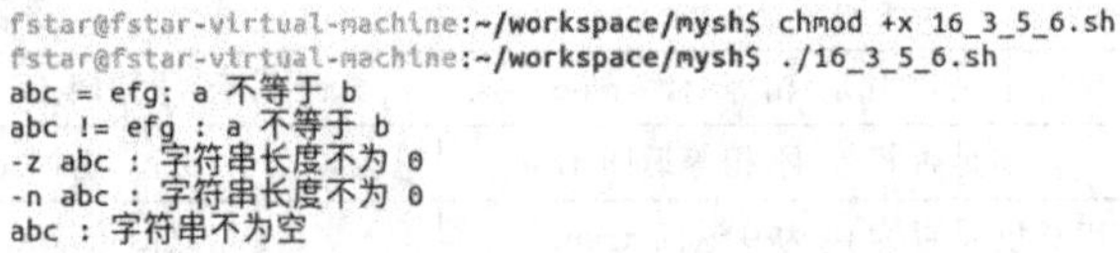

```
fstar@fstar-virtual-machine:~/workspace/mysh$ chmod +x 16_3_5_6.sh
fstar@fstar-virtual-machine:~/workspace/mysh$ ./16_3_5_6.sh
abc = efg: a 不等于 b
abc != efg : a  不等于 b
-z abc ： 字符串长度不为 0
-n abc ：字符串长度不为 0
abc ：字符串不为空
```

图 16-20　脚本执行结果

7. 文件测试运算符

文件测试运算符用于检测 Unix 文件的各种属性，见表 16-14。

表 16-14　　　　　　　　　　　　文件测试运算符

操作符	说明	举例
－b file	检测文件是否是块设备文件，如果是，则返回 true	[－b $ file] 返回 false
-c file	检测文件是否是字符设备文件，如果是，则返回 true	[-c $ file] 返回 false
-d file	检测文件是否是目录，如果是，则返回 true	[-d $ file] 返回 false
-f file	检测文件是否是普通文件（既不是目录，也不是设备文件），如果是，则返回 true	
-g file	检测文件是否设置了 SGID 位，如果是，则返回 true	[-g $ file] 返回 false
-k file	检测文件是否设置了粘着位（Sticky Bit），如果是，则返回 true	[-k $ file] 返回 false
-p file	检测文件是否是有名管道，如果是，则返回 true	[-p $ file] 返回 false
－u file	检测文件是否设置了 SUID 位，如果是，则返回 true	[－u $ file] 返回 false
-r file	检测文件是否可读，如果是，则返回 true	[-r $ file] 返回 true
-w file	检测文件是否可写，如果是，则返回 true	[－w $ file] 返回 true
-x file	检测文件是否可执行，如果是，则返回 true	[－x $ file] 返回 true
-s file	检测文件是否为空（文件大小是否大于 0），不为空返回 true	[－s $ file] 返回 true
-e file	检测文件（包括目录）是否存在，如果是，则返回 true	

【例 16-10】 文件测试运算符示例。

编写如下代码。

```
#! /bin/bash
# author:计算机系统实践教材编写组
#时间:2022.05
file="/home/fstar/workspace/mysh/16_3_5_6.sh"
if [-r " $ file" ]
then
     echo "文件可读"
else
     echo "文件不可读"
fi
if [ -w " $ file" ]
then
     echo "文件可写"
else
     echo "文件不可写"
fi
```

脚本执行结果如图 16-21 所示。

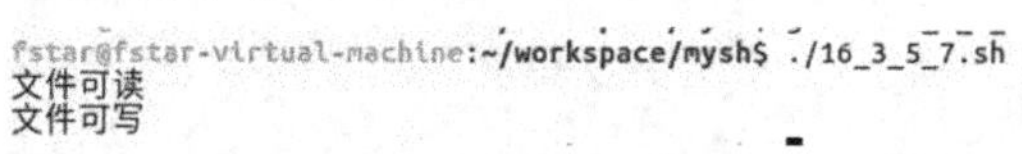

```
fstar@fstar-virtual-machine:~/workspace/mysh$ ./16_3_5_7.sh
文件可读
文件可写
```

图 16-21　脚本执行结果

16.3.6　Shell 编程中的命令

1. echo 命令

echo 命令在 Shell 中用于字符串的输出,命令的语法:

echo 字符串

用户可以使用 echo 实现更复杂的输出格式控制。

(1)显示普通字符串

如:echo "It is a test",双引号可以省略,因此也可写作:echo It is a test。

(2)显示转义字符

如:echo "\"It is a test\""的执行结果是"It is a test"。

(3)显示变量

以下脚本用 read 命令从标准输入中读取一行,并把输入行的每个字段的值指定给 Shell 变量。

```
#! /bin/sh
read name
echo " $ name It is a test"
```

以上代码保存为 test. sh,执行该脚本。name 将从标准输入接收,结果将类似为:

```
OK                          #标准输入
OK It is a test             #输出
```

（4）显示换行

echo-e "OK! \n" ＃-e 开启转义

echo "It it a test"

输出结果：

OK!

It it a test

（5）显示不换行

＃! /bin/sh

echo-e "OK! \c" ＃-e 开启转义 \c 不换行

echo "It is a test"

输出结果：

OK! It is a test

（6）显示结果定向至文件

echo "It is a test" ＞ myfile

（7）原样输出字符串，不进行转义或取变量（用单引号）

echo ' $ name\" '

输出结果：

$ name\"

（8）显示命令执行结果

echo ` date

注意：这里使用的是反引号`，而不是单引号'。

结果将显示当前日期。

2022 年 06 月 06 日 星期一 07:41:11 CST

2. printf 命令

printf 命令模仿 C 程序库（library）里的 printf()程序。

echo 命令与 printf 命令都用于输出，但 printf 的脚本移植性更好。

printf 使用引用文本或空格分隔的参数，可以在 printf 中使用格式化字符串，还可以制定字符串的宽度、左右对齐方式等。默认 printf 不会像 echo 自动添加换行符，但可以手动添加 \n。

printf 命令的语法：

printf format-string ［arguments...］

参数说明：

format-string：为格式控制字符串；arguments：为参数列表。

如图 16-22 所示给出了 echo 命令和 prinf 命令的使用。

```
fstar@fstar-virtual-machine:~/workspace/mysh$ echo "Hello, Shell"
Hello, Shell
fstar@fstar-virtual-machine:~/workspace/mysh$ printf "Hello, Shell\n"
Hello, Shell
```

图 16-22 echo 命令和 prinf 命令的使用

【例 16-11】 带格式控制的 printf 示例 1。

```
#! /bin/bash
# author:计算机系统实践教材编写组
#时间:2022.05
printf "%-10s %-8s %-4s\n" 姓名 性别 体重kg
printf "%-10s %-8s %-4.2f\n" 李兵 男 66.1233
printf "%-10s %-8s %-4.2f\n" 王明 男 51.6543
printf "%-10s %-8s %-4.2f\n" 陈婧 女 45.9874
```

脚本执行结果如图16-23所示。

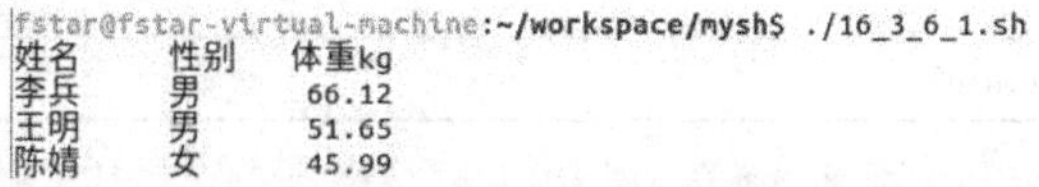

```
fstar@fstar-virtual-machine:~/workspace/mysh$ ./16_3_6_1.sh
姓名      性别    体重kg
李兵      男      66.12
王明      男      51.65
陈婧      女      45.99
```

图16-23 脚本执行结果

说明,%s、%c、%d、%f都是格式替代符。

%-10s指一个宽度为10个字符(-表示左对齐,没有则表示右对齐),任何字符都会被显示在10个字符宽的字符内,如果不足则自动以空格填充,超过也会将内容全部显示出来。

%-4.2f指格式化为小数,其中.2指保留2位小数。

【例16-12】 带格式控制的printf示例2。

```
#! /bin/bash
# author:计算机系统实践教材编写组
#时间:2022.05
# format-string为双引号
printf "%d %s\n" 1 "计算机系统实践"
# 单引号与双引号效果一样
printf '%d %s\n' 1 "计算机系统实践"
# 没有引号也可以输出
printf %s 计算机系统实践
# 格式只指定了一个参数,但多出的参数仍然会按照该格式输出,format-string被重用
printf %s 计算机 系统实践
printf "%s\n" 计算机 系统实践
printf "%s %s %s\n" 计 算 机 系 统 实 践
# 如果没有arguments,那么%s用NULL代替,%d用0代替
printf "%s and %d \n"
```

脚本执行结果如图16-24所示。

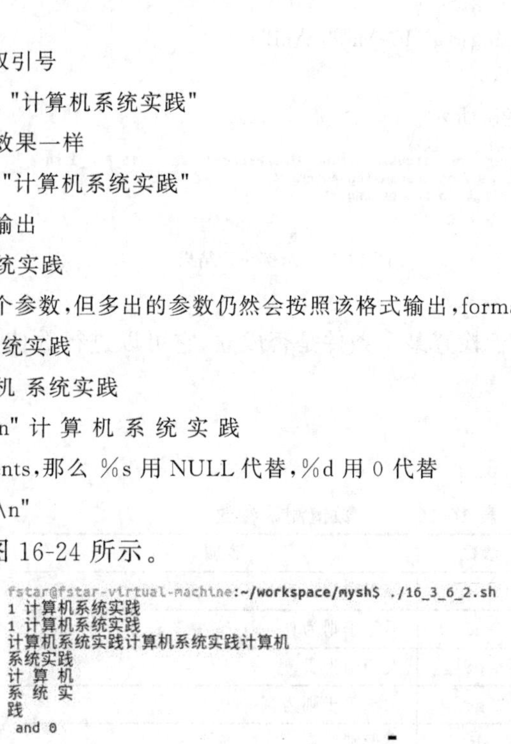

```
fstar@fstar-virtual-machine:~/workspace/mysh$ ./16_3_6_2.sh
1 计算机系统实践
1 计算机系统实践
计算机系统实践计算机系统实践计算机
系统实践
计 算 机
系 统 实
践
 and 0
```

图16-24 脚本执行结果

3. printf的转义序列

在输出时,可以使用功能强大的转义字符,Shell中常用的转义字符见表16-15。

表 16-15   常用的转义字符

序列	说明
\a	警告字符,通常为 ASCII 的 BEL 字符
\b	后退
\c	抑制(不显示)输出结果中任何结尾的换行字符(只在 %b 格式指示符控制下的参数字符串中有效),而且,任何留在参数里的字符、任何接下来的参数以及任何留在格式字符串中的字符,都被忽略
\f	换页(formfeed)
\n	换行
\r	回车(Carriage return)
\t	水平制表符
\v	垂直制表符
\\	一个字面上的反斜杠字符
\ddd	表示 1 到 3 位数八进制值的字符。仅在格式字符串中有效
\0ddd	表示 1 到 3 位的八进制值字符

【例 16-13】 转义字符使用示例。

```
#!/bin/bash
# author:计算机系统实践教材编写组
#时间:2022.05
printf "a string, no processing:<%s>\n" "A\nB"
printf "a string, no processing:<%b>\n" "A\nB"
printf www.baidu.com.cn \a
```

示例执行结果如图 16-25 所示。

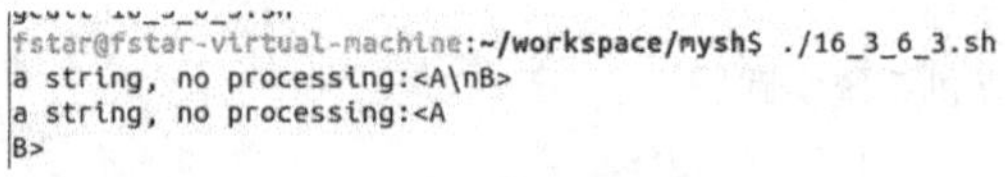

```
fstar@fstar-virtual-machine:~/workspace/mysh$ ./16_3_6_3.sh
a string, no processing:<A\nB>
a string, no processing:<A
B>
```

图 16-25   示例执行结果

4. test 命令

Shell 中的 test 命令用于检查某个条件是否成立,它可以进行数值、字符串和文件三个方面的测试。

(1)数值测试

数值测试参数见表 16-16。

表 16-16   数值测试参数

参数	说明
-eq	等于则为真
-ne	不等于则为真
-gt	大于则为真
-ge	大于等于则为真
-lt	小于则为真
-le	小于等于则为真

【例 16-14】 数值测试使用示例。

```
#！/bin/bash
# author:计算机系统实践教材编写组
#时间:2022.05
num1＝150
num2＝178
if test $[num1]-eq $[num2]
then
  echo '两个数相等!'
else
  echo '两个数不相等!'
fi
```

示例执行结果如图 16-26 所示。

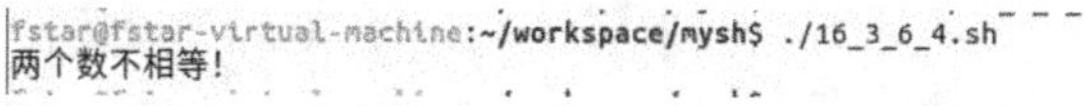

```
fstar@fstar-virtual-machine:~/workspace/mysh$ ./16_3_6_4.sh
两个数不相等!
```

图 16-26　示例执行结果

(2)字符串测试

字符串测试参数见表 16-17。

表 16-17　字符串测试参数

参数	说明
＝	等于则为真
!＝	不相等则为真
-z 字符串	字符串长度为零则为真
-n 字符串	字符串长度不为零则为真

【例 16-15】 字符串测试使用示例。

```
#！/bin/bash
# author:计算机系统实践教材编写组
#时间:2022.05
var1＝"计算机系统实践"
var2＝"计算机系统实践"
if test var1＝var2
then
  echo '两个字符串相等!'
else
  echo '两个字符串不相等!'
fi
```

示例执行结果如图 16-27 所示。

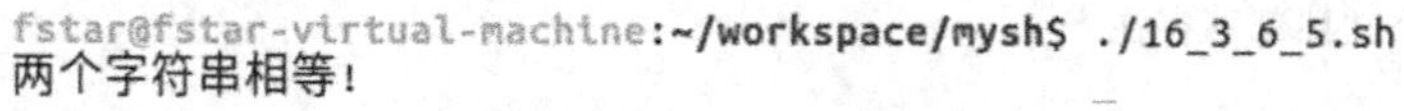

```
fstar@fstar-virtual-machine:~/workspace/mysh$ ./16_3_6_5.sh
两个字符串相等!
```

图 16-27　示例执行结果

(3)文件测试

文件测试参数见表 16-18。

表 16-18　　　　　　　　　文件测试参数

参数	说明
-e 文件名	如果文件存在则为真
-r 文件名	如果文件存在且可读则为真
-w 文件名	如果文件存在且可写则为真
-x 文件名	如果文件存在且可执行则为真
-s 文件名	如果文件存在且至少有一个字符则为真
-d 文件名	如果文件存在且为目录则为真
-f 文件名	如果文件存在且为普通文件则为真
-c 文件名	如果文件存在且为字符型特殊文件则为真
-b 文件名	如果文件存在且为块特殊文件则为真

【例 16-16】　文件测试使用示例。

```
#! /bin/bash
# author:计算机系统实践教材编写组
#时间:2022.05
file=". /16_3_6_5. sh"
if test-e " $ file"
then
    echo '文件已存在!'
else
    echo '文件不存在!'
fi
```

示例执行结果如图 16-28。

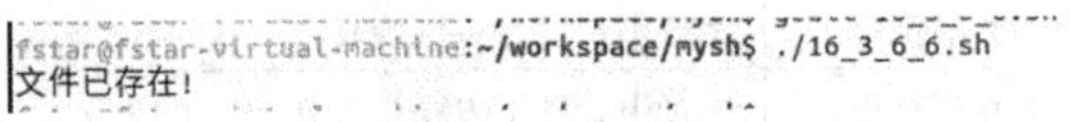

图 16-28　示例执行结果

另外,Shell 提供了与(-a)、或(-o)、非(!)三个逻辑操作符,用于将测试条件连接起来,其优先级为:"!"最高,"-a"次之,"-o"最低。例如:

【例 16-17】　逻辑操作符使用示例。

```
#! /bin/bash
# author:计算机系统实践教材编写组
#时间:2022.05
file=". /16_3_6_5. sh"
file2=". /16_3_6_6. sh"
if test-e " $ file1" -o-e " $ file2"
then
    echo '有一个文件存在!'
else
    echo '两个文件都不存在'
fi
```

示例执行结果如图 16-29 所示。

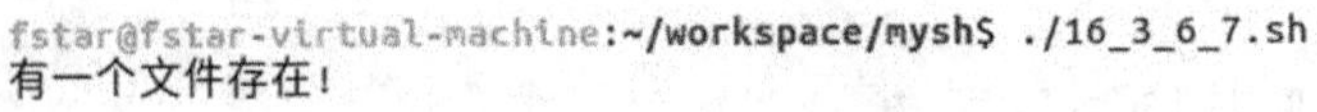

图 16-29　示例执行结果

16.3.7 Shell 流程控制

Shell 作为一种脚本语言,有着自己的流程控制,而 Shell 中的流程控制主要由条件、循环组成。

1. if else 条件

Shell 中的 if else 条件具有一定的模版。

(1)If 语句

If 语句的调用格式为:

```
if condition
then
    command1
    command2
    ...
    commandN
fi
```

也可将 if 语句写成一行(适用于终端命令提示符):如

if [$(ps-ef | grep-c "ssh")-gt 1]; then echo "true"; fi

(2)if else 语句(两分支)

If else 语句的调用格式为:

```
if condition
then
    command1
    command2
    ...
    commandN
else
    command
fi
```

(3)if else-if else 语句

适合于处理多分支的情况,也可看作 if 嵌套。

其调用格式为:

```
if condition1
then
    command1
elif condition2
then
    command2
else
    commandN
fi
```

【例 16-18】 if 语句使用示例。

如图 16-30 所示的源码。

```
1 #!/bin/bash
2 # author:计算机系统实践教材编写组
3 #时间:2022.05
4
5 num1=`expr 2 \* 3`
6 num2=`expr 1 + 5`
7 if test $[num1] -eq $[num2]
8 then
9     echo '两个数字相等!'
10 else
11     echo '两个数字不相等!'
12 fi
```

图 16-30   if else 与 test 命令结合使用

执行脚本,输出结果如图 16-31 所示。

```
fstar@fstar-virtual-machine:~/workspace/mysh$ ./16_3_7_1.sh
两个数字相等!
```

图 16-31   脚本执行结果

2. case 条件

Shell case 为多功能选择语句。可以用 case 语句匹配一个值与一个模式,如果匹配成功,执行相匹配的命令。case 语句格式如下:

case 值 in

模式 1)

　　command1

　　command2

　　...

　　commandN

　　;;

模式 2)

　　command1

　　command2

　　...

　　commandN

　　;;

Esac

Case 语句使用时需要注意以下几点:

(1)取值后面需要加上 in;

(2)每一模式必须以右括号结束;

(3)每个模式结束后使用;;符号结尾;

(4)如果没有找到对应的模式,以 * 结尾,并跳出 case;

(5)case 需要搭配 esac 结尾。

如上语句所示,取值后面必须为单词 in,每一模式必须以右括号结束。取值可以为变量或常数。匹配发现取值符合某一模式后,其间所有命令开始执行直至";;"出现。

case 工作方式为:取值将检测匹配的每一个模式。一旦模式匹配,则执行完匹配模式相应命令直至";;"出现,而后不再继续其他模式。如果无一匹配模式,使用星号 * 捕获该值,再执行后面的命令。

【例 16-19】 提示输入 1 到 4,与每一种模式进行匹配。

如图 16-32 所示源码。

```
1 #!/bin/bash
2 # author:计算机系统实践教材编写组
3 #时间:2022.05
4
5 echo '输入 1 到 4 之间的数字:'
6 echo '你输入的数字为:'
7 read aNum
8 case $aNum in
9     1)  echo '你选择了 1'
10     ;;
11     2)  echo '你选择了 2'
12     ;;
13     3)  echo '你选择了 3'
14     ;;
15     4)  echo '你选择了 4'
16     ;;
17     *)  echo '你没有输入 1 到 4 之间的数字'
18     ;;
19 esac
```

图 16-32 case 语句示例

执行脚本后,会根据输入的内容,出现不同的结果,如图 16-33 所示。

```
fstar@fstar-virtual-machine:~/workspace/mysh$ ./16_3_7_2.sh
输入 1 到 4 之间的数字:
你输入的数字为:
3
你选择了 3
```

图 16-33 脚本执行结果

3. for 循环

与其他编程语言类似,Shell 支持 for 循环。

for 循环一般格式为:

for var in item1 item2 ...itemN

do

    command1

    command2

    ...

    commandN

done

写成一行为:for var in item1 item2…itemN; do command1; command2… done;

当变量值在列表里,for 循环即执行一次所有命令,使用变量名获取列表中的当前取值。命令可为任何有效的 Shell 命令和语句。in 列表可以包含替换、字符串和文件名。in 列表是可选的,如果不使用 in,for 循环使用命令行的位置参数。

【例 16-20】 顺序输出 1~5 的数字。

如图 16-34 所示源码。

```
1 #!/bin/bash
2 # author:计算机系统实践教材编写组
3 #时间:2022.05
4
5 for loop in  1 2 3 4 5 #
6 do
7     echo "The value is: $loop"
8 done
```

图 16-34 脚本源码

执行脚本后,其结果如图 16-35 所示。

```
fstar@fstar-virtual-machine:~/workspace/mysh$ ./16_3_7_3.sh
1
2
3
4
5
```

图 16-35　脚本执行结果

4. while 语句

while 循环用于不断执行一系列命令,也用于从输入文件中读取数据;命令通常为测试条件。其格式为:

while condition

do

　　command

done

【例 16-21】　用 while 循环显示数字 1 到 5,然后终止。

如图 16-36 所示源码。使用 while 循环,测试条件为:如果 int 小于等于 5,int 从 0 开始,每次循环处理时,int 加 1。

```
1 #!/bin/bash
2 # author:计算机系统实践教材编写组
3 #时间:2022.05
4
5 int=1
6 while (( $int<=5 ))
7 do
8         echo $int
9         let "int++"
10 done
```

图 16-36　示例源码

执行脚本,结果如图 16-37 所示。

```
fstar@fstar-virtual-machine:~/workspace/mysh$ ./16_3_7_4.sh
1
2
3
4
5
```

图 16-37　脚本执行结果

while 循环可用于读取键盘信息。下面的例子中,输入信息被接收到变量 Course 中并输出,按<CTRL-D>结束循环。

【例 16-22】　用 while 循环读取键盘信息。

如图 16-38 所示源码。

```
1 #!/bin/bash
2 # author:计算机系统实践教材编写组
3 #时间:2022.05
4
5 echo '按下 <CTRL-D> 退出'
6 echo -n '输入你最喜欢听的课程: '
7 while read Course
8 do
9         echo "是的! $Course 是一门基础课程"
10 done
```

图 16-38　示例源码

运行脚本,结果如图 16-39 所示。

```
按下 <CTRL-D> 退出
输入你最喜欢听的课程: 《计算机系统实践》
是的! 《计算机系统实践》 是一门基础课程
```

图 16-39　脚本执行结果

5.无限循环

无限循环语法格式：

while :

do

command

done

或

while true

do

command

done

或

for ((; ;))

6.until 循环

until 循环执行一系列命令直至条件为 true 时停止。until 循环与 while 循环在处理方式上正好相反。until 循环调用格式：

until condition

do

command

done

condition 条件可为任意测试条件,测试发生在循环末尾,因此循环至少执行一次。如果返回值为 false,则继续执行循环体内的语句,否则为 true 则跳出循环。

【例 16-23】 用 until 循环显示数字 0 到 4。

如图 16-40 所示源码。

```
1 #!/bin/bash
2 # author:计算机系统实践教材编写组
3 #时间:2022.05
4
5 a=0
6 until [ ! $a -lt 5 ]
7
8 do
9         echo $a
10        a=`expr $a + 1`
11 done
```

图 16-40　示例源码

执行脚本,其结果如图 16-41 所示。

```
fstar@fstar-virtual-machine:~/workspace/mysh$ ./16_3_7_6.sh
0
1
2
3
4
```

图 16-41　示例执行结果

7.跳出循环

在循环过程中,有时候需要在未达到循环结束条件时强制跳出循环,Shell 使用两个命令来实现该功能:break 和 continue。

(1)break 命令:

break 命令允许跳出所有循环(中止执行后面所有的循环)。

【例 16-24】 循环接收用户 1~5 的数字输入,直至输入数字超出该范围,结束程序。

如图 16-42 所示源码。

```
1 #!/bin/bash
2 # author:计算机系统实践教材编写组
3 #时间:2022.05
4
5 while :
6 do
7     echo -n "输入 1 到 5 之间的数字:"
8     read aNum
9     case $aNum in
10         1|2|3|4|5) echo "你输入的数字为 $aNum!"
11         ;;
12         *) echo "你输入的数字不是 1 到 5 之间的! 结束程序!"
13             break
14         ;;
15     esac
16 done
```

图 16-42　示例源码

执行脚本,结果如图 16-43 所示。

```
输入 1 到 5 之间的数字:1
你输入的数字为 1!
输入 1 到 5 之间的数字:2
你输入的数字为 2!
输入 1 到 5 之间的数字:5
你输入的数字为 5!
输入 1 到 5 之间的数字:0
你输入的数字不是 1 到 5 之间的! 结束程序!
```

图 16-43　示例执行结果

（2）continue

Shell 中的 continue 命令与 break 命令类似,只有一点差别,continue 不会跳出所有循环,仅仅跳出当前循环。这一点和其他类型的语言相同。

【例 16-25】　continue 语句示例。

将【例 16-24】中的 break 语句换为 continue 语句,如图 16-44 所示源码。

```
1 #!/bin/bash
2 # author:计算机系统实践教材编写组
3 #时间:2022.05
4
5 while :
6 do
7     echo -n "输入 1 到 5 之间的数字: "
8     read aNum
9     case $aNum in
10         1|2|3|4|5) echo "你输入的数字为 $aNum!"
11         ;;
12         *) echo "你输入的数字不是 1 到 5 之间的!"
13             continue
14             echo "结束程序"
15         ;;
16     esac
17 done
```

图 16-44　示例源码

执行脚本,其结果如图 16-45 所示。

```
输入 1 到 5 之间的数字: 1
你输入的数字为 1!
输入 1 到 5 之间的数字: 3
你输入的数字为 3!
输入 1 到 5 之间的数字: 0
你输入的数字不是 1 到 5 之间的!
输入 1 到 5 之间的数字: -8
你输入的数字不是 1 到 5 之间的!
输入 1 到 5 之间的数字:
```

图 16-45　脚本执行结果

从运行结果发现,当输入超出范围时,该例中的循环并不会结束,陷入无限循环。因此,语句 echo "结束程序" 永远不会被执行。

16.3.8 Shell 函数

Linux Shell 可以用户定义函数，然后在 Shell 脚本中随便调用。

Shell 中函数的定义格式如下：

[function] funname [()]

{

　　action;

　[return int;]

}

说明：

可以用 function fun() 定义带返回参数的函数，也可以直接用 fun() 定义不带任何参数的函数。

【例 16-26】 函数定义调用示例 1。

如图 16-46 所示源码。

```
1 #!/bin/bash
2 # author:计算机系统实践教材编写组
3 #时间:2022.05
4
5 demoFun(){
6     echo "这是一个无参 shell 函数!"
7 }
8 echo "-----函数开始执行-----"
9 demoFun
10 echo "-----函数执行完毕-----"
11
```

图 16-46　示例1源码

执行脚本，结果如图 16-47 所示。

```
-----函数开始执行-----
这是一个无参 shell 函数!
-----函数执行完毕-----
```

图 16-47　示例1执行结果

【例 16-27】 函数定义调用示例 2。

如图 16-48 所示源码。

```
1 #!/bin/bash
2 # author:计算机系统实践教材编写组
3 #时间:2022.05
4
5 funWithReturn(){
6     echo "这个函数会要求输入两个数字并进行相加运算..."
7     echo "输入第一个数字: "
8     read aNum
9     echo "输入第二个数字: "
10     read anotherNum
11     echo "两个数字分别为 $aNum 和 $anotherNum !"
12     return $(($aNum+$anotherNum))
13 }
14 funWithReturn
15 echo "输入的两个数字之和为 $? !"
16 
```

图 16-48　示例2源码

其中使用了 $? 来获取上一条命令的返回值（第 15 行）。

执行脚本，结果如图 16-49 所示。

注意： 所有函数在使用前必须定义。这意味着必须将函数放在脚本开始部分，直至 Shell 解释器首次发现它时，才可以使用。调用函数仅使用其函数名即可。

```
fstar@fstar-virtual-machine:~/workspace/mysh$ ./16_3_8_2.sh
这个函数会对输入的两个数字进行相加运算...
输入第一个数字:
3
输入第二个数字:
9
两个数字分别为 3 和 9 !
输入的两个数字之和为 12 !
```

图 16-49　示例 2 执行结果

1.函数参数

在 Shell 中,调用函数时可以向其传递参数。在函数体内部,通过 $n 的形式来获取参数的值,例如,$1 表示第一个参数,$2 表示第二个参数,依此类推。

【例 16-28】　带参数的函数示例。

如图 16-50 所示的源码。

```
1 #!/bin/bash
2 # author:计算机系统实践教材编写组
3 #时间:2022.05
4
5 funWithParam(){
6     echo "第一个参数为 $1 !"
7     echo "第二个参数为 $2 !"
8     echo "第九个参数为 $9 !"
9     echo "第十个参数为 ${10} !"
10    echo "第十一个参数为 ${11} !"
11    echo "参数总数有 $# 个!"
12    echo "作为一个字符串输出所有参数 \"$@ \" !"
13 }
14 funWithParam 1 2 3 4 5 6 7 8 9 34 73
```

图 16-50　示例源码

执行脚本,结果如图 16-51 所示。

```
fstar@fstar-virtual-machine:~/workspace/mysh$ ./16_3_8_3.sh
第一个参数为 1 !
第二个参数为 2 !
第九个参数为 9 !
第十个参数为 34 !
第十一个参数为 73 !
参数总数有 11 个!
作为一个字符串输出所有参数 "1 2 3 4 5 6 7 8 9 34 73 " !
```

图 16-51　示例执行结果

注意:$10 不能获取第十个参数,获取第十个参数需要 ${10}。当 n>=10 时,需要使用 ${n}来获取参数。

16.3.9　Shell 重定向

大多数 UNIX 系统命令从终端接受输入并将所产生的输出发送到用户终端。一个命令通常从一个叫标准输入的地方读取输入,默认情况下,这恰好是用户终端。同样,一个命令通常将其输出写入到标准输出,默认情况下,这也是用户的终端。但可以改变默认的输入输出,这就是输入输出重定向。参见表 16-19。

表 16-19　　　　　　　　　　　　重定向命令列表

命令	说明
command > file	将输出重定向到 file
command < file	将输入重定向到 file
command >> file	将输出以追加的方式重定向到 file
n > file	将文件描述符为 n 的文件重定向到 file
n >> file	将文件描述符为 n 的文件以追加的方式重定向到 file
n >& m	将输出文件 m 和 n 合并
n <& m	将输入文件 m 和 n 合并
<< tag	将开始标记 tag 和结束标记 tag 之间的内容作为输入

需要注意的是文件描述符 0 通常是标准输入(STDIN),1 是标准输出(STDOUT),2 是标准错误输出(STDERR)。

1. 输出重定向

可以将命令执行结果通过输出重定向到一个文件中。语法格式为:

command1 > file1

这将执行 command1 命令,然后将输出的内容存入 file1 中。

需要注意的是,如果文件 file1 内已经有内容,则会被新内容替代。如果要将新内容添加在文件末尾,可以使用>>操作符。

【例 16-29】 输出重定向示例如图 16-52 所示。

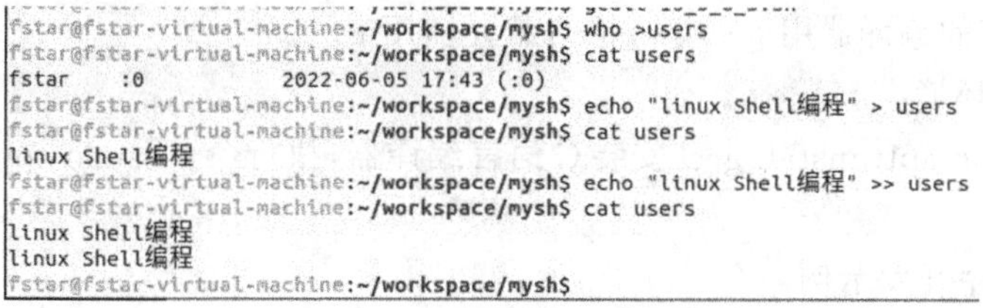

```
fstar@fstar-virtual-machine:~/workspace/mysh$ who >users
fstar@fstar-virtual-machine:~/workspace/mysh$ cat users
fstar    :0           2022-06-05 17:43 (:0)
fstar@fstar-virtual-machine:~/workspace/mysh$ echo "linux Shell编程" > users
fstar@fstar-virtual-machine:~/workspace/mysh$ cat users
linux Shell编程
fstar@fstar-virtual-machine:~/workspace/mysh$ echo "linux Shell编程" >> users
fstar@fstar-virtual-machine:~/workspace/mysh$ cat users
linux Shell编程
linux Shell编程
fstar@fstar-virtual-machine:~/workspace/mysh$
```

图 16-52　输出重定向示例

命令序列展示了将"who"命令的执行结果输出到文件,并用 cat 命令查看文件内容,并展示了如何用追加重定向到文件。

2. 输入重定向

和输出重定向一样,Linux 命令也可以从文件获取输入,语法为:

command1 < file1

【例 16-30】 输出重定向示例如图 16-53 所示。

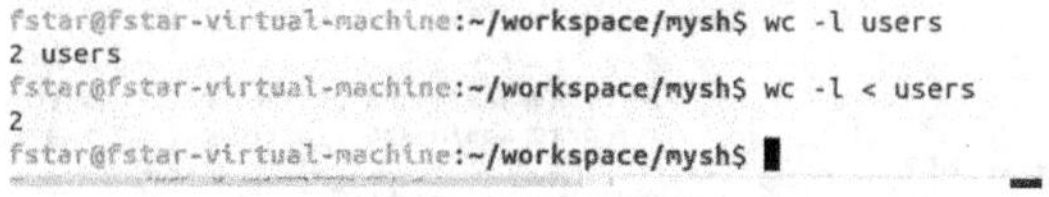

```
fstar@fstar-virtual-machine:~/workspace/mysh$ wc -l users
2 users
fstar@fstar-virtual-machine:~/workspace/mysh$ wc -l < users
2
fstar@fstar-virtual-machine:~/workspace/mysh$
```

图 16-53　输入重定向示例

命令序列展示了用"wc"命令统计 users 文件的行数,但两个例子的结果不同:第一个例子会输出文件名;第二个例子不会。

也可以用格式 "command1 < infile > outfile"同时指定输入重定向和输出重定向。

一般情况下,每个 Unix/Linux 命令运行时都会打开三个文件:

标准输入文件(stdin):stdin 的文件描述符为 0,Unix 程序默认从 stdin 读取数据。

标准输出文件(stdout):stdout 的文件描述符为 1,Unix 程序默认向 stdout 输出数据。

标准错误文件(stderr):stderr 的文件描述符为 2,Unix 程序会向 stderr 流中写入错误信息。

默认情况下,command > file 将 stdout 重定向到 file,command < file 将 stdin 重定向到 file。如果希望 stderr 重定向到 file,可以这样写:"file 2>file",追加形式用格式"file 2>>file。

如果希望将 stdout 和 stderr 合并后重定向到 file,可以这样写:"command > file 2>&1"。

16.4 Linux 常用开发工具

在 Linux 环境下,除了可以编写 Shell 脚本外,还可以进行高级语言程序的开发。如 C/C++,Java、Python 等。本节介绍编写常用语言的简单程序开发方法。

16.4.1 C/C++程序开发

C/C++g++语言是编译型语言,编写相应程序一般需要经过源程序编辑、编译、链接、运行几个阶段。C 语言的编译器用 gcc,C++语言编译器用 g++。

(1)安装编译环境

执行命令"sudo aptt install gcc"安装 C 语言编译器,执行命令"sudo aptt install g++"安装 C++语言编译器。

(2)C 语言程序开发示例

用 gedit 编写一个名为 hello. c 的源文件。内容如图 16-54 所示。

```
1 #include <stdio.h>
2
3 void main()
4 {
5   printf("hello World \n");
6
7 }
```

图 16-54 hello. c 文件的内容

然后用 gcc 进行编译并生成可执行文件。如果编译成功,执行可执行文件便可获得输出结果。如图 16-55 所示。

```
fstar@fstar-virtual-machine:~/workspace/mysh$ gcc hello.c -o hello.out
fstar@fstar-virtual-machine:~/workspace/mysh$ ./hello.out
hello World
fstar@fstar-virtual-machine:~/workspace/mysh$
```

图 16-55 hello. c 的编译和执行

(3)C++语言程序开发示例

用 gedit 编写一个名为 helloworld. cpp 的源文件。内容如图 16-56 所示。

```
1   #include <iostream>  //包含头文件iostream
2   using namespace std;  //使用命名空间std
3   int main( )
4   {
5     cout<<"THellworld. \n";
6     return 0;
7   }
```

图 16-56 helloworld. cpp 文件的内容

用 g++进行编译并生成可执行文件。如果编译成功,执行可执行文件便可获得输出结果。如图 16-57 所示。

```
fstar@fstar-virtual-machine:~/workspace/mysh$ g++ ./helloworld.cpp -o helloworld.o
ut
fstar@fstar-virtual-machine:~/workspace/mysh$ ./helloworld.out
THellworld.
fstar@fstar-virtual-machine:~/workspace/mysh$
```

图 16-57 helloworld. cpp 的编译和执行

16.4.2　Java 程序开发

（1）安装 Java 虚拟机环境

（2）Java 代码编写编译与运行

用 gedit 编写一个名为 Helloword.java 的源文件。内容如图 16-58 所示。

```
1 public class Helloword{
2     public static void main(String[] args){
3         System.out.print("Hello World!\n");
4     }
5 }
```

图 16-58　Helloword.java 文件的内容

编辑好源文件后，编译运行程序，如图 16-59 所示。

```
fstar@fstar-virtual-machine:~/workspace/mysh$ javac Helloword.java
fstar@fstar-virtual-machine:~/workspace/mysh$ java Helloword
Hello World!
fstar@fstar-virtual-machine:~/workspace/mysh$ █
```

图 16-59　Helloword.java 的编译和执行

16.5　实战训练

1. 简述 Shell 程序执行步骤。

2. vi 操作有几种模式，有什么功能？

3. 编写 Shell 程序实现求 1～100 的和。

4. 编写 C 语言程序，输出九九乘法表。

5. 编写 Java 语言程序，输出九九乘法表。

参考文献

[1] 李大奎,吕蕾蕾.计算机组装与维护[M].大连:大连理工大学出版社,2013.

[2] 余金昌,亓涛.计算机硬件与系统组建高手真经[M].北京:中国铁道出版社,2013.

[3] 黄治国,吴国楼,张世军.完全掌握电脑软硬件维修超级手册[M].2版.北京:机械工业出版社,2013.

[4] 电脑报.黑客攻防[M].重庆:电脑报电子音像出版社,2008.

[5] 凌弓创作室.电脑终极优化[M].北京:中国铁道出版社,2009.

[6] 李大奎.计算机组装与维护[M].2版.大连:大连理工大学出版社,2017.

[7] Neil Matthew,Richard Stones 著,陈健,宋健建 译.Linux 程序设计[M].4版.北京:人民邮电出版社.2010.

[8] 孟庆昌,牛欣源,张志华,路旭强.linux 教程[M].5版.北京:电子工业出版社,2019.

[9] 刘志强.基于项目驱动的嵌入式 Linux 应用设计开发[M].北京:清华大学出版社.2016.

[10] 刘峰,高俊峰.国产 Linux 基础应用[M].西安:西安交通大学出版社.2012.